要么转型，要么淘汰

对全球500位冠军智慧的提炼　　从优秀到卓越的精英思维纲领

中国新思维

—China's New Thinking—

叶舟(博士)　均亮/著

中国华侨出版社

图书在版编目（CIP）数据

中国新思维：北大总裁班"思维模式"演讲录/叶舟 均亮编著.
—北京：中国华侨出版社，2011.7

ISBN 978-7-5113-1478-9

Ⅰ.①中⋯　Ⅱ.①叶⋯②均⋯　Ⅲ.①创造性思维-应用-企业
管理-研究-中国　Ⅳ.①F279.23

中国版本图书馆 CIP 数据核字　（2011）　第 100935 号

● **中国新思维：北大总裁班"思维模式"演讲录**

编　　著／叶　舟　均　亮
责任编辑／文　心
版式设计／丽泰图文设计工作室／桃子
经　　销／全国新华书店
开　　本／710×1000毫米　1/16开　　印张／22　　字数／308千字
印　　刷／三河市华润印刷有限公司
版　　次／2011年8月第1版　2011年8月第1次印刷
书　　号／ISBN 978-7-5113-1478-9
定　　价／38.00元

中国华侨出版社　北京市朝阳区静安里26号通成达大厦3层　邮编：100028
法律顾问：陈鹰律师事务所
编辑部：(010) 64443056　64443979
发行部：(010) 64443051　传真：(010) 64439708
网　　址：www.oveaschin.com
E-mail：oveaschin@sina.com

导言：换工具就是换命运

1. 最伟大的工具是思维的工具

人类文明的发展史就是一部工具的进化史。先看一个生活常识：

你+用脚走路=10 公里/小时；你+骑自行车=15 公里/小时；

你+摩托车=30 公里/小时；你+小汽车=70 公里/小时；

你+普通火车=100 公里/小时；你+高速火车=300 公里/小时；

你+飞机=900 公里/小时；你+宇宙飞船=11.2 公里/秒。

从上面常识我们看出，工具选择决定成败。"你"并没有变，只是交通工具变了，所造成的结果就大不相同。追求成功亦是如此，一个人在追求成功的路上，人不变，只要工具变，就能创造出不同的人生。黑格尔指出：人们在进行工作以前，必须对于用来工作的工具先进行认识，假如工具不完善，则一切工作将归徒劳。在其他条件相同的情况下，谁先采用更为先进的工具，谁赢的概率就会更高。

在这个世界上，最伟大的工具是思维的工具。正是它制造了卓越与平庸，制造了小人与伟人。其实，人与人的大脑在生理机能上并没有多大差别，爱因斯坦出生时的大脑与你我出生时的大脑差别几乎很小，但为什么会在以后的人生中产生如此不同的结果呢？主要原因就是大脑输入的思维方式不同，追根溯源就是各自使用的思维模式不同。思维工具常常具有左右胜负的功效。

怀特海认为所有的工具中最伟大的工具是思维的工具，思维工具是器中之大器。他认为西方人最伟大的发明，是"发明了发明的工具"，即科学的思维方式即思维工具，亚里士多德的《工具论》指的就是思维工具。

西方人一直致力于打造思维工具，把思维工具磨炼得越来越锋利。例如，培根的《新工具》、洛克的《人类理解论》、康德的《纯粹理性批判》等，使西方人产生了庞大而精深的一系列科学理论。然而，翻开中国的历史，居然连一部像样的造物的"以物为本"的系统思维工具都拿不出，只有关于"以人为本"的思维工具，这是不完整的。

2. 迅速转变思维模式是时代的需要

推进中华民族的伟大复兴要求转变思维模式。

从大历史看，世界上的冠军国家、领袖国家，无一例外都是创造新思维模式的国家，都是以特殊立国，以创新兴国，而绝不是以复制型、模仿型、拷贝型的思维模式立国。

无论是哪个国家，一旦在实践中找到了全新的思维模式，就必将推动文明新进步，就必将开辟历史新时代，就必将建立世界新程序，就必将引领全球新潮流，就必将创造发展新奇迹，就必将造福更多的人民。

今天，中国正处在从旧的工业文明转向全新的商业文明、信息文明进发的时期；今天，中国面临着一系列重大转型，如经济转型、政治转型、社会转型、文化转型、学习转型等。旧的观点、思维、产品都将面临着整体淘汰出局，几乎所有传统产业、传统价值观、传统思维模式、传统人才、传统领导、管理经济、管理模式都将面临着整体淘汰！它不只是某个点的淘汰，而是旧的存在整体淘汰，是过时的行业整体出局，是旧的圈子大批量迅速死亡。

淘汰的本质是淘汰旧思想。因此，只有转变思维方式，才能跟上新的形势，才能避免淘汰！具体说来，中国要迅速转变思维模式是因为有如下十大原因。

一是社会极化要求转变思维模式；二是全球一体化要求转变思维模式；三是中国战略大转型客观上要求转变思维模式；四是制约中国发展的内外因要求转变思维模式；五是禁锢大脑的创造力要求转变思维模式；六是中国教育理念陈旧要求转变思维模式；七是人类的危机要求转变思维模式；八是学习转型要求转变思维模式；九是推进中华民族的伟大复兴要求

转变思维模式；十是职工转型要求转变思维模式。

总之，中国目前许多问题都会聚到一个根本问题上来了，这个问题就是：转型。

历史证明，所有的重大转型都是建立在思维转型基础之上的，都是行动未动，思维先行。思维不先转型，一切都会成为空话、假话，因为人的行为是由思维决定的，而思维又是由思维模式决定的。

因此，一切转型必须首先从更新思维模式开始。首先若不找到适合新时代需求的新思维模式，若不把新思维模式放到一切转型的首要位置来学习，那么，转型就会流于形式，就会走过场，就难以真正实现。

更何况，信息时代的本质就是追求卓越，追求卓越就是造冠军。造冠军的首选工具当然是思维工具。未来摆在我们面前的第一要务，不是"怎么做"，而是"怎么想"。为了研究和解决中国人面临的一系列新问题，我们需要更深入地去探寻问题的症结，需要在更广阔的未知领域去寻找问题的答案。

3. 必须力倡创新智慧

面对中国未来究竟怎么想、怎么做，我们开出的直通的、理性的处方是：整合高宽深，直接造冠军。

在复杂的历史背景和国际极端的环境下，中国新一轮的改革开放绝不能再是变通的和感性的，而应该是直达的（理论必须原创）和理性的。

创新无止境中国的改革开放必须继续，而且必然由感性改革开放阶段进入理性改革开放阶段。今天，我们不能再像没实力的篮球队员投球一样绕来绕去，而应像强者一样直接扣篮。

因此，"如何直达"和"理性"才是中国今天发展面临的重大战略课题。今天，我们应把国家整体智力导向"创造卓越"这个主题上来。今天，中国人的主题是卓越，而不再是昨天的优秀。

目标未动，思想先行。在中国大转型的今天，作为中国的精英，都应把主要精力放到研究和探索国家发展的新战略、新方法、新策略上来。此时此刻，中国完全有必要拿出一套战略性的思想、方法和策略，来全面推动中国进一步发展。

因此，昨天的一切都只能辩证的取舍。

4. 推出"造冠军"的三种创新思维工具

目前中国研究最薄弱的环节是思维科学，思维科学至今没有成为一门独立的科学知识体系被人们重视，自然更谈不上组织化、系统化地研究开发，虽然有许多业余爱好者在零星做这方面的工作，但远远满足不了中国发展的需要。

同时，思维科学研究也应是中国发展战略的一部分，随着中国经济、政治、文化地位的日益提升，中国作为一个负责任的文明大国，理应承担起对全人类未来幸福的责任，理应在继承全人类一切优秀文化成果的前提下，推出更为先进的文明模式、思维模式，为全人类的和谐和进步作出积极的贡献。

我们经过五年市场调研归纳总结，通过对中外5000年来的思维模式进行系统研究，开发出了一整套处理信息文明的思维教材。这套思维教材共有三部，即新思维模式、新思维方法和新思维策略。

第一部《中国新思维》负责重建全新的思维框架。因为思维模式决定思维方式。思维模式更高于、更基础于思维方式。虽然，模式和方式分别潜存于思维的深层和潜期，是看不见的，但思维方式受制于思维模式的这种体会对每个人来说都是显而易得的。思维模式在思维活动中虽然不易察觉，但发挥着重要作用。它是影响思维活动的战略因素。思维模式在根本上制约着加工的方向和效果，在源头、整体和系统上保证着思维活动的运行，我们才更加珍视它存在的意义。这个框架具有极强的开放性，它能有效接收全球之前沿主要信息，能高屋建瓴，把握本质，能重建人生的追求系统。这个新思维模式表述为：

新思维模式=更高+更宽+更深

这个模式新在哪里？

新在是做事的思维，而不仅仅只是传统文化的做人的思维；新在能紧跟信息时代，是在一体化条件下造冠军的思维；新在是方法论中的总方法。这个思维模式是空间卓越模式，是在全球化的背景下实现卓越的冠军思维模式，是极值时代实现极值的思维模式。

今天追求成功与以往的追求成功的背景、条件都大不相同了。过去追求成功的条件大多是狭窄的、静态的、清晰的，今天追求成功的条件是宽广的、动态的、模糊的。因此，世易时移，我们必须更换新的思维模式以适应新的时代。此思维模式完全与今天的大趋势更高、更宽、更深相配套。

此书是中国第一套原创性科学思维模式，对指导中国 21 世纪发展有一定的帮助作用，对个人和组织从优秀到卓越有指导作用。

第二部《新思维方法》负责将传统智慧中的神秘部分清除，将人类创造思维以最直白、最简单而易于操作的方式介绍给每位读者，使人人都能创新创造，从而最大限度地调动人的创造力，开发人的潜能。

第三部《新思维策略》负责对前面方法论的补充和完善。它是实现价值最直接的使用工具和有效手段。这种工具一旦使用，其价值便立竿见影。

总之，本书中"新思维模式"是从人类 5000 年冠军智慧中解读出来的新思维工具；它是中国第一套整体指导 21 世纪发展的原创性科学思维模式；它为我们怎么想提供了具体的方法！

这本书中的新思维模式，总结了一个时代！

这本书中的新思维模式，终结了一个时代！

这本书中的新思维模式，将开创一个时代！

5. 人是要有点使命感的

我们是一群叛逆者，我们有一个共同的梦想——提升中国智力总量。

君不见高堂明镜悲白发，朝如青丝暮成雪。每个人来到人间，都有自己的使命，但不一定在离开时，都完成了自己的使命。人生如此短暂，稍有不慎，就有可能抱憾终生，令人扼腕。为了不负此生，我们组织了五个人的研讨小组，用了三年时间，别开大师们人云亦云的繁华嘈杂，对中国未来发展的根本性课题——思维模式——进行了探索性研究。

本书就是我们奉献给 13 亿中国人的研究成果，希望改变人的观念和思维方式、振兴中国国力，对推动中华民族的伟大复兴有些帮助。希望本书能给人以无限的动力来超越有限的人生；教人以层层地突破来达到人生的彼岸！

在今后五年，我们通过一系列的传播，希望每个中国人都能正确使用此新思维模式，都能用我们推出的新思维模式武装自己。

中华民族在世界历史中浩浩荡荡，延绵5000年，是唯一没有灭亡过的民族，究其根本原因，就是每在危难或历史大转型时期，必有先贤大哲挺身而出，唤醒人心，所以总能扭转颓势，以弱制胜！

中华民族的伟大复兴必然历经痛苦期、发展期、强盛期三个阶段，每个阶段必然都需要不同的思维工具，我们课题组只希望实实在在为国家的繁荣昌盛解决一个问题，为人类的和谐幸福尽点绵薄之力。许多朋友说"你们用自己的钱，为国家做课题研究，简直是中国最有使命感的学者之一"，这我不敢担，但我肯定有一腔热血，万丈豪情。因此，情不自禁在序言煞尾处说上了这么几句。

我们都是十分普通的人，没有过人的才智，因此，在编写此书内容时，参考了中外200多位专家、学者及优秀人士的思想成果，在此一并致谢！另外，由于任务艰巨，时间仓促，书中自然还有许多不足之处，还望读者多提完善意见！最后，要特别感谢苏畅斌教授的支持！

作者序于北大蔚秀园

导言：换工具就是换命运

第一章 学习原创性新思维模式——启智

第二章 新思维模式的高度超越——升级

第三章　新思维模式的宽度超越——跨界

一、人类已全面进入外因时代

二、不组合外因就必定死亡

三、宽度的本质就是做关系

四、拓展关系需要不断跨界

第四章　新思维模式的深度超越——集中

第五章　新思维模式的总目的——造冠军

第一章
学习原创性新思维模式——启智

一、思维模式究竟是什么

· · · ●●

1. 思维模式究竟是什么

首先看一则有关思维模式的实验：

有人将五只猴子放在一个笼子里，并在笼子中间吊上一串香蕉，只要有猴子伸手去拿香蕉，就用高压水教训所有的猴子，直到没有一只猴子再敢动手。然后用一只新猴子替换出笼子里的一只猴子，新来的猴子不知这里的"规矩"，竟又伸出上肢去拿香蕉，结果触怒了原来笼子里的四只猴子，于是它们代替人执行惩罚任务，把新来的猴子暴打一顿，直到它服从这里的"规矩"为止。实验人员如此不断地将最初经历过高压水惩戒的猴子换出来，最后笼子里的猴子全是新的，但没有一只猴子再敢去碰香蕉。

起初，猴子怕受到"株连"，不允许其他猴子去碰香蕉，这是合理的。但后来人和高压水都不再介入，而新来的猴子却固守着"不许拿香蕉"的"前猴"传递下来的思维模式，不敢越雷池半步。从此，这个笼子里的猴子就受那个新导入的思维模式的控制和主宰，这正如我们接受祖传观点和思想一般无二。

下面简单交待一下什么是模式？

如果一种状态很容易导致另一种状态，那就叫模式。模式是将各项信息结合在一起，从而让人产生某种预期。

"君不见黄河之水天上来，奔流到海不复回"，这里的黄河之水的流向就是一种模式，黄河之水就依从着这条路径顺流而下，虽然路径是弯弯曲曲，流水却依然紧跟着飞流而下。

常言道："龙生龙，凤生凤，老鼠生就会打洞"，这显然也是它们大脑中的思维模式在起作用。世间万物，都是有运行轨迹的，只是肉眼凡夫看不出其运行的内在运行模式而已。随便天上一只大雁飞过，专家们就能说出其飞行路径。

人也是模式的动物，头脑能运作，是因为它是一个能产生模式并使用模式的系统。人们反复使用一定的思维方式与方法思考处理问题，就会形成一种比较固定的模式。人们的生活与工作具有许多共性，因为不同的人往往使用着同一模式在处理问题。长期在不同行业工作的人也会形成自己特有的行业思维模式。

思维模式在现实中具有提高思维效率的积极作用，在思维中则会阻碍发现与发明。了解思维模式的概念、类型、用途、过程，有助于个人自觉地发挥其长处，避免其不利影响。

思维模式在西方也被称作心智模式。人们一旦形成便根深蒂固于认识深层，在根本上笼罩影响着思维全程。每个人通常不易察觉自己的思维模式，也并不易意识到它对思维行为和思维结果实现行为的影响。其实最终决定什么，该不该取舍的正是思维模式。

有人把人类的思维模式由浅到深形象地归纳成下面五种：

一是仓库式思维模式。从外界学进来的知识存放进大脑的仓库里封存备用，思维僵化了。

二是商店式思维模式。买进什么，卖出什么，不搞思维加工，不搞知识更新，墨守陈规，不敢越雷池一步。

三是工厂式思维模式。买进知识原料，加工生产新产品，思维发挥了变革作用，让知识变成了"思维产品"，思维在这里推动了世界发展。

四是设计院式的思维模式。不断引进新的知识，通过思维创新、优选，设计出崭新的产品，思维在这里开放出智慧的花朵。

五是研究所式的思维模式。收集科学界的最新理论，进行思维的再探，把原有的横向推向更高阶段，去力图发现更新的理论。这是当前高级创造性的思维模式。

思维模式人人头脑中都有，只是有的深，有的浅；有的错误，有的正确；有的过时，有的新颖而已。思维模式存在于每一个认识主体的头脑中，人们由于各自的思维模式不同，观察同一事物就会产生很不相同的认识，同样一个人因为头脑中思维模式的变化，观察同一事物得到的结果也会发生很大的变化。

2. 思维模式是如何形成的

再谈上面关于猴子的小故事。

猴子新思维模式的形成，是通过用最初的制度对笼中新来的猴子的习惯进行重塑，在不断地负面强化中就转化为了猴子的一种负面思维模式。用时髦的话说，就是笼子里的猴子已经形成了自己独特的猴子文化。这种文化一旦形成，就会对后来的新猴子进行文化塑造，新来的猴子很快就会被文化洗脑，就会被改造成与进笼子之前完全不同的猴子。总之，经过思维模式重塑的猴子，它未来的行为就由那个思维模式决定，而它以前的思维模式就自行淡化了、隐退了、淘汰了。

通过猴子实验，一是可以看出思维模式是如何很快形成的；二是可以看出猴子的思维模式是可以很快被改变的；三是可以看出思维模式对猴子未来言行的决定作用。其实，人类又何曾不是如此？

我们来看看一个广为流传、引人入胜的例证：

现代铁路两条铁轨之间的标准距离是四英尺又八点五英寸(相当于1435毫米)。为什么采用这个标准呢？原来，早期的铁路是由建电车的人所设计的，而四英尺又八点五英寸正是电车所用的轮距标准。那么，电车的标准又是从哪里来的呢？最先造电车的人以前是造马车的，所以电车的标准是沿用马车的轮距标准。马车又为什么要用这个轮距标准呢？英国马路辙迹的宽度是四英尺又八点五英寸，所以，如果马车用其他轮距，它的轮子很快会在英国的老路上撞坏。这些辙迹又是从何而来的呢？从古罗马人那里来的。因为整个欧洲，包括英国的长途老路都是由罗马人为它的军队所铺设的，而四英尺又八点五英寸正是罗马战车的宽度。任何其他轮宽的战车在这些路上行驶的话，轮子的寿命都不会很长。可以再问，罗马人为什么以四英尺又八点五英寸为战车的轮距宽度呢？原因很简单，这是牵引一辆战车的两匹马屁股的宽度。故事到此还没有结束。美国航天飞机燃料箱的两旁有两个火箭助推器，因为这些助推器造好之后要用火车运送，路上又要通过一些隧道，而这些隧道的宽度只比火车轨道宽一点，因此火箭助推器的宽度是由铁轨的宽度所决定的。所以，最后的结论是：路径依赖导致了美国航天飞机火箭助推器的宽度，竟然是2000年前便由两匹马屁股的宽度所决定的。

由此可见，思维模式是由行为习惯塑造而成的。同时可以看出，思维模式一旦形成，就很难修改。正因为如此，有不少人的命运都受思维模式的控制与主宰。

思维模式究竟是如何产生的？

打个比方，它的运行有点儿像电脑的运行。思维模式作为主体内部的认识结构，就像一座信息加工厂。主体通过感觉和知觉摄取关于认识对象的感性信息，然后输入思维模式加工处理，经过过滤选择、整合解释，产生了关于对象的知识。

电脑与大脑的对比

大脑硬件	人脑组织
cpu	信息处理能力
内存	即时处理的信息量
硬盘	储存能力
操作系统	世界观
程序	采取的行动

思维模式形成的生理和心理的基础是高级神经活动动力定型。一个人解决一个问题，就要在大脑两半球内形成一个暂时的神经联系，反复解决同一类型问题，暂时的神经联系就不断强化定型形成了稳固的联系。

思维模式形成的认识论基础是实践经验的沉淀。思维模式作为存在于头脑中的认识结构，不是从来就有的，它是在实践过程中逐渐形成和发展起来的。每一个结构都是心理发生的结果，而心理发生就是一个较初级的结构过渡到较复杂的结构。思维模式的产生不仅是心理发生的过程，还是一个社会历史发生的过程，是在人类社会历史发展过程中形成的，是人类实践经验的沉积。

任何一个人的活动都不是孤立的，总是在一定的社会历史条件下活动的，社会历史条件是前人活动流线的历史沉积物，条件发展了活动方式也要发展，思维模式也就跟着发展；同时，任何一个人的思维模式都不是自发地形成和发展的，每一代人都要通过社会教育的方式把人们在长期活动中发生的思维模式在下一代人的头脑中较快地建立起来，使他们不必再经历前人发展的过程。

可见思维模式的产生既是心理发生的，又是社会的、历史地发生的，是人类社会实践的沉积。思维模式既是自己生成，也是外界影响生成，思维模式可以学习得到。

二、思维模式有什么作用

1. 思维模式不同，命运不同

模式与模式之间是有区别的。模式的本质是对信息的截取解读和加工输出。

中国温州人号称中国最富有的人群，我认识好几个温州的年轻朋友，他们还在上大学时，理念就与众不同，最喜欢挂在嘴边的话就是："宁愿睡地板，也要做老板"或者"宁愿做生意一个月只赚1000元，不愿打工一月赚3000元"。这些理念相信是他们的长辈在生活中告诫他们的，潜移默化中成为他们心中做事情的原则。

这些原则就是一些理念，这种理念与其他众多地方的思维理念有很大差别的，即便现在有类似的选择，我估计很多朋友恰恰与他们的选择相反。但是这种理念却是很先进的，正是这样的理念使得温州人与众不同，成为中国最富有的人群。"思维模式决定命运！"这句话很多人听说过，但是转眼即忘，但是我身边的事实却随时都在验证这个道理！

我所在的大学有一个女同学，是班级唯一的温州人，长得很一般，学习也不用心，家里父母是开皮鞋厂的，经济比较宽裕。在班上每次考试都处于中下等，有点钱喜欢炫耀，挺拽，所以男同学不追她，女同学瞧不起她。可是这个女孩最喜欢吹嘘自己毕业后五年内要买辆宝马车，送给未来的老公做结婚礼物，别人都觉得她是幻想狂，更加讨厌她了。但是这个女孩行为方式就是不一样，别人忙着考证过级，学习考研，提高知识储备将来好找工作，她最最喜欢的是晚上在学院门口摆地摊，从周围的小商品市场进来一些小玩意儿，高声叫卖，不怎么赚钱；后来自己又卖糖葫芦，不赚钱；后来又自己买个高压锅，晚上崩爆米花，两块钱一锅的那种，这样混到毕业，竟然听她亲口说自己大学四年共赚了近2万元。毕业后，她没有找工作直接去杭州丝绸一条街，在亲戚的帮助下开了一个小门面，三年后据说就发财了，同学聚会时竟然开辆本田来参加。五年还没有到，但是她原来说的送宝马车给老公的诺言，很多同学开始相信了。

这个现实的例子说明什么？

说明这个女孩的商业理念比较先进，结果毕业几年后就变成所谓的成功人士，而大学时代学习成绩比她高很多的其他同学，要么拿着一个月一两千的工资，要么刚刚研究生毕业，焦头烂额地去找工作。

这就是不同的选择决定不同的命运，不同的思路决定不同的出路！

思维模式决定命运，又一次得到验证！

著名组织家牛根生说，如果问他做组织最深刻的体会是什么，那就是"做组织"就是"做思维模式"。不仅牛根生这么说，日本的经营之神稻盛和夫也认为思维模式最重要，他有一个告诫组织家的成功公式：

人生、事业的结果=思维模式×热情×能力

这是稻盛和夫著名的"人生方程式"。人生、事业的结果是由思维方式、热情和能力这三个要素用"乘法"算出的乘积，绝不是"加法"。

比尔·盖茨、索罗斯、巴菲特等，都有他们的思维模式，而且也曾一度运作得十分良好。

总之，聪明是一种模式，愚蠢也是一种模式。

那么，成与败之间在模式上究竟又有什么不同呢？

最大的不同就是对信息的截取、处理和输出不同，甚至完全相反。就拿听课来说，聪明的人、觉悟的人总是活在当下，活在此时此刻，他们总是用开放的心态、阳光的心态、睿智的眼光去听课，在每一个当下能获得能量，从而提升他们的生命质量。而愚蠢的人则恰好相反，他们总是以封闭的心态、挑刺的眼光和抱怨的语言在每一个当下努力去"创造"分裂、"创造"敌人，他们总是"努力"去切断与外界的一切信息流动、能量流动，"努力"想尽一切办法将自己整得痛苦，整得难受。

这就是聪明者与愚蠢者的根本差别。

现在我们来深入分析这两者之间究竟有何不同？有人说聪明人有知识，如今却到处都是高学历的失败者，显然，学历不是问题之所在；有人说成功就是勤奋，当今时代谁又不勤奋？一清早你只要到北京的地铁口看看，就知道勤奋而没有改变命运的人实在太多太多；有人还说是因为家庭背景好，但你只要看看今年的富豪排行榜名单，进一步分析那些富豪的家庭背景就知道，绝大多数富豪的父亲都穷得叮当响。很明显，成功与失败之间的根本区别不在努力上、不在学历上、不在外界条件上。

那究竟在哪里？

我们对古今中外 1000 多位卓越人士进行系统研究得出的结论：根本区别就在思维方式、思维模式上。

我们都是社会的产品。产品的本质是文化，文化的本质是精神，精神的本质是观点，这个世界既不是有钱人统治，也不是某个有权人统治，而

在本质上是被一系列的观点统治，我们都是观点的奴隶。不同的观点在不同的大脑中就形成了不同的思维模式，不同的思维模式就会形成不同的信息取舍，我们都只能看到我们想看到的东西，这就是大脑的局限之一。

狗只对骨头感兴趣，猫只对鱼和老鼠动心，屎壳郎只对粪便情有独钟。一个漂亮的女人，小孩儿会看到阿姨，男人会看到姿色，女人会看到打扮，发型师会看到发型，卖鞋的会看到皮鞋。相同的世界对不同思维模式的人来说是绝不相同的。

观点是最根本的，在我们每个人的大脑里隐藏得很深，而且是相对静止的，是面对相应的问题的参照标准。我们面对某个人、某件事，很快会形成自己的看法，似乎用不着思考，这是由脑内深处的观点决定的。我们把参照观点而处理新信息的思维方式叫思维模式。人是经验的动物，自然也是模式的动物。没有一个不在思维模式之中。这是人类数百万年进化的快速处理问题的方式。

今天，一切的比拼都可归结为思维模式与思维模式的比拼。

2. 思维模式拉开了人与人的距离

有个故事是这样说的：

有个人很富有，每天回家下车时，都会见到一个乞丐守在路边乞讨。他从来没有理过这个乞丐，一邻居半开玩笑地说"你就发发同情心吧。"他道："我这样恰好是慈善的，他站在这要饭越，路人施舍得越多，他就越不想去劳动了。"邻居摇头笑道："站着说话不腰疼，穷人没路，有了路自会去谋生。"他说："我不赞成你的说法，不信咱们可以打一赌。"第二天他下车，走到要饭者前面，给了他三张大票，说："我最初就是300元钱做小买卖起的家，现在同样给你这么多钱，你自己去谋生，干点儿什么吧，别在这里了。"乞丐见钱眼开，满口应诺，从此半月没见。邻居以为他打赌输定了，还认为那钱给对了。乞丐说再等等。五天后，果不其然，那乞丐又站在原来的位置，伸出了乞讨的手。他与邻居的车开过，从此再也不理这个穷人了。

从上面故事可以看出：思维模式不同，命运就不同。哀莫大于心死，穷莫大于心穷。心穷透了，谁也没办法救你。人与人之间的距离其实都是由于思维模式拉开的。那么，思维模式究竟又是如何拉开人与人之间的距离的？

一是思维模式的大小不同，可以拉开人与人之间的距离；

二是思维模式的宽窄不同，可以拉开人与人之间的距离；

一是思维模式的高低不同，可以拉开人与人之间的距离；

一是思维模式的深浅不同，可以拉开人与人之间的距离。

（1）思维模式容量有大小之分

思维模式容量有大小之分，大的模式能截取更大的信息量。"盲人摸象"的故事大家都知道，这也能反映到模式与模式之间空间截取的区别；而"塞翁失马"反映的是时间段截取的区别。

有这样一则寓言故事：

从前，有一条大河，拦住了河边村子里的人到对岸去赶集。开始，他们造船摆渡，后又凌空架桥，桥又被洪水不断冲毁，各种方法都不能彻底满足人们自由往返的需求。村子里的人想，要是河里没有水，我们不就可以靠双脚任意过河了吗？于是，他们沿河上行去查看水到底从哪里来的。终于，他们找到了原因，而且，立刻就砍光了森林，铲除了植被，填平了洼地。河水真的干涸了，河床变成了再也不能阻挡村民双脚的陆地。然而，依河而居的人们搬走了，集市也散了，村子里的人也失去了过河的需求。望着费尽九牛二虎之力征服的河道，村子里剩下的人忽然明白了该做的事情，一部分人到下海边去学习如何依水而居，一部分人到上游去恢复森林、植被和洼地。

这则故事反映的是问题管理中的点线思维模式，在这种模式中，问题管理被简化为由 A 点到 B 点的一条孤零零的直线。在上面的故事中，人们为了解决河水拦路的问题，就去消灭河水，从未考虑到河水对村民其他需求的满足和河水与周围生存的关系。当河水干涸时，才发现不仅没有满足需求，相反，问题更加严重，更加繁多。

这样头痛医头脚痛医脚的情况在现实生活中是大量存在着，甚至许多人仍然非常习惯地使用这种思维模式，毫不察觉它的弊端和恶果。

比如，农药的发明与使用就与这则寓言故事极其相似。为了防止昆虫、杂草对庄稼、蔬菜的侵蚀，我们发明了农药，但是农药使用的结果却同时杀死了有益的昆中和植物，破坏了土壤的生殖力，导致生态平衡的破坏，人类不仅没有保护住自己的庄稼蔬菜，而且由农药残留在农作物中进入食物链，人自身也恐惧食用这类有损健康的农作物，从而，兴起了不使用农药的"绿色产品"热。

当然，这种做法，并不意味着人们已经认识到了点线思维模式的恶果，要清算这种思维模式需要人们进行一场深刻认识变革，或者说，需要的是思维模式上的一次质的飞跃。

如同古希腊哲学家芝诺比喻的那样，我们需要扩大自己的知识圈，当这个圈扩大后，才能更清楚地知道圈外的更多的无知，也才会看到现实与欲望之间更大的差距。

根据目前我们对问题管理的认识，思维模式革命至少应具备两个功能：一是不断扩张我们的认知领域，深化我们认知的程度；二是始终显现我们自身的无知和认识的局限。

认知的扩张，既可以帮助我们对问题产生出更全面深刻的认识，又可以更清楚地意识到人自身的问题，使问题管理始终处在活跃的状态；而对自身局限保持清醒的头脑，我们就会保持着强烈的求知和自我完善的欲望，问题管理就会充满着一种内在的活力和动力。

从人的局限度来说，任何思维模式都不是完美的。但是，正因为人的这一局限，我们总是在一定的模式中思考。所以，问题的关键在于拥有什么样的思维模式，在于对自己采用的思维模式的局限是否清醒，是否有补救防范的措施。

鉴于思维模式是我们所应考虑的运作方式，任何一个人都必须对自己的思维模式的选择拥有清醒的认识。对思维模式的反思、改良、变革，就是大脑的更新换代。要拓展我们的宽度，就不能不对自己的思维模式进行经常不断地认真地审查和变革。

因此，成功与否的关键，就是我们能否超越我们自身的认识和利益的局限。超越的程度越大，我们就能从整体上把握和解决问题，越能看到自身的不足和问题，从而，更能全方位地提高完善自身，在工作中实现更多的自身价值，品尝到工作的真正乐趣。

由此观之，人的模式范围越大，那么就能截取到更大范围的信息量，就能更接近把握万物的真实。这反映在人身上，就是印证了"胸怀有多大，事业有多大；胸怀有多大，视野有多大"。胸怀决定格局，格局决定战略，战略决定大小，大小决定人生。

总之，模式大小截取有多种：时间截取、空间截取、万物截取、事情截取、真理截取、情感截取、语言截取，正负截取等等。

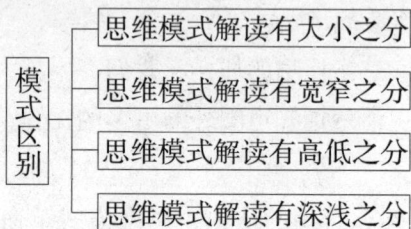

模式区别
- 思维模式解读有大小之分
- 思维模式解读有宽窄之分
- 思维模式解读有高低之分
- 思维模式解读有深浅之分

(2) 思维模式解读有宽窄之分

思维模式不同的宽窄决定了对事物的解读出现不同的结果。

眼睛的局限说出来是令人惊讶的。用老子的话说，我们只能看到"有"的世界，而看不到"无"的世界。用物理学语言说，我们只能看到从 300 纳米到 700 纳米波长之间的电磁波，又称可见光的狭窄部分，在整个波长中，我们只能够看到不到 1%，其他 99% 的部分都是凡夫肉眼看不见的。那些看不见的部分有无线电波、微波、红外线、紫外线、X 射线；等等。总之，对于无限广大的世界，我们基本上就是地道的瞎子。这才是我们十分有局限的人类。

思维模式的宽窄表现为：点与整体，线与整体，面与整体，球（小圈子）与整体，网络与整体等五种形式。

下面我们就"面与整体"的宽窄进行论述。面分正面和反面，我们普通人在看待及处理问题时，大多会采取负面解读思维模式。

人有位置的局限，我们只可能站在一个位置，不可能站在所有的位置，因此，这会给我们观察事物带来一个角度，带来一个忽略整体，强调视角和局部的思维模式。这是大多数痛苦的根源，因为角度决定正负，角度决定取舍，角度决定价值。无论这个角度对与不对，它都会决定你的人生。

例如，酒喝到剩最后半杯，甲是个知足常乐的人，拥有阳光心态，拥有正思维，所以他会从正面解读那杯酒——哈哈，喝了这么久居然还有半杯酒。乙是个贪杯之人，他的解读却是——哎，只剩半杯了。

在工作中，如果持有负面解读模式，那么，他就会戴着负向的眼光去审视他人，因而会恶化彼此之间的关系。人与人之间的差别就是因为对每一个当下的解读方向不同而分出了高下。

正向解读的人总是能在每一个当下获取到正向的能量，日积月累，就能手眼通天，就能翻手为云、覆手为雨，就能在没路的地方找到出路，就能在没有市场的地方找到市场。就能无中生有、纵横捭阖，就能化腐朽为神奇、化干戈为玉帛、化不可能为可能，就能创造生命的奇迹，就能开创人生更大的辉煌！

有位秀才第三次进京赶考，住在一个经常住的店里。考试前两天他做了三个梦，第一个梦是梦到自己在墙上种白菜，第二个梦是下雨天，他戴了斗笠还打伞，第三个梦是梦到跟心爱的表妹脱光了衣服躺在一起，但是背靠着背。这三个梦似乎有些深意，秀才第二天就赶紧去找算命的解梦。算命的一听，连拍大腿说："你还是回家吧。你想想，高墙上种菜不是白费劲吗？戴斗笠打雨伞不是多此一举吗？跟表妹都脱光了躺在一张床上，却背靠背，不是没戏吗？"秀才一听，心灰意冷，回店收拾包袱准备回家。店老板非常奇怪，问："不是明天才考试吗，今天你怎么就回乡了？"秀才如此这般说了一番，店老板乐了："哟，我也会解梦的。我倒觉得，你这次一定要留下来。你想想，墙上种菜不是高中吗？戴斗笠打伞不是说明你这次有备无患吗？跟你表妹脱光了背靠背躺在床上，不是说明你翻身的时候就要到了吗？"秀才一听，更有道理，于是精神振奋地参加考试，居然中了个探花。

人生的价值是由积极思维模式创造出来的，负向解读的人只有失败和痛苦，他们总是从平庸走向失败，从失败走向惨败！

财富不是在口袋里，而是在脑袋里。没有积极的心态，就没有职业的拓展，就无法改变世界，就没有事业的成功，最终甚至会被淘汰出局。因此，每个职场人士都需要积极心态，积极心态能助人远离危险。

负面思维是心灵的病毒，是追求成功的第一天敌。

小沃森小时候，老沃森给他买了一双新胶鞋，天真的小沃森以为穿上这种胶鞋就可以防水，于是一脚踏进一个积水的小坑。想不到水马上从上面灌了进去。为此，他挨了母亲的打，父亲则袖手旁观。长大后，小沃森得了抑郁症，接手公司后尽管他干得很好，但体验不到快乐和满足，最后提前退休。后来，小沃森在回忆录里写道："我永远忘不了十岁的时候那次挨父母打的经过。"

老沃森可能永远不会理解，他的负面行为给儿子以后的接班生涯造成了多大的影响。生活中，有些我们因为各种原因接受了远比小沃森更多的消极的看法，这种负面心态无论对工作还是对生活都是十分有害的。

人们关于思维习惯的一切理论都可以用思维模式来解释。它告诉我们，要想思维模式的负面效应不发生，那么在最开始的时候就要找准一个正确的方向。每个人都有自己的基本思维模式，这种模式很大程度上会决定你以后的人生道路。

(3) 思维模式解读有高低之分

下面我们来欣赏国学大师王国维先生对人生的三层解释：

晚清一代宗师王国维先生在其《人间词话》中富有诗意地提出了"古今成大事业、大学问者，必经过三种境界"。这三种境界实际上也可以看成对人生万象的不同层次的解读。

第一境界：昨夜西风凋碧树，独上高楼，望尽天涯路。

第二境界：衣带渐宽终不悔，为伊消得人憔悴。

第三境界：众里寻他千百度，蓦然回首，那人却在，灯火阑珊处。

对这三种境界的理解，历来是仁者见仁，智者见智。成大事业、大学问者是什么人？那是各领域中的成功人士，像我等碌碌无为者，是谈不上什么人生境界的，因此，他提出的这三种境界应称为成功人生三境界，对其理解，笔者认为应从以下几个方面去把握：

第一种境界就是要志存高远；第二种境界就是要坚韧勤奋；第三种境界就是要善于把握机遇。

（4）思维模式解读有深浅之分

目前，这个问题在学习型中国十分严重。国家大力倡导学习型我们、学习型经济、学习型组织，学习的确给许多我们带来了好处，因此，许多我们今天去清华听课，明天去北大听课，今天听这位大师的课，明天听那位大师的课，几年下来，面对组织发展，他听了几十位大师的课，如核心竞争力、精细化管理、战略决定成败、麦肯锡方法、六西格玛全面质量管理、品牌速成、渠道为王、执行力、人性化管理、国学管理、无边界管理等等。

再加上每个讲师的思维模式各不相同，有的甚至针锋相对，种种不同观念全都收到了听课的卓越者大脑中，到底谁对谁错，或者说谁最适合自己目前的单位状况，自己也难以取舍。

如今金融危机，许多公司急不可耐地要改变他们的方式，也就是说，他们愿意作任何尝试来扭转困局，但他们根本没有考虑这些尝试是否真的能够起作用。他们时常被淹没在浩如烟海的新方法之中，总是忙着把它们应用到工作环境当中去，然而却不去确定哪种策略有效、哪种策略无用。

不仅我们大脑中存在大师思维模式打架的现象，如今学习型中国几乎所有的我们都存在这个类似的问题，学得太多，学得太杂，但能用的太少。

如何解决这一问题呢？唯一有效的方法，就是作出整体思考、系统思考，从组织内外的方方面面，从流程的每个环节来通盘考虑，然后形成自己清晰的思维模式。

根据我几十年对人的深入研究得出，要想彻底改变一个人，绝不是几句话就能真正改变得了的。你那几句话的能量是拼不过一个人多年来积习的负面能量的。因此，我们必须有一套系统的方案才成。还是讲个故事来加以说明吧！

从前，有个鸡农，许多年来，他一直靠养鸡勉强度日。

一天早晨，他打开鸡棚时发现死了几只鸡。面对这样的情况，他不知如何是好，于是打起包裹，长途跋涉到一座山上找到了一位被人供奉的智者。他哽咽着对智者说："唉，智者，我是一个可怜的鸡农。那天早晨我发现有好几只鸡死了，我应该怎么办呢？"智者问："你是拿什么喂鸡的？""小麦。我用小麦喂鸡。""孩子，问题就出在这里。玉米！一定要喂玉米。"

鸡农向智者献上贡品，便下山回家去了。到家之后，他马上把鸡饲料改为玉米，不再使用小麦了。一连三个星期，情况良好。但是在后来的一天早晨，他发现又死了几只鸡。于是，他又打起包裹再次爬上那座山，对那位智者哭诉："唉，智者！我又死了几只鸡。""你是怎么给它们喂水的？""我用自己凿刻的木碗装水喂它们。""水槽，你必须用水槽给鸡喂水。"

鸡农远路迢迢回到家后，给鸡打造了水槽。接下来有六个月，果然平安无事。但是在后来的一天早晨，鸡农去喂鸡时又发现了死鸡。于是，他再次历尽跋涉之苦，去找那位智者。他在智者面前哭道："唉，智者！我的鸡又死了！""你把鸡养在什么地方？""我用木板钉了一个棚子，把鸡养在里面。""通风！这些鸡需要多通风！"

回到家后，鸡农花钱改善了鸡舍的通风条件。时间过去了一年，一切情况良好。但是，在后来的一天早晨，他突然发现所有的鸡都死了。他满心悲伤地又打起包裹去找那位智者。他对智者呜咽道："唉，智者！我的鸡全部死光了！"那位智者却答道："真是太可惜了，我这里还有好多的办法没有派上用场呢！"

这个故事说明，自以为是的局部方案不能真正解决问题！

当今，许多解决我们所存在问题的方案不胜其多，今天听了张三的课，觉得好，就立即套用一下；明天听到李四的方法也不错，又试一下。其实，我们自己都并不知道，其中哪些方案是正确的。如："加强细节管理"，"组建自主运转的小组"，"挖掘我们潜力"，"加强激励的力度管理"，"鼓励我们参与我们管理"，"改变我们文化"，"建立学习机构"，"制订财富共享计划"，"促使我们养成优秀工作者的七个习惯"。……

诸如此类的方案还有很多，它们只是据称可以用来提高我们工作效率的众多答案中的一小部分。许多公司我们就像那位智者一样，向墙上的标靶盲目投射飞镖，期望有一支飞镖能够击中靶心！

那位智者根本不去系统研究鸡为什么会死。鸡的死因到底是饲料、水碗，还是通风条件，鸡农自然也就无从得到具体证据。他信任智者，是因为他总拿得出答案。然而不幸的是，这些答案一个也不对。

智者的故事反映了我们摸索改变命运的现状。专家和理论家们时常给我们开出一些貌似合理的"实践良方"，结果却是隔靴搔痒。

如今，许多人急不可耐地要改变他们的工作方式，也就是说，他们愿意作任何尝试来"挽救自己的鸡"，但是他们根本没有考虑这些尝试是否真的能够起作用，或者确定哪种策略有效、哪种策略无用。那个鸡农的鸡或许是病了，也许是老了，有谁知道呢？没人花时间去查明鸡舍中到底发生了什么事情。

事情出现后，你了解原因和结果之间有什么因果关系吗？没有单一的灵丹妙药可以拯救未来的鸡，唯一有效的方法，就是作出系统思考，从方方面面，从流程的每个环节来考虑。否则，我们永远是不会知道鸡是怎么死的。

因此，重建组织的思维模式是我们的需要。

3. 思维模式的战略作用

21 世纪最核心的战略资源——思维模式。思维模式是创新之源，思维模式是资源的"整合机"加"放大器"。

前几十年美国征服全球的三大经济策略是资本、技术和品牌。这三者都不是实体经济，都是虚拟经济。如今的美国正在向更广义的虚拟经济前沿市场拓展，他们 1997 年的农业、工业、服务业的就业人口占整个就业人口的比例分别为 2.9%、24%和 73.1%。

有一组数据不容忽视：我国大陆发明专利的数量只是美国和日本的三十分之一，韩国的四分之一；我们出口的产品，大约有一半是贴牌。这说明我们是一个自主知识产权与自主品牌薄弱的国家，我们的资源版图正在被别人鲸吞蚕食，我们的生存权正在受到挑战。

中国是加工大国，是实体经济大国，这是很危险的。打个不恰当的比喻，因为我们处在食物链的最低端，面对食物链上游的"物种"我们很难有发言权。事物的发展都是由实体向虚化发展的，都是由物质向精神方向发展的。

一切竞争都从设计时开始。设计是"基因"，执行是"发育"。设计竞争在本质上就是"思维模式与思维模式的对抗"。

对于组织来说，最省钱的阶段，或者说"最赚钱的阶段"，不在制造阶段，不在出售阶段，而在设计阶段。在设计阶段，寻找与众不同的个性化优势，哪怕只是"一点儿"，就可以打出自己的万里江山。因为冠军与亚军的差别就那么"一点儿"，画家与画匠的差别就那么"一点儿"，大禹与大鲧的差别就那么"一点儿"，天才与神经病的基因差别还是那么"一点儿"。多那么"一点儿"，就可以把组织举入天堂；少那么"一点儿"，就可以把组织拖入地狱。

思维模式的作用，一方面在于它的"基因性"，另一方面在于它的"方向性"。

基因性：组织思维力就像人的基因，无时不在，无处不在，一台机器、一笔资金、一车原料、一个人，从进厂那天起，就被植入了这个组织的基因，他们按照什么逻辑运转，要看这个组织的思维模式。这导致同样的机器、同样的资金、同样的原料在不同的组织发挥出不同的效力，可谓"橘生淮南则为橘，生于淮北则为枳"。我们在思维模式设计上迈出的每一小步，都可能带来组织变革上的巨大进步。因此，一种思维模式由哪些要素构成就显得十分重要了。

方向性：同样的核子反应，有人用它来作恶，有人用它来行善。科技影响着资源的使用效率，思维模式决定着资源的使用方向。思维模式恶则科技恶，思维模式善则科技善。

总而言之，人的行为模式多半不是由人自身决定的，而是由人所在的思维模式决定的。抛进海洋，就不能不游泳；落入丛林，就不能不搏斗。

在一个狂欢的思维模式中，人人都有狂欢的激情；在一个创新的系统思维模式里，每个人都会成为创新者。思维模式好，凡夫变天才；思维模式不好，天才变凡夫。

所以说，思维模式是 21 世纪最核心的战略资源。

思维模式的战略作用表现为：

一是能以高度浓缩的形式把人类在漫长历史过程中积累起来的经验储存在人的头脑中，在需要时就可方便快速地提取使用。

二是可以在外部行动结果出现之前，就在头脑中运算出结果，从而可以发现错误，改正其活动，避免行动中发生错误。

三是因为思维模式是人类思维的内在结构，所以充分地研究思维模式的要素、结构、功能、发展模拟，可以促进人力、智力资源的进一步开发和利用。

四是对思维模式的研究，可以深入地揭示认识发展的规律，为开发人类智力找到新的途径，为新智能机的研制提供新的依据和启示。

五是思维模式具有能动作用，因为人们总是依据过去有关的全部知识和经验，利用已有的思维模式去认识当前事物。人类思维的能动作用主要表现在从个别到一般的形成思维模式的过程和从一般到个别的运用思维模式的过程，因此思维模式是思维能动作用的重要形式。思维模式是认识的加工厂，因此他对思维活动有更重要、更直接的作用。

六是思维模式可以使复杂问题简单化。具体解说如下：有些思维模式是静态的，而有些思维模式，特别是那些最有用的模式，则是动态的；有些十分真实，其他很多则是象征性的；有的甚至是幻想、不切实际；有的则有多重合理的解释，就看观察者所处的环境及对未来的展望如何。现代组织的战略，很少能不依赖思维模式而可以完成。通过思维模式的运用，可以针对组织，以及组织在市场、经济、竞争环境与整个世界中所分别扮演的角色，充分加以说明。思维模式常常都是隐晦不明、无法言传、深藏不露的，但是它却无所不在。没有它，我们什么也做不了。事实上，有许多案例都可以说明思维模式如何在信息运用丝毫未受忽略的情形下简化这个世界。

七是思维模式可以使要解决的问题直白明了。

思维模式的力量是巨大的。由于思维模式将原本复杂的世界加以简化，使其容易理解，因而有助于我们更了解这个世界。简化之所以有其必要性，是因为我们的认知能力有限。认知心理学家曾经指出，相对于生命的复杂性而言，我们的心智能力是相当有限的。我们注意力持续的时间、记忆力、回忆，以及对信息的处理，都有其极限。因此，对于当今世界的超高复杂度，人类心中便会通过思维模式的形成，来寻求解决之道。

三、重构思维模式的历史原因

1. 中国几大经典思维模式利弊

杰出的人都必定对人生和事业做过深度思考，都会根据所处时代的局势、条件制定出他们成大事的最佳思维模式。由于他们心怀天下，心忧天下，纵观全局，带着民族的责任感、使命感，他们制定的思维模式不仅仅是为他个人制定的，同时也是为民族、为人民、为国家制定的。当然，不同的人、不同的时代自然会有不同的思维模式。下面我们来看看中外历史上的几个大的思维模式（仅限宏观描述，便于理解）：

(1) 《易经》的阴阳思维模式

《易经》的阴阳思维模式是世界上最早的思维模式，也是流传最广最久远的思维模式。此思维模式最大的特点是：苦—变—二。

"苦"是指人生有许多问题无法解决，知识智慧十分有限；"苦"的原因是由于世界是变化运动的，而且这种天地之间的万物运动变化极为复

杂，难以把握其中的规律，这个"苦"的根本原因是"变"，是变化。应对变化的方法是"二"，即宏观地把握好任何万物的运动的两个边际，即一分为二，二分为四，四分为八，如此加倍演进，我们就不难理解"八卦""六十四卦"了。此模式由于过度抽象，因此十分玄妙，类似象棋等智力游戏，难以为大众接受，导致许多智者终其一生皓首穷经，一无所获，令人惋惜。另一些人又走向另一个极端，故意把一部《易经》说成是灵丹妙药，功能奇特，包治百病。从看相到算命，从风水到环境，从国运到地球命运，从地摊到金融，等等，几乎无所不能。

(2) 孔子的救国思维模式

孔子所处的时代背景是战乱纷纷、民不聊生的春秋时代，上古优秀文化大量被破坏，礼崩乐坏，国不像国，人不像人，他忧国忧民忧天下，于是制定出了他的思维模式：苦—坏—仁。

"苦"是指当时人民因战乱不断之苦。"坏"是指（孔子认为）上古的、周文王时代的礼乐文化被破坏，在社会上没有被流传开来，而导致人民无知无礼无教化。"仁"是他指出的拯救人民、拯救国家的战略思维模式。他大兴教育、到处讲学、弘扬以"仁"为核心的道德伦理政治文化，希望整个社会都被教化好。这种思维模式由于倡导人的学习、发展、进步，在方向上给中华民族开发了战略发展处方。因此在战略上永远不过时。但由于过于理想化，在操作上有非常大的难度，因此也有许多不足，有待其他模式补充。

(3) 老子的无为思维模式

如果孔子是研究成功学的，那么老子就是研究成熟学的；如果孔子是研究如何优秀的，那么老子就是研究如何卓越的；如果孔子是研究如何成长的，那么老子就是研究如何推迟死亡的。老子对春秋乱世提出疗救的思维模式：苦—道—反。

老子的"苦"与孔子的"苦"没有多大区别。老子对"苦"的原因就与孔子不大相同，他认为一切痛苦是由于不懂"道"，不懂道不以人的意志为转移的特性，这是苦之根。"反"是对道的研究后，老子开出的做人或事的最佳处方。研究道不是老子的最终目的，他得出"道"的结论也只是他的一个附产品，一个便带而已，他真正的目的是要找到一整套关于人生事业的如何长生不死、死而不亡的方法。他的"道生一，一生二，二生三"与《易经》的一分二裂变创生模式大不相同，他把思维的空间拓展到了万物的反面，如上下、高低、大小、正反、得失、虚实等，而且要推迟死亡，要得到他讲的"道生三"，就得一定要找到万物的那个反面，找不到就不可能得到"三"。举个例子：我们最想加薪水，用道家的说法，我们要做的就是如何研究失去口袋中的钱，研究放弃手中的拥有，用钱来学习来进行智力投资，这就是一种反向哲学。所有追求成熟、卓越的人都应该认真修一修老子的"反向哲学"。此模式有许多优点，但由于人性阻力，故适应人群较窄，没有孔子思维模式运用的人数广泛。

(4) 佛家的万法归空思维模式

中国的另一种思维模式在春秋战国时期就已经非常成熟，从庄子的活在当下，与后来佛家思维模式不谋而合。因此儒、释、道三家思维模式便成了中华民族最根本的思维模式。释迦牟尼提出的思维模式是：苦—执—空。

"苦"是指人生的现象是苦的，在痛苦面前人人平等。"执"是一切苦的原因，执即偏执、执著。"空"是解脱一切苦厄的出路和方法。此模式虽然更接近真理，但由于过于深奥，由于挑战了大脑常规思维，不符合大脑的习惯，因此也有相当的局限性。中华民族之所以几千年还保持了完整性，最主要的核心文化就是儒、释、道三种思维模式的功劳。当然有人提还有兵家、墨家、医家等，不错，诸子百家，但基本上都是从这三种原模式演化出来的。

(5) 严复的教育救国思维模式

世间万物都是有生命的，真理也是如此，也一样有生命。中国传统文化中的三大格局思维模式由于时间太久远，在没有新的信息导入时，就形成了相对封闭的系统。到1840年那个时候，就基本上走向了死亡，而中华民族也由此走上了百年屈辱史，陷入落后挨打的痛苦之中。痛苦是最好的动力，于是，新的思维模式应运而生。如果说前面的四大格局思维模式曾推动中华民族走上了人类文明的巅峰，那么，从1840年起产生的新的一系列思维模式又推动中国走上了民族复兴的道路。

严复是最早提出"教育救国"的智者之一，他的思维模式是：苦—弱（愚贫）—教（育）。严复是中国资产阶级启蒙思想家，也是近代杰出的教育家，作为中国近代教育的先驱，严复不仅找到以教育救国这一逻辑起点，更重要的是他第一次在中国比较系统地提出了近代中国教育的目标模式——三民教育论，即将鼓民力、开民智、新民德与德智体三者并重的教育思想联系在一起，主张人的全面发展：其一，鼓民力，发展体育，增强国民体质。其二，开民智，重视智育，提高国民素质。其三，新民德，提高德育，铸造爱国新国民。作为资产阶级启蒙教育家，严复利用其学贯中西的优势，吸收斯宾塞德智体三育并举的教育思想，以进化论为依据，力倡以"鼓民力"、"开民智"、"新民德"为基点的教育革新主张，为人们提供了一种通过中西教育的宏观比较，探索近代中国教育走向现代化的崭新模式，其影响直至今天，由此我们不得不钦佩严复的远见卓识及其思想穿越时空的魅力。

(6) 梁启超提出的"新民"思维模式

梁启超提出的思维模式是：苦—旧—新（民）。

辛亥革命前，特别是20世纪最初几年，以梁启超为代表的资产阶级启蒙思想家，以敏锐的洞察力在总结戊戌变法失败的原因及对比中西文化巨大差异的基础上，对传统文化深层结构进行反思，提出了改造国民性的时代课题。梁启超断言，中国人全体之"腐败恶劣"乃是中国"积弱之最大根源"，是"病源之源"，他认为，要造就新制度、新政府、新国家，首先要造新民，强民志，培育新国民。

既要"新民"，就要确立一个理想的模式，梁启超以资产阶级民主思想和国民资格为标准。提出了三大"新民"主张：一是重振坚韧不拔、自强不息的民族精神。二是根除"奴隶性"，培养国民的独立自由思想。三是新民德，重建现代伦理价值。

(7) 孙中山的三民主义思维模式

孙中山的思维模式是：苦—权（民主）—改（民族、民权、民生）。

民族主义的主要内容之一，就是反满。"驱除鞑虏，恢复中华"，始终是资产阶级革命民主派在清末的战斗口号。民权主义是三民主义的核心。它反映了近代中国社会的又一个主要矛盾，即封建主义和人民大众的矛盾。民权主义的基本内容是：揭露和批判封建专制主义，指出封建的社会政治制度剥夺了人权，因而，绝非"平等的国民所堪受"；必须经由"国民革命"的途径推翻封建帝制，代之以"民主立宪"的共和制度，结束"以千年专制之毒而不解"的严重状态。

民生主义是孙中山的社会革命纲领，它希望解决的课题是中国的近代化，即发展资本主义经济，使中国由贫弱至富强；同时还包含着关怀劳动人民生活福利的内容，以及对资本主义社会经济溃疡的批判和由此产生的"对社会主义的同情"。孙中山把民生主义的主要内容归结为土地与资本两大问题。

当中国革命历程进入新民主主义阶段时，孙中山接受了中国共产党和国际无产阶级的帮助，"适乎世界之潮流，合乎人群之需要"，确立了联俄、联共、扶助农工的三大政策，把旧三民主义发展为新三民主义。从林则徐到康有为，再到孙中山，这近百年的民族拯救中，都没有出现最有市场的最符合中国国情的思维模式。孙中山的"三民主义"思维模式的执行战略定位是，仅仅依靠极少数精英来呼吁救国或献身，不可能真正唤醒中国。他的方法不足以达成他的目标。

2. 中西思维模式的具体比较

总体来说，中国传统思维模式的特征是关于"发生关系，寻找万物的关联性"的思维模式，说白了就是想来想去最终都是追求"一"的模式，追求天人合一的模式。

西方思维模式的特征是关于"区别同质化，强调差异性"的思维模式，说白了就是想来想去最终都是追求"与众不同"的模式，追求天人相分的模式。表现为"细分、不同、矛盾、冲突、分裂、品牌、精确"等。人的价值体系在"差异"价值上，有差异就有价值，于是有"与众不同""品牌""个性"等词语。

谈到思维模式，季羡林教授说得好。他认为，中国或东方文明的根基是综合的思维模式，再说得具体一点儿就是"整体概念，普遍联系"。而西方文明的根基是分析的思维模式，说得通俗一点儿就是"头痛医头，脚痛医脚"。从总体上来看，二者是对立的，运用得好，则还能起互补作用。天下没有绝对纯粹的事物，所谓综合与分析，并不是说综合中没有分析，分析中没有综合。但从客观上来看，东方重综合而西方重分析的思维模式特征事实确是无法否认的。

中国传统思维模式一方面具有朴素的整体和辩证思维的优点，另一方面又存在笼统思维，偏于直觉体悟、忽视实际观察和科学实验、轻视分析和逻辑论证等缺点，致使人文传统涵盖了科学传统，科学技术及各门具体学科不能很好地发展。西方思维方式、强调统一体的对立，忽视整体性，形成分析、实证的逻辑思维。正是由于这种追求对立、差异、讲矛盾和独立的思维模式才形成了动荡、拓展的西方世界。

两种思维模式相比，中国的传统思维对国家的安定起了最积极的作用，而西方的思维模式使得近代的西方人几乎统治了整个世界。前者深受人学的影响，重于一定的实践方式和实践力量，始终有历史的局限性，难以穷尽世界的秘密。而后者则一直是在自然科学的推动下形成和改变的。只有将二者各存的优势互补结合，才能更好推动人类思维横向的提高。

中国传统思维模式中大量使用归纳法。即把许多分散的现象，或者一些状态，归纳成一个最终的"理"。其方法就是一个精简化、抽象化、浓缩化和符号化的过程。西方不同。它多用逻辑方法推演。逻辑是希腊人为研究几何学所发展出来的思维方法。而人类真正认识到逻辑推演重要性的时候，应该是从代表近代科学标志之一的牛顿开始的。也可以说，中国古时候没有发展出逻辑系统。从属不交错、步骤不颠倒是逻辑方法系统的基本精神。推演这一点，连同实验和自然哲学，在中国传统思维中是没有的。

看待事物，西方偏重实体，中国偏重关系。因此，我们应该正确地对待中国传统思维模式和重视对两方思维模式的研究。对此，既不能全部否定，也不能全盘继承，只能在这种"巨大的惰力"中，继承和弘扬其精华部分的优秀成分如民本思想、教育思想、某些哲学思想及非智力文化部分等。

西方思维模式是世界文明的一部分。对它无条件吸收是不可能的，但不加分析地认为西方思维模式就是腐朽没落的代名词，不做认真的研究为我所用，也只能是一种浅薄的举动。

东西方思维模式在为人类造福、提高人的素质、提高人类生活享受横向、推动人类社会发展方面共同发挥了巨大作用。尽管二者体系也有不同的地方。它们之间的融汇形成了人类历史繁荣的彼消此长。世界上没有纯之又纯的文明。人类总是在交流与往来。

人类的观念总在不断地穿越时光邃道和跨越空间横沟而得到融通。我们不以普通人的交际为例，看看一个具有典型意义的历史痕迹。

张大千是人所公认的美术大师。他的艺术作品忠实地继承了中国的传统艺术，又融入了西方现代派绘画的一些因素，徐悲鸿称他是"五百年来第一人"。1956年7月28日，五十七岁的张大千和七十五岁的西方艺术巨人毕加索在巴黎见面了。令张大千惊讶的是，毕加索抱出自己的五本绘册，上面的作品风格全是模仿齐白石的花鸟虫鱼；尤其张大千更以为是自己听错了的毕加索的一句话就是："我最不懂的，是你们中国人为什么跑到巴黎来学艺术！"抛开其他因素，仅从观念的可塑上说，人类的文化是相通的。不存在什么全错、什么全对、谁征服谁的问题。

人类的传统思维模式正在碰撞汇合。人类的传统思维模式正在迎合现代。

3. 中国智慧的另一方面

在中西文化的框架之中，我们完全可以看出中国思维模式最倡导道德力和意志力，适度发展智力，而西方文化却最倡导的是智力和意志力，相对相视道德力。

中国的短板是缺智力。那有人问，中国人是不是缺心眼，是不是脑子太笨？不是这样。从世界各民族的智商来看，中国人是相当高的。那为什么中国人没有表现出高科技的智商来呢？为什么现代文明几乎没有一样是中国人的贡献呢？有位大师是这样分析的：

外人认为中国人不可理解，我认为那是他们头脑太简单。或者说，他们的文化太简单了。中国人所谓的不可理解，其实是中国思维模式的丰富复杂所决定的。李泽厚曰：人是文化的积淀！金紫千曰：人是文化的灵魂！我说，人是文化的载体！中国思维模式的复杂丰富，决定了中国人民的不简单！

中国传统文化的格局是三教九流，指三种宗教和九种学术流派。三教指儒教、道教、佛教。九流，指先秦的九个学术流派，这九个学派是指儒家、道家、阴阳家、法家、名家、墨家、纵横家、杂家、农家。不知道什么时候起，三教九流成了贬义词，泛指江湖上各种职业。九流也被人分作上九流、中九流、下九流。再加上某些学术流派的失传，所以现在学人把中国传统文化的格局定位为三方五家。三方是儒、道、释，五家为儒教、宗法传统、道家、道教、佛。

当然，还有用九流这个概念的，比如有些学者把中国传统文化综称为十家九流。这十家是，中国儒家、中国道家、中国佛家、中国墨家、中国法家、中国名家、中国兵家、中国阴阳家、中国纵横家、中国农家。总之啊，这么一列举，可看出，咱们家当还真不少。有这么丰厚的文化家底，咱们的国人当然不简单了，随便一个中国老太太，哪怕她大字不识一个，但是她身上的文化色彩也是五光十色，老外看得五迷三道的晃眼儿。

举例证明，一个妇人嫁人嫁得不对了，老挨丈夫打，她谁也不埋怨，就怨自己命不好——我命苦啊！儿子没养活，夭折了，她会自我安慰曰：天意啊！天命是谁的思想？孔家老二的。孔子的天命论大家可能都知道，高深莫测谓之天，无可奈何谓之命。这时候，你能看出这女人信儒。可是一旦儿子长大，娶了媳妇忘了娘，或者游手好闲赌博吸大烟什么的，老太太会拍着膝盖哭诉：报应啊，老天爷，我作了什么孽了，给我这么一个不肖子（或曰败家子），这时候，老太太她好像又信佛了。可是你看她桌子上供的牌位，分明又是太上老君在此！太上老君是谁？道家创始人老子是也，因为跟唐家李氏王朝同姓，所以难免开后门之嫌疑，被李家封了个玄元皇帝，道教徒称他为道德天尊（又称太上老君）。

中国人不可理解，还有一个原因。有学人认为，中国哲学是一种早熟的哲学。梁漱溟在其《东方学术概论》指出，人类学术无非研究三个问题：

第一，人对物的问题。人类征服自然，产生自然科学。

第二，人对人的问题。人与人相处，产生社会科学。

第三，人对己的问题。人与自己的较量，产生宗教。

梁漱溟认为中国学术早熟，不注重解决第一类学术问题，却直奔第二类、第三类学术。比如儒，便是中国最早的人际关系社会学，尼采那疯子把中国的儒骂作中国把戏，骂作庸俗的世俗哲学，估计是有他自己的道理的。因为欧美从文艺复兴时代开始注重人本身，关注的是个人自由，至于人与人的关系却被完全忽略，直到后工业化时代，美国才出现个卡耐基，教人《如何推销你自己》，咱看着就像幼儿园小朋友的入园手册。如果说儒是第二类学术，那么中国的道则是介于第二类与第三类的学术。既调节人际关系，又调节人本身，至于佛，则完全是第三类学术了。

早熟的学术，带出的是早熟的国人。

笔者认为一方面是因为东西方社会发展的道路不一样，长期的农业社会和小农经济，造成了我国文化的民族心理。这种心理的特点很大程度上是强调一种乡土情谊、一种乡邻情谊。

我们不是常说人生有四大喜事吗。"久旱逢甘雨，他乡遇故知，洞房花烛夜，金榜题名时。""他乡遇故知"在德国是淡漠，西方人一般没有同乡会。如果在国外遇到一个同乡，德国人不会很激动。

而我们常讲一方水土养一方人、落叶归根等，本乡本土观念很强，这些都跟我们的社会有关，带有浓厚的情感。这种感情因素在西方，恰恰表现得很淡薄。中国人看月亮会来情感，如"明月几时有，把酒问青天。""月上柳梢头，人约黄昏后。"而美国人却不是这样，他们一般会"明月距多远，上面有煤否？"他们想的不是情而是理。另一方面从哲学和文化体系角度说，我们受影响最深的是儒家哲学，而他们是基督教文化。

儒家哲学体系里强调的是"修身、齐家、治国、平天下"。把"修身"放在第一位，也就是讲究道德文化。这种道德文化里恰恰强调的是一种"义"。"君子之交淡如水"强调的也是"义"。现在有了一些变化，有的人主张义利兼顾。我们的哲学思想强调综合，他们的哲学思想强调的是分析，这就形成了侧重整体思维和个体思维的差异。

四、重构思维模式的当代因素

1. 全新的世界大趋势要求转变思维模式

(1) 了解全球最新的发展大趋势

人类的危机要求转换思维模式。思维模式革命是人类唯一的出路。著名学者王文元说：

对立冲突的二元思维并没有错，只是容易将人类导入冲突的思维习惯中。无论是国家冲突、组织冲突，还是个人冲突，究其根都起源于二元思维。

21世纪，人类处在伟大的历史转折时期。21世纪，是一个人口、资源和环境三者严重失衡的时代；是人口发展严重失去平衡，动植物物种大规模毁灭和消亡，大自然环境遭到严重破坏，石油、天然气和矿产资源等不可再生资源枯竭的时代。

总之，人类的发展已经到了一个决定生死存亡的十字路口，人类面临着严峻的形势和巨大的挑战。从深层次上说，工业文明已经走到了尽头，新自由主义模式走到了尽头，过度工业化、城镇化和现代化已经使自然环境、生态环境和地球遭到巨大破坏，并把人类推向巨大灾难的边缘。人类要发展，就必须要实现从工业文明向生态文明的转变。

文明的发展已经经受着严峻的考验，这是著名的历史学家汤因比发出的呐喊。其实，人类文明的发展已经达到地球承载的极限，濒临失衡的地球已经无法再为今天的人类提供更多的食物、空气、水和能源。

今天，地球上的60多亿人中间，就有20亿人口每天生活费不足2美元，其中12亿人不足1美元，还有8.45亿人处于饥饿状态。搞不好，人类文明真有可能在未来的某个世纪、某个时期失去秩序，走向失衡和崩溃。

《增长的极限》已提出过严重的警告：能源的枯竭、环境的恶化与人口的过度膨胀，将会使人类走向灭亡。美国康奈尔大学生态学教授戴维·皮门特尔研究小组得出的结论是："人类在地球上的活动正在毁灭我们自己。"

如何拯救我们业已失衡的地球，已经成为全世界和全人类共同面临的首要问题。而解决问题的首要方法是转变思维模式，变传统的"物竞天择"、有你无我的二元思维为兼顾"你、我、他"的思维模式；变无限张扬自我的小格局思维为关注全体的大格局思维。而我们主动承担起研究和推广思维模式的任务，就是为了为人类提供改造生存环境、应对未来的有力工具。

我们写这本书的目的是想为那些希望更好地了解这个时代的人提供一些有用的资料。有人断言：至迟到22世纪，人类将自我终结！你可以说这是危言耸听，也有理由相信人类有足够的智慧解决人类自身延续的问题。按目前人类的生产、生活状态，地球确实已背负着难以承受之重，那么，人类的毁灭似可预期。不过，人类可以通过改变思维模式，改变生产、生活模式而适应日益变化的情况，与自然和谐相处。那么，"人类将自我终结"的预言将不攻自破。

但是，改变不会自动发生，人类行为的改变首先源于思维模式的改变。我们怎样看待这个世界？我们怎样看待未来？我们怎样定位自身跟这个世界的关系？我们将为未来承担怎样的责任？等等。这是每一个追求卓越者都应该思考的问题。卓越者的群体，绝不是一个与世浮沉的人，而是一个立志改造世界的人。

今天的生活是由三年前我们的选择决定的，而今天我们的抉择将决定我们三年后的生活。我们要选择接触最新的信息，了解最新的趋势，才能更好地创造自己的将来。

任何卓越的人，任何有使命感的人都会关注未来，都会更关注未来世界的大趋势。因为历史只是提供参考价值，而未来却是我们决策的准绳。今天一切行为都得以未来趋势为准绳，一切决策的制定都得以未来趋势为方向、为依据。

万事皆有因果，一切皆有关联。未来就在现实之中，就在历史之中，未来一切的发生都一定是有原因的，都绝不是横空出世从天上突然掉下来的。未来的大趋势一定会在今天显露出许多蛛丝马迹来，我们只要当一个有心人，其实未来还是可以把握的。

尽管问题复杂，方法依然会有。无论世界充满怎样的不确定性，我坚信我们面对未来也并不是完全束手无策，毫无把握。几千年的人类智慧证明，一切复杂的背后都是由简单构成，一切枝枝叶叶的繁荣都一定可以从根上把握。要想真正把握世界大趋势，我们认为有一种可行的办法，那就是从根子上弄清楚人类发展的本质。若不搞明白这个本质问题，仅从表面现象出发，是永远扯不清楚社会发展的历史逻辑的，是永远无法准确解读未来的。从根上着手，我们认为这是发现大趋势的总出发点。

未来的大趋势究竟是怎样的呢?

简单的东西，都来得不简单。为此，我们用了三年时间，对中国科学发展，对全球几百个行业，对中外古今接触人物，重大政治经济社会文化意识和军事实践进行了高度归纳，提炼出了目前世界上最简单的、最易记的世界未来大趋势，如果用两个字表达，这两个字就是"极化"；如果用六个字更进一步清晰表达，这六个字就是"更高、更宽、更深"。

先从总体上说说"极化"趋势:

极化是当今时代的最大的系统运动特征。世界是物质（物是实体，质是虚体）的，物质是运动的，我要补充的是，运动是会趋向极化的。

如极端气候、极端政治、极端文化、极端经济、极端市场、极端消费、极端人才、极端个人、极端教育、极端组织、极端人群、极端传销、极端情感、极端娱乐、极端思想、极端恐怖主义、极端运动、极端投资、极端房地产，等等。

又如极端产品：极大与极小、极贵昂与极廉价、极豪华与极简约、极高贵与极朴素、极虚拟与极实用、极复杂与极简单、极宽广与极狭窄，等等。凡是市场上的畅销产品大都是极致产品，如果你的产品还没有在某个卖点上推到极致，那么是很难卖出去的。

自然界、人类社会和思维为什么会走向极端呢？

主要是高度组织化造成的，无论是自组织还是他组织。就拿群体运动极化来说，单个的人，大都表现得不怎么极端，一旦成群后，就会出现极端表现；若强化组织起来后，则会表现得更加极端。

群体之所以极化，本质原因是高端信息的自强作用造成的。人与人交流，谁掌握了高端信息，谁就会征服谁。也就是说，高端信息具有主动扼杀低端、中端信息的能力。

人只要群化，就有交流，只要交流，就会出现高端信息扼杀低端信息的局面。而且，一个组织在交流中，如果没有高端思想存在，那些较高的思想就会把许许多多零散的、杂乱的、各异的思想进行整合提炼，到最后也会得出极端的统一的意见，就算是不统一，也会逐渐形成越来越少的组织内的意见派别。高端信息扼杀力之所以能存在，主要因素有人们迷信权威、从众心理、依赖心理、情绪升级等。

总之，群体一旦形成，就会形成群体意识、群体思维、群体尊严、群体文化、群体制度等，就必然会扼杀群体中的弱者意识，就会形成偏见强化和固化。

极化的作用是揭示了隐藏的信念与欲望，或者说创造了新的信念与欲望。在一个比较的社会，99%的人都不会平衡，都觉得压抑，有欲望没有实现。

很显然，极端主义并非总是坏事。有时，走极端是很好的，甚至是了不起的。比如追求财富、快乐、幸福、自由、道德、爱心、尊严等。

整体来说，西方文化是把极化文化推到了顶端的文化，但我认为，这种极化文化不仅适合于造物、造产品，也适合于造人，东方文化尤其是中国的中庸文化、道家文化、佛家文化、心灵文化等都是把人推向极简、极慢、极静、极闲、极乐的文化。无论是西方的差异文化，还是东方的关系文化，其实都是强调极致的文化。

再说说"更高、更宽、更深"的趋势：

如果"极化"针对趋势来说，还说得比较笼统，那么，"更高、更宽、更深"就说得更加直白了。这六个字看起来不仅十分简单易记，而且它的确是对古今中外一切发展大趋势的特征作了清晰总结，是在吃透一切繁杂的表面现象深入到事物的本质之中才提炼出来的，它是去粗存精、去伪存真的思想精华的结果。

总之，我们认为这六个字必将拨开人类观察世界的层层迷雾；必将勾勒出人类未来发展进程的清晰轮廓；必将使你对这世界看得更清楚明白；必将对未来的发展和繁荣作出全新的贡献；必将对推动人类的幸福提供全新的指导方案。

我们得出的世界大趋势框架，一是回避了诸多小格局的弱点，二是吸取了他们的许多智慧点。得出这个结论完全是时代的必然产物。

一切结论都应该有支撑的依据，下面将大趋势就是更高、更宽、更深的依据陈述如下。

(2) 世界大趋势之一——更高的依据

人民群众创造了历史，但人类的记忆有限，人们一般只能记住一些精英，记住一些高人。中外历史都在颂扬什么？谁都知道无非是一些关于高人的历史。人们对那些无名小卒不感兴趣，对漫无边际的野草不感兴趣，只对那些参天巨树动情感。为什么会这样？因为每个人心中都有一个梦，那就是成为群星中最亮的那颗。这是人生的追求，谁也没法改变。

思想高人的天空，是一个个圣贤的名字；政治高人的天空，是一个个巨人的身影；经济高人的天空，是一串串金光闪闪的脚印；管理高人的天空，是一串串硕果累累的业绩；文学高人的天空，是一部部感人至深的佳作；艺术高人的天空，是一方方价值连城的珍品；科学高人的天空，是一个个令人震撼的奇迹。

当今智力的人类，依然把追求高度作为人类的终极追求。追求宽度或深度或者其他什么东西，都一定最终是为了高度。有人问，人为什么一定要追求高度呢？其实人也并不是真正想追求什么高度，而是为了"竞争"这个词。人类社会的一切追求最终就是为了竞争，为了一比高下。因为更高是判断强弱、大小、胜负、成败、上下等的唯一判别式，一部人类进化史其实就是一部比高的历史。

人类目前正在无限扩大更高的趋势。没有一个问题能比这个更高问题更突出，对个人和组织更重要。更高从古就是人类的首要追求，只是今天被社会、政治、经济、文化、艺术、军事等多种因素共同放大，放大，再放大，以至于发达到特别突出的位置了。

这种更高的竞争现象范围之广、时间之长、参与人数之多、比拼之惨烈，在人类历史上绝对是空前的。我们每个人为"竞争"几乎都付出了的心血，付出了时间，付出了身体，付出了健康，付出了家庭，付出了幸福，付出了自由，付出了快乐，付出了美好的爱情，付出了环境，甚至许多人为此付出了生命。就算付出一切，人类都还会竞争。

竞争并没有错，只是单纯求高的竞争思维模式错了。人类正在狭窄的肤浅的平庸的方面进行比较，这是一条穷途末路。很可惜，无论怎么说，更高已成为今天最首要的社会现象，也可以说是首要的社会问题。人类始终逃不过局限的宿命。

(3) 世界大趋势之二——更宽的依据

由于人类追求更高的比较竞赛，所以，自然带动了人类实现更高的相应主要因素——宽度的革命。也就是说，我们宽度必须与高度的超越相匹配，也就是说只要高度超越的目标存在，就必然要有宽度超越的跟进和匹配。这是世界大趋势更宽的内在动因，而不是直接动因，更不是促成可能引爆宽度超越的直接动因。那在客观上能引爆更宽的直接要素是什么呢？导致更高的关键词是比，导致更宽的关键词是另一个字——流。

流有流量和流速。主要有如下四点流动的原因：

原因一：信息流。电脑的出现导致了互联网的出现，互联网引爆全球信息流动。这个信息流包括知识、资讯、技术等，从而将人们真正带进了信息流时代。因信息流不同于以往任何时代的信息流，以前是量变信息流时代，如今是质变信息流时代，今天一个人一年接收的信息量比古人一生接收的信息量还要多。

原因二：物流。由于大型运输工具的出现如空中客车、海上巨无霸等，导致世界性资源、产品全球正在加速加量流动。

原因三：钱流。如今全球资本流动，全球金融已不局限于自己本土投资，而是在全球范围内搜索项目，进行投资。这种货币流动总量与速度及流动广度是以往所有时代无法比拟的。

原因四：人才流。由于区域经济的不平等、人权的不平等导致了人才全球的流动。人才流动实质上也是人的欲望膨胀的结果。

基于上述四点原因，从而导致了世界的第二大新趋势——更宽趋势的形成。

（4）世界大趋势之三——更深的依据

当然更深的逻辑动力和内在动力依然是更高，更高是人生是一切组织追求的总目的、总目标。更宽只是实现更高的方法，更深是在更宽完成后实现更高的策略而已。虽然同更宽一样，导致更深的世界驱动原因却是另外三个。

原因一：经济驱动。经济刺激对于人类向深度和时空挖掘深度是十分有效的，绝大多数人都能被利益驱动，人人都是俗人。

原因二：精神驱动。人是可以被认同、权力、名誉、面子、尊严等因素驱动的。一个人之所以失去了动力，那其中最主要的原因是失去了追求目标，是没有激活更高的欲望。人是有野心的动物，只是有的被激活，而有些人没被激活而已。

原因三：兴趣驱动。这是讲内因，讲人的历史。人人因历史环境不同，其个性自然也会不同，其兴趣爱好自然也不同。常言道：兴趣是最好的老师，因此，兴趣在哪里，注意力就在哪里；注意力在哪里，成功就在哪里。兴趣是制造深度的第一推动力。

总之，因为超级流动性导致世界更宽，因为驱动力导致世界向纵深方向发展。

更高是"比"造成的。产品同质化、平庸化是推动比高的直接动力。

更宽是"流"造成的。产品信息量、市场力是推动比宽的直接动力。

更深是"驱"造成的。产品精细化、艺术化是推动比深的直接动力。

到此，我们已基本上说清了"世界大趋势——更高、更宽、更深"的主要直接原因和内在原因，下面我们再来看看这三大世界级趋势所涵盖的主要社会现象。

更高大趋势的现象：对手竞争。

国家集团之间竞争、国家与国家竞争、民族与民族竞争、集团与集团竞争、组织与组织竞争、帮派与帮派竞争、团队与团队竞争、小组与小组竞争、家庭与家庭竞争、个人与个人竞争、自己与自己竞争。这种比是无时不在，无处不在，无人不有。

更宽大趋势的现象：非对手关系整合。

国家集团之间整合、国家之间相互整合、组织之间相互整合、区域之间相互整合，组织、单位、家庭、个人之间相互整合。这种为了实现超越对手的战争，必须也必然扩大整合的范围、人数、势力、速度。否则是很难赢得更高的对手战的胜利的。

更深大趋势的现象：极值凸显。

负极值的表现：极色、极贪、极权、极黑、极左、极右、极狠、极残、极恶、极毒、极坏、极苦、极浪等；正极值的表现：极佳、极美、极善、极爱、极甜、极酷、极正、极义气、极认真、极专注等；中极值的表现：极大、极小、极快、极慢等。深是反映事物的本质特征。本质特征主要以质变形式表现出来。凡是网页上的热点问题、热点新闻、观点文章，其实都是人、事、物深度运动的外在质变表现，都是为了整合一切宽度，之后去实现最终的高度。

那么，今天我们怎么应对未来大趋势呢？

战略尽量乐观，战术必须悲观。我们要有梦想，但不能有幻想。自豪是短暂的，只有危机感才是长期的。世界虽看好中国，但并不能保证一定都会支持中国，甚至有些国家由于发展层次不同，可能还会阻扰中国发展的进程。

梦想虽然美好，现实却是残酷。世界正处在巨大灾难的边缘。从国家竞争来看人类发展，人类未来的50年必将面临全新的洗牌。因为一系列无知的低层次竞争已致使人口、资源和环境严重失衡，进而必然会导致未来世界局势必然会更加复杂，矛盾必然会更加频繁，冲突必然会更加尖锐。因此，任何国家要想在全球大洗牌时期赢得先机，稳操胜券，就必须首先洞察时代新趋势，把握时代脉搏，否则一切都是痴人做梦。

谁都想洞察时局，掌控未来，但世界大趋势有那么好掌控吗？

中国看好世界，世界看好中国。中国正以波澜壮阔的气势向无边无际的大海奔腾而去，一个伟大的民族再次踏上他的民族复兴之路。近百年来，中国从醒起来，站起来，富起来，再到今天的强起来，依次走势，如果世界不再发生震荡性的变化，中国将迎来新一轮曙光，将会在飞速发展中成为地球上最受人尊敬的国家，将会在未来30年"贵"起来！

改变思维模式是应对未来冲击的需要。

如何应对未来的挑战？首先要改变紧盯眼前事物的思维模式，建立远观未来的前瞻性思维模式，诚如美国组织家维克斯所言："至少将眼光放在未来五年的发展上，确切地窥测出可能发生的问题和可以运用的机会。"任何事的发生，都有前兆，只要不漠视它们，就能从它们身上发现未来的先机。

(5) 从时间成功走向空间成功要求转换思维模式

时间成功学经历了五代：

第一代是加班加点成功学——为钱不顾身体死活；

第二代是挤掉零碎时间成功学——拼命卖命；

第三代是提高单位时间的绩效——弦绷得很紧；

第四代是做重要而正确的事——抓大放小；

第五代是减少工作时间和任务——很难快乐工作。

总之，时间成功学是线性的、狭窄的，是不可能真正使人快乐幸福的，是自私自利的。今天工业文明就是时间文明的结果，任何明白人都看得出，如今社会问题、环境问题、能源问题、情感问题等如此严重，归根结底都是由于时间成功学一手造成的。

我们许多人只知道时间成功学给我们带来的好处，而没有看到它给人类带来的深深灾难。如今，时间成功学已给人类带来了严重的危机。

时间成功学最大的不足——制造小我。

其特征——低俗、狭窄、肤浅。

其思维方式——小我思维、对立思维、比拼思维。

其结果——制造极端和冲突。

在 21 世纪，我们这个赖以生存的地球面临着如此严重的失衡，诸如贫富失衡、人口失衡、发展失衡、能源失衡、环境失衡等，这些失衡已经极大地制约和威胁着我们人类的发展、地球的发展和人类的未来。

如何拯救我们业已失衡的地球，已经成为全世界和全人类共同面临的首要问题。而解决问题的首要方法是转变思维模式，变传统的"物竞天择"、有你无我的二、思维为兼顾"你、我、他"的思维模式；变无限张扬自我的小格局思维为关注全体的大格局思维。而我们主动承担起研究和推广思维模式的任务，就是为了为人类提供改造生存环境、应对未来的有力工具。

总而言之一句话，就是变时间成功学为空间思维模式。这是我对 21 世纪人类面临形势的全面观察与思考，若不如此，人类必然迅速被自己的"努力"彼此相互整死。人类必将进入"空间文明"时代！

那么，新思维模式将给人类带来些什么呢？

是关注他人，关注外因，关注彼此整体发展；是全人类的资源在统筹兼顾下的协调发展；是关注人类自身生存环境的优化平衡发展；是人们过的是简生活、慢生活、静生活和体验式生活的发展。总而言之，要记住——空藏万有！你若能照见五蕴皆空，就必能度一切苦厄！

2. 中国今天的大转型需要转变思维模式

中国要迅速转变思维模式有如下几大原因：

(1) 全球一体化要求中国转变思维模式

每个时代都有每个时代的最显著特征，自然也会产生那个时代的最配套的思维工具。今天我们面临的世界在边界上已经非常大了，许多小范围的旧模式已完全不能胜任今天的需要了。我们来看看人类发展的边界扩大图示：

原始文明——山间游走——思维空间小；

奴隶文明——小范围流动——思维空间较小；

封建文明——安居乐业——思维空间一般；

工业文明——商务活动多——思维空间较大；

信息文明——全球一体化——思维空间大。

也可以说，人类文明的历史就是一部空间扩大的历史。今天，也只有今天，人类第一次真正彻底把交流空间给打开了。全球开放是这个新时代最大的特征。因此，我们每个地球人都应配备这种全球一体化的思维模式，以便兼容全球资源，实现自我卓越。我们这套思维模式最大的特征是扩大了解决问题的背景，扩大了解决问题的高度、宽度和深度，它能解除不同观点之间在小区间内的对立，不是非此即彼，而是此是彼是互融。它将使你的目光能迅速捕捉到那些不明显的至关重要的因素，将狭隘因果关系拓展到广义因果关系之中去，以便在有限中感知无限的魅力。

那么，旧的思维框架和新的思维框架区别何在呢？

旧思维框架	新思维框架
空间信息截取量小	空间信息截取量大
面对简单世界	面对复杂世界
面对静止世界	面对动态世界
面对分裂世界	面对整体世界
面对内因管理	面对外因管理
面对稳定市场	面对变化市场
面对有限资源	面对无限资源
面对有限可能	面对无限可能
面对有限竞争	面对无限竞争

世界越来越复杂，我们当然不能还死守旧的思维模式。

(2) 中国战略大转型客观上要求转变思维模式

今天，我们正处在从旧的工业文明转向全新的商业文明、信息文明时代迸发的时期；我们正处在一个不同于任何历史时代的特殊路口上，国际矛盾日益尖锐，世界冲突更加频繁。我们每一个中国人必须清醒认识到中华民族伟大复兴的大战略的四个步骤：一是生存战略，如何自立于世界——毛泽东思想是其理论基础；二是发展战略，如何融入世界——邓小平理论和"三个代表"重要思想是其理论基础；三是崛起战略，科学发展观是其理论基础；四是领袖战略，如何引导我们的世界。这个大战略是一个伟大民族、一个伟大国家与时俱进的级别轨迹。实现大战略要求每一个炎黄子孙都必须关心国家的命运，都必须参与到民族复兴的运动中来，这样中华民族就是一个有希望的民族，就会对世界作出最大的贡献。

今天，旧的观点、思维、产品都将面临着整体淘汰出局，几乎所有传统产业、传统价值观、传统思维模式、传统人才、传统我们、管理经济、管理模式都将面临着整体淘汰。这不只是某个局部的淘汰，而是旧的东西整体淘汰，是过时的行业整体淘汰，是旧的圈子大批迅速死亡。淘汰的本质是淘汰旧思想。所以，只有转变思维方式，才能跟上新的形势，才能避免被淘汰！

今天，中国正处在从崛起阶段向最高阶段前进的关键时期，正面临着一系列的重大转型，如经济转型、政治转型、社会转型、文化转型等。当然，在所有的转型中，最根本的是思维模式的转型。我们认为思维模式转型就是由模仿、跟进转向超越思维模式；由自私、自利转向服务型思维模式；由平庸、狭窄、肤浅转向高度、宽度、深度型思维模式。

总之，信息时代的本质就是追求卓越。未来摆在我们面前的第一要务，不是"怎么做"，而是"怎么想"。应对复杂多变时代最根本的策略应该是从思维模式入手。中国今天一系列重大转型的实现，我们认为都是建立在思维转型的基础之上，思维不转型，一切都会成为空话、假话，因为人的行为是由思维决定的。而思维又是由思维模式决定的。因此，首先若不找到适合新时代需求的新思维模式，若不把新思维模式放到一切转型的首要位置来学习，那么，转型就会流于形式，就会走过场，就难以真正实现。

(3) 制约中国发展的内外因要求转变思维模式

胡锦涛说，当前，我国正处在改革发展的关键阶段，机遇前所未有，挑战也前所未有，机遇大于挑战。当今世界正处在大发展、大变革、大调整之中，世界多极化、经济全球化深入发展，科技进步日新月异，国际金融危机影响深远，综合国力竞争更趋激烈，不稳定不确定因素增多。经过新中国成立以来特别是改革开放以来不懈努力，我国发展已经站在新的历史起点上，但仍处于并将长期处于社会主义初级阶段的基本国情没有变，人民日益增长的物质文化需要同落后的社会生产之间的矛盾这一社会主要矛盾没有变，同时我国发展呈现一系列新的阶段性特征、面临一系列新情况新问题。我国改革开放和社会主义现代化建设任务繁重，应对国际金融危机冲击、保持经济平稳较快发展任务繁重，推动科学发展、促进社会和谐任务繁重，保障和改善民生、维护社会稳定任务繁重。我们必须继续抓住和用好重要战略机遇期，全面推进经济建设、政治建设、文化建设、社会建设以及生态文明建设，全面建设小康社会、加快推进社会主义现代化、发展中国特色社会主义。

(4) 禁锢大脑的创造力要求转变思维模式

一切竞争，在本质上都是思维模式的竞争。不同的思维模式决定着国家的地位、前途和命运。一个人、一个组织、一个国家的落后，最根本的是思维能力的落后。许多人把失败和落后的根本原因归结为体制、环境、文化、条件等，这其实都是没有抓住人性的本质，抓住发展的要害。其实这个要害就是思维模式。思维模式虽然是由观点、文化环境和历史造成，但一个人、一个组织、一个国家一旦形成了某种思维模式，那么，这种思维模式就会主导以后的观点、文化环境和历史的走向，由此可见思维模式的影响力是十分强大的。

中国目前的思维模式、思维方式相对于过去来说有优点，但面对未来却有三大致命缺点。优点不多说，缺点必须说：一是平庸思维，二是狭窄思维，三是肤浅思维。平庸思维最大的特点就是"跟风"。跟风对于任何弱势组织与强大的对手竞争当然是一种十分有效的方法。跟风可以做大，但很难做成老大。狭窄思维最大的特点就是"排外"。自闭导致视野小、思路窄、资源少，这在封闭时代有好处，但在全球化的今天，几乎是无法生存的。狭窄造成自大，但很难造出老大。肤浅思维最大的特点是"出次品"。

　　如今市场上的一切畅销产品都有一个共同的特征，那就是做到了极致。极品与次品的区别就是生与死的区别。仅凭这套跟风、局部和简单生产思维模式就想迅速发展成为老大，那犹如痴人说梦。旧模式虽然也取得了可喜的成绩，但面对未来的发展就显得"力不从心"。也就是说，旧模式已完成了使中国富起来、强起来的初步使命，但要想创造卓越，要使中国"贵"起来，那还得寻找全新的思维模式。

五.旧模式必须淘汰出局

1. 旧思维模式的严重不足

　　人类发展的大趋势是更高、更宽、更深！

　　今天，我们正处在从旧的工业文明转向全新的商业文明、信息文明时代进发的时期；我们正处在一个不同于任何历史时代的特殊路口上，国际矛盾日益尖锐，世界冲突更加频繁。今天，旧的观点、思维、产品都将面临着整体淘汰出局，几乎所有传统产业、传统价值观、传统思维模式、传统人才、管理经济、管理模式都将面临着整体淘汰。这不只是某个局部的淘汰，而是旧的东西整体淘汰，是过时的行业整体淘汰，是旧的圈子大批量迅速死亡。淘汰的本质是淘汰旧思想。所以，只有转变思维方式，才能跟上新的形势，才能避免被淘汰！

　　淘汰的本质是淘汰旧思维。因此，只有转变思维方式，才能跟上新的形势，才能避免淘汰。因此我们国家、商业集团、组织、个人应对新形势新趋势下的事业、人生思维模式自然也要发生变化，也要做出调整，也要与新趋势配套、同步，否则用错误的工具做事做人，则会事倍功半，甚至失败。

下面我们运用新思维模式来分析一下旧思维模式的缺点，旧思维模式的弊端是低、窄、浅，即表现为平庸思维、狭窄思维和肤浅思维。其缺点分别具体描述如下：

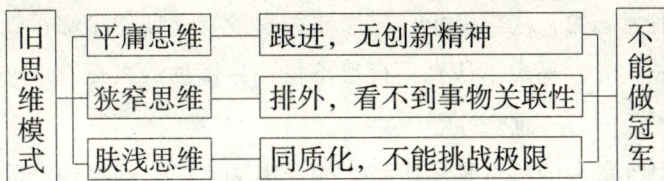

```
┌─────┐   ┌──────┐   ┌──────────────────┐   ┌──┐
│旧   │───│平庸思维│───│跟进，无创新精神      │   │不│
│思   │   └──────┘   └──────────────────┘   │能│
│维   │   ┌──────┐   ┌──────────────────┐   │做│
│模   │───│狭窄思维│───│排外，看不到事物关联性  │   │冠│
│式   │   └──────┘   └──────────────────┘   │军│
│     │   ┌──────┐   ┌──────────────────┐   │  │
│     │───│肤浅思维│───│同质化，不能挑战极限   │   │  │
└─────┘   └──────┘   └──────────────────┘   └──┘
```

缺点一——平庸思维——跟风

其特征主要表现为：失去意义感；陷于末节之中；难以做决断（布尼丹效应）；辛苦心也苦，杂务缠身；低层次竞争；沉醉享乐，低俗嗜好；不敢面对竞争，有归退心理；情绪失控，不顾未来；贪污腐化；不求上进，无事业心；无创新精神；格局小，视野低；等等。

平庸思维最大的特点就是"跟风"。跟风对于任何弱势组织与强大的对手竞争当然是一种十分有效的方法。跟风可以做大，但很难做强！大国崛起，必先有大志，一个没有雄心壮志的民族与国家很难成为世界的优秀民族和优秀国家。竞争需要自信，自信才能自强。大国之大，不在于国土之大，不在于民众之多，而在于志存高远，目标远大。大国无大志，必然衰落。今天的中华民族依然需要进一步被唤醒。21世纪的中国，要敢于做头号强国、大国，要敢于做冠军大国。

缺点二——狭窄思维——排外

其特征主要表现为：胸怀狭窄，无包容心；鼠目寸光，思路闭塞；自高自大，自以为是，目中无人；孤陋寡闻，井底之蛙；故步自封，切断关系；一个树上吊死；个人英雄主义，不重视团队；信息闭塞，圈子死亡；朋友稀少，举步维艰；无整合力；看不到事物的关联性；朋友圈子狭窄，人际交往能力差；等等。

狭窄思维最大的特点就是"排外"。自闭导致视野小、思路窄、资源少。在全球化的今天，排外几乎是无法生存的。狭窄造成自大，但很难造出强大。成功靠自己，卓越则靠他人。马克思主义就是一个冠军要素整合主义，他吸收了人类文明的一切优秀成果。中国的改革开放，也是一个学习世界、海纳百川的整合与创造的过程。

缺点三——肤浅思维——同质化

其特征主要表现为：静不下，坐不住；没有专业特长；目标分散，不专注；没有意志力，浅尝辄止；信仰缺失，没有立场；见解很幼稚，只看表面；粗枝大叶，马虎不认真；盲目扩张，只做加法；没有质变，不敢挑战极限；不能一心一意；等等。

肤浅思维最大的特点是出次品。如今市场上的一切畅销产品都有一个共同的特征，那就是做到了极致。极品与次品的区别就是生与死的区别。一切优秀都是有深度的，我们若挖掘不出事物的本质，就不可能创造出优秀的产品。

总之，以往的旧思维模式不是平庸思维，就是狭窄思维、肤浅思维，这些思维都无法应对全球化条件下的做人做事的新的需要。旧思维模式最大的缺点是格局太小。以小格局去干大事业就会捉襟见肘，毕竟盆里养不了大鱼。

另外，旧模式大都建立在一分为二的哲学基础之上，而一分为二的哲学较容易过分强调斗争哲学，从而更加剧了矛盾与冲突，更导致了全社会不和谐、和平、安定。我们当然不能再使用过去的一分为二的旧思维模式，因为旧模式的局限性给人类带来的灾难已罄竹难书，已惨绝人寰。

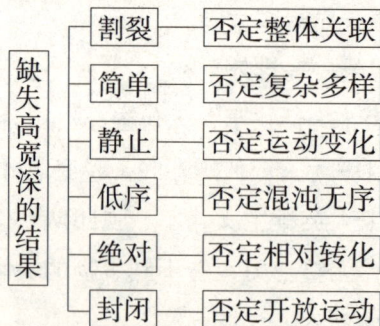

缺失高宽深的结果		
	割裂	否定整体关联
	简单	否定复杂多样
	静止	否定运动变化
	低序	否定混沌无序
	绝对	否定相对转化
	封闭	否定开放运动

因此，一切旧的冲突思维模式都应丢进历史的垃圾堆。我们都应换上适应当今大趋势的全新思维模式。没有全新的思维模式，我们将难以把握

我们的未来，我们的前途也难以清晰。

因此，我们都有必要更新思维模式，都有必要从小格局思维模式中解放出来。任何人都有必要知晓组织是干什么的？组织在市场上的位置排老几？领导在干什么？领导的决策是如何作出的？自己在干什么？自己的工作能做到什么级别？只知一点，一无所知。今天我们如果不知全局、不知市场，就不可能真正知道自己工作的重要性，就不可能把手头的工作做到极致。我们不了解单位的战略、战术，不是以主人翁的身份出现，就不可能真正理解领导的难处苦处和真实意图，就不可能为单位的卓越作出最大的贡献。

总的来说，我们一切问题的发生都是由于小格局思维模式导致的。因此，拓展我们视野有赖打破一切小格局思维模式，有赖大格局思维导入。

今天，我们的目标就是要给每个人导入一个信息储存框架，导入一个人生发展框架。我们如果不导入这个储存信息的框架，那么，就不可能实现卓越，就依然会处在迷惘、错乱、无序、痛苦的状态之中。

针对大趋势，我们只须与之匹配相应的思维模式就成了。学会放弃原来的旧模式，才能找到成功的新规则。

2. 旧思维模式必须迅速淘汰

旧思维模式的有效性只能维持短暂的时间。当面对不连续的情况发生时，一般人根据其经验、专业技术，以及所知所学而产生的思维模式，往往在新的环境条件下就会变成一种负担。

在静态确定的条件下，原本存在优势核心的旧思维模式，在不确定性的时代里，反倒成为我们追求新的成功的主要弱点。

有一位逃生专家，他打开过无数设计复杂的锁，从未失手。他自认为世上没有他打不开的锁，于是大量刊登广告声称可以在规定时间内打开任何一种锁，否则赔偿 1 万美元。结果在很长时间里，真的没有人能够难倒他。为了赚取大量财富，他开始巡回演出，当他的演出团来到一个偏僻的小镇，他的表演受到了空前热烈的欢迎，他轻而易举地打开了各式各样的锁。于是那这骄傲的逃生专家把奖金提升到 10 万美元，但依然没人能难倒他。当洋洋得意的他准备离开小镇时，一位白发苍苍的老人找到他，请他进入一个坚固的铁笼，笼门上有一把看上去非常复杂的锁。

然而事情并没有逃生专家预料的那么简单，那把锁似乎与他所见过的锁都不同，逃生专家想尽办法，用尽工具，始终没有听到期待中锁簧弹开的声音，最终筋疲力尽的他不得不承认失败。这时老人微笑着走过来，一抬手就从笼门上拿下了锁，逃生专家惊呆了。原来，锁根本没锁，那把看似很厉害的锁只是个摆设。结果是因为事先认为锁一直锁着，被胜利冲昏头脑的逃生专家没能打开那把锁，那位老人轻松地赢得了10万美元。

由于旧思维模式所具有的简化能力，因此其成效可能多少会有所限制。过度的简化，会导致在判断、逻辑及预测上出现系统性的错误。例如，一味认定消费者会愿意在无偿的情形下继续提供其消费行为信息的市场分析人员，很快就发现这种假设是个错误。现在市场分析人员开始了解到，只须付出相当少的酬金，就可以巧妙地避免调查遭拒。

普林斯顿高等研究院的教授库尔特·哥德尔在20世纪30年代便证实，没有一种系统可以既完整又一致。而且他也证明了，原本就存在于思维模式的错误，是无可避免的。这也就是为什么运用思维模式的人必须对于思维模式的潜在限制性提高警觉，同时更要设法降低这些限制性所带来的后果。

当环境开始越变越复杂的时候，决策者不但不会借由建构新的思维模式来做出适当的正确反应，相反地，他们会像史特曼所说的一样，回过头来采用旧有的简单模式。例如，决策者经常使用的预测方式，是将过去的数值加以平均，或是以过去的趋势作为未来的预测基础，而不是针对产业内运作中的力量重新加以思考，并计划如何才能继续下去。

等到旧思维模式已不再正确时，直接导致的结果就是产生危机（这样的危机常常都是隐藏着的）。

例如，半导体业在20世纪80年代初重蹈覆辙，面临损失惨重的颓势。当时，日本厂商正大兴土木建造规模庞大的半导体工厂，使得产业内大量充斥着芯片成品，并造成价格崩塌，但竟然没有人预先有所警觉。美国半导体厂商所运用的传统思维模式，让它们相信价格不可能下滑得那么快。所以当价格崩塌时，马上就击中了一些厂商的要害，其中也包括当时业界的我们厂商之一 Mostek。而 Mostek 则完全不用再面对此迫在眉睫的价格问题，因为它为了自己带有瑕疵的思维模式，已经付出自己的组织生命作为代价了。

就像心理学家皮亚杰所指出的，整个思维模式的建构与运用的流程，通常都是潜在进行，而不是公开讨论的。但是，思维模式存在，并不表示它就是正确的。本来，环境的改变应该会带动我们重新观察我们的思维模式，但是，通常大家都不会这么做。

由于决策者所使用的思维模式是什么已经指向他们所需要的是哪些信息，因此只要是挑战该模式的信息，这些决策者通常都会一概拒绝接受。而且，随着环境不断地改变，这些卓越者对于现有思维模式的沿用，就有更加强烈的偏好，许多父母都无法劝说正在走向深渊的子女一样。

天变，道亦变。一个人如果坚持有缺失的思维模式，必然会付出极大的代价。如果思维模式已经过时（所谓过时，是指它无法再提供正确的简化功能或提供真实的现状），那么从这样的思维模式所获得的任何结论或预测，将会是歪曲、不正确的。

许多人之所以不愿意改变现行使用的思维模式，往往都是因为他们无法确保取而代之的新模式会更有效。再加上如果现行模式运作看起来好像还有点管用的话，管理者就更不愿意放弃了。而且，曾经创造出这一套现行思维模式的开创者，也会拼命加以保护。除非是因为组织面临着严重的危机，或者高层权力格局有所变动，从而引进了更新、更适当的思维模式，否则原班人马是绝不可能放弃现行思维模式的。

虽然世界变化了，但我们却只能看到我们旧模式想看到的人、事、物。我们的眼睛是一把筛子，总会将许多重要的信息过滤掉。根据研究资料显示，决策者所找寻的资料，都是能够确定符合现行思维模式的资料，而不是与此模式有所冲突或矛盾的资料。人类对于确定与符合，总有着自然偏好的倾向。

在日本东京，"夫妻店"随处可见，它们就像小小的虾子一样，生机盎然。它们的存在往往都有着自己极不平常的经营妙方。

有一家专卖手帕的"夫妻老店"，由于超级市场的手帕品种多，花色新，他们竞争不赢，生意日趋清淡，眼看经营了几十年的老店就要关门了，他们在焦虑中度日如年。

一天丈夫坐在小店里漠然地注视着过往行人，面对那些穿着姣艳的旅游者，忽然灵感飞来，他不禁忘乎所以地叫出来，把老伴儿吓了一跳，以为他急疯了，正要上前安慰，只听他念念有词地说："导游图，印导游图。""改行？"妻子惊讶地问。"不不，手帕上可以印花、印鸟、印水，为什么不能印上导游图呢？一物二用，一定会受游客们的青睐！"老伴听了，恍然大悟，连连称是。

于是，这对老夫妻立即向厂家订制一批印有东京交通图及有关风景区的手帕，并且广为宣传。这个点子果然灵验，销路大开。他们的夫妻店绝处逢生，财运亨通起来。

现在，组织的经营"思维模式"已不再是秘密，人们可以轻易获取和传播这类信息。变革已经开始，而迅猛的时代潮流让这种变革变得异常迫切。随着一个全新时代的到来，卓越者们开始需要一种迅速获取外部资源并营造内外和谐的思维模式。许多卓越者已经意识到了这个问题，改变正在开始，而且正当其时。

3. 适应未来的新思维模式应具备的特征

未来的特征是全球化、信息化和多元化。

全球化要求共享、共赢，信息化要求关联、合作，多元化要求开放、包容。

当今时代，一个平庸型、狭窄型、肤浅型员工无论怎么忠诚、敬业，也是很难创造出卓越的。今天，仅有工作态度是远远不够的。正因为如此，如今许多智力型单位都不再过分强调工业时代的工作理念，而是强调信息时代的新工作理念，如开放、自主、升级、胸怀、合作、平等、和谐、共享、多赢、尊重、理解欣赏、认可，等等。今天真正要强调的是创造价值，是给领导好结果。因此，员工不换信息时代的工作新理念，不换思维模式，就无法真正创造更大的业绩。

旧人才教育的基本思维模式是：苦—学—能。

要想改变命运，只要学习就行，只要有文凭就行，就认为是有能力的象征。今天如果继续沿用旧模式，那么就只有一个结果——失败。靠胆量致富的时代已经过去，靠有文凭有知识致富的时代也已过去，今天是靠对信息接收处理和输出处理获得成功的时代已经来临。中国的现代化的核心是人的普遍现代化，而人的现代化最根本的问题是人的全面信息化。

当今中国人最佳学习能力模式是：苦—收—馈。

人只有三个基本能力，即信息接收能力、信息处理能力和信息反馈能力。因此，纯粹的学知识已退到次要位置。知识浩如烟海，书店、图书馆那么多书，一个人活一百辈子也读不完。何况知识的折旧率、淘汰率越来越高，因此，今天还去强调勤奋学习知识那就是笨蛋。今天最重要的是向大脑中输入信息处理系统，否则会陷入知识海洋、信息海洋之中，会没有主心骨，会迷失自我。

因此，我们今天最需要的思维模式应具有如下几个特征：

信息的静态特性：一是信息的宽度；二是信息的高度；三是信息的深度。

信息的动态特性：一是信息的流向；二是信息的流量；三是信息的流质。

如果将大脑看做一个信息从中流过的特殊通道，那么信息进入的数据、证据、对情境的理解，出来时则是行动、选择、决定、反应、问题的解决方案等。大脑是这样一个设备，它改变着信息的性质，这个过程就是作为信息人的最大特征。

除了信息特征之外，全球化也是今天的另一个最大特征。中国没有可能退出全球化的影响，因此，为了正视全球化，我们提出的未来思维战略模式应顾及到中西方思维模式兼容：既兼容以人为本的东方思维，又兼容以物为本的产品思维；既兼容天人合一的整体思维，又兼容天人相分的分解思维；既兼容追求无限的大格局思维，又兼容追求细分的小格局思维。

因此，我们提出的思维模式是全球化的思维战略模式，是大格局思维模式。我们要想创造卓越，那就深入学习这套21世纪大格局思维战略模式。

六、推出崭新的大格局思维模式

1. 新思维模式是什么

我们首先推出的最新思维战略研究成果是：新思维模式=更高+更宽+更深。

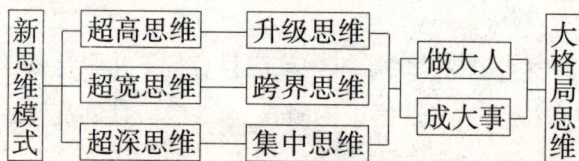

```
新 ── 超高思维 ── 升级思维 ┐          大
思 ── 超宽思维 ── 跨界思维 ┤─ 做大人 ─ 格
维                          ├          局
模 ── 超深思维 ── 集中思维 ┘─ 成大事 ─ 思
式                                     维
```

整个宇宙是一个关系宇宙，高揭示的是关系的层次性，如儒家提出的社会层次结构论；宽揭示的是关系的关联性，如道家提出的社会正反关联论；深揭示的是关系的价值性，如佛家提出的因缘价值论。整个高、宽、深实质上都是描述存在的运动特征和规律而已。

全球化思维模式中更高、更、宽更深具体表现为三层递进的内在逻辑关系：

高是发现能量、资源；宽是整合能量、资源；深是管理能量、资源。

更具体地说：

高是方向，是战略，是导向，是灵魂，是做差异，是做品牌，是升级；

宽是方法，是整合他人的优势，是搞加法，是做关系，是跨界；

深是执行，是专注，是做减法，是做精品，是做深度，是集中。

新思维模式=更高+更宽+更深=整体思维=造冠军=追求卓越。

此新思维模式，总的来说是一个全方位开放式模式，是一个能容纳最大信息量的思维模式；是一个最佳分析解决问题和矛盾的思维模式；是一个追求卓越的稳健模式，是一个把握了未来大趋势的高浓缩模式；是一个驾驭全局的的思维模式；是一个以人为本的人性化思维模式；是一个全面发展的进化思维模式；是一个全面建设小康社会的思维模式；是一个共赢共好的和谐思维模式；是一个开创人类共同幸福自由的最佳思维模式。

新思维模式具有极强的开放性，它能有效接收全球前沿信息，能高屋建瓴，把握本质，能重建人生、事业的全新系统。新思维模式完全与今天的大趋势更高、更宽、更深相匹配，它是 21 世纪中国发展的思维纲领，是组织成功卓越的首先工具。

今天，一个崭新的空间文明已清晰地出现在人类的上空，他将带给全人类全新的曙光。为了迎接新文明的到来，让我们彻底与平庸、狭隘、肤浅说再见吧，让一切人为的冲突见鬼去吧！

2. 新思维模式的四大内容

新思维模式具体表述为三层递进的逻辑关系：

高是方向，是战略，是导向，是灵魂，是做差异；

宽是方法，是整合他人的优势，是搞加法，是做关系；

深是集中，是专注，是做减法，是做精品，是做深度，是执行。

思维模式=更高+更宽+更深=整体思维=造冠军=追求卓越=大。

(1) 新思维模式谈"高"

人生无论是做人做事，有了这种格局后，就会居高临下，有重有轻，就能随时随地知道自己一生究竟要干什么，就十分清晰地知道外界的一切与自己究竟有什么关系。人生从此不再迷茫，人生就是做高度，生命的本质是追求超越，追求价值存在，追求比较性存在；要实现高度，那得从点上做起，因为生命有限，人生短暂，不可能干许多大事，只可能将有限的资源聚焦到一块才能把一件事做到极致。当然要做好一件事还得有宽度，还得最大限度地整合外界资源，那样才能最终实现高度。境界决定格局。一个人只有把自己的发展同国家、民族的未来大业融为一体，融入时代潮流，才能超越自身的平凡性，超越自身的小格局，才能把理想的种子从花盆中移栽到肥沃的原野上，让它长成参天大树。

（2）新思维模式谈"宽"

信息化首次把我们和全球联系起来了，今天我们无论干什么都存在更大的选择，更大的对手，更大的市场，更强的竞争，这些都要求我们的产品更有价值，否则哪个地方都有，完全没必要与你发生业务关系。全球化、信息化使我们个人的能力与社会整体能力的差距拉大。因此，无论你想干什么，首先要考虑的不是内因，而是外因，不是自己有多少资源，而是外面拥有一切你想要的资源，不需要埋头生产资源，只需要走出去嫁接整合就成。因此，就应使用"冠军破连选"的启法。破是打破一切界限，我们找不到资源不是因为世界上没有资源，而是因为我们的思维被界限分割，被界限恶化了。连是发散式向全维搜索与目标相关的信息及资源。选是等连的方案出台后，由于方案连得太多，因此在取舍时有个价值取舍依据。

（3）新思维模式谈"深"

这套大格局思维模式能使组织及个人真正步入科学发展正道。发展谁都想，但为什么那么多单位不仅没有发展，有的甚至关门走人了呢？个人也是如此，那些关在牢房里的人难道就不想发展吗？显然不是。而是他们选择了错误的思维模式。那为什么会选择错误的思维模式呢？一是思维模式没有标准化；二是市场上有太多的乱七八糟的思维模式，导致市场混乱；三是我们历来只重学习知识而不重信息归档的框架学习。既然今天我们已经弄明白了这个问题，将无序杂乱的思维模式统一起来，确立了一个行业标准，那么希望大家尽快使用。中国 15 年或 20 年后能否真正成为世界强国，当然不能凭偶然因素，必须上升到科学理论层面，必须找到准确的方法和策略。只有这样，个人和组织才不可能再找失败的借口。这个模式无论是对个人，还是对企事业单位都十分有效。西方有许多复杂的思维模式，但不符合大脑的个性。

3. 新思维模式是大格局思维模式

大格局思维模式谈"大"。

中国思维模式的总目的有许多种表达，但最能直接表达的这那就是

"大"。数千年的中国思维模式中大都追求君子人格，而君子的本质就是大。大人是中国历代人生的最高追求，当然大人也就是圣人、君子、至人、神人等多种表达。

"大"究竟有多大？

大是顶天立地，是包容天下，是与万物为一体。大表现为大公无私、大义凛然、大气磅礴、大是大非、大步流星、大展鸿图、大彻大悟、大慈大悲、大破大立等。大总是与小相对，政治上来说，与无权的小相对，从道德上来说与缺德的小相对，从经济上来说与贫穷的小相对。大与小在中国思维模式里是绝对有区别的，中国思维模式中追求"大"的理想，是不可动摇的。如果不把这一基本概念搞清楚，组织、学校和社会那就只会教出小人，教出大批的小人，教出无数狭窄的人、平庸的人和肤浅的人。

学"大"有何目的？

学大的目的有两个：做大人，干大事。高的学习目的有两个：大德做人，大志做事。宽的学习目的有两个：大容做人，大合做事。深的学习目的有两个：大韧做人，大专做事。如此一来，人生如何生就十分清晰了，就是学大，就是学做大人，干大事。而我们每个人要想通往"大人"之路，那就得好好学习我们的思维模式，就得时时牢记思维模式框架，在学习中、生活中去不断丰富你人生欠缺的这个方面，天长日久，你就会逐渐丰满起来，就慢慢从"小人"蜕变成了"大人"，你就完成了你的生命实现。总之，人生的过程都从"小"开始，最终走向"大"。但并不是每个人都做到了。做不到的根本原因是自己没有大格局思维模式指引。

如何才能学到"大"？

要成为真正的"大人"，我对中外实现"大"的途径进行了系统总结，那就得从上面介绍的大格局思维模式中的"高、宽、深"三个方面来进行学习，因为"大"不是"点大"，也不是"线大"，而是"空间大"，是内心空间的大和外在空间的大，对内就内大，对外就是外大。

总的来说，大格局思维模式的人拥有一种境界，拥有一种高度，拥有开放的心胸，容纳远大的理想，以发展的、战略的、全局的眼光看待问题。他们能打破限制自己的旧观念、旧思想、旧习惯，在一定程度上敢于自我否定、自我改变。他们不畏浮云遮望眼，咬定青山不放松，能够以坚韧的毅力冲破看似难以逾越的险阻，敢于担当，遇到重大挫折的时候总能挺起脊梁勇敢地面对一切。他们敢于打破自己的盆栽人生，舒展自己。

因此，我们要善于打破自己的小格局，打破那些束缚自己发展的旧观念，把自己的格局放宽一些，拓深一些，构建起自己的新格局。大格局思维模式是一套卓越发展模式，现在完全可以导入到每个单位和个人身上。

4. 大格局思维与小格局思维的区别

一个格局小的人，讲不出大气的话；一个没有使命感的人，讲不出有责任感的话；一个境界低的人，讲不出高格调的话；一个狭窄的人，讲不出包容的话；一个肤浅的人，讲不出深刻的话。知识是学来的，能力是练出来的，人的德行、人的境界、人的格局是修出来的。

对一个人来说，格局有多大，成就就有多大。可是，许多青年人，本来可以做大事、立大业，但他们的理想的种子只栽到一个小花盆中，他们的格局太小，没有远大的理想，他们认为世上的惊天大业，都是不属于他的，都是他不配享有的；自以为别人是做大事的，自己却永远只能做小事。没有大的格局，就只会满足眼前，不思进取，更不会想怎样改变自己，让自己变得优秀和卓越起来。理想的种子自然无法长成参天大树，从而只能过着平庸的生活。

与我交谈过的部门主管和创业者都一致表示：他们需要大胆创新的竞争战略。他们都想突破常规、解放思想、制订跳跃式的发展战略，并采取极具胆识的行动来落实战略，从而改变市场。这就需要大格局思维。

然而，在实践中又为什么常常做不到呢？

首先，来看看小格局思维的缺点。

小格局思维把组织分解成条块分割、利益对立的职能部门，而大格局思维则根据几个核心观念把整个组织有机地整合起来。

小格局思维是组织陷入条条框框中，从而在一开始就扼杀了创造性。这种小格局思维的特征表现是固守传统的惯性和阻力、狭隘的思维和规避风险等，这一切窒息了真正的创新。诸如此类的小格局思维存在于大多数组织条块分割的组织结构中：生产制造、市场营销、销售、财务、人力资源、服务和研发等部门。这些条块分割的部门独立运作，把彼此都视做竞争对手，不仅竞争组织内部的资源，也争抢人才和客户。条块分割的部门经理人员没有全局观念，只看到业务的一小部分和这一小部分业务发展的短期前景。

小格局思维固守现状，固守传统的生产流程、计划工具、战略模式和研究方法，即使这样做不能形成大胆的创意，也在所不惜。

小格局思维关注的只是下一季度的赢利状况，只是对外部变化做出被动的反应，只是做小打小闹的局部调整改进。

其次，再来看看大格局思维的优点。

大格局思维和小格局思维确实是很不一样的。大格局思维是一种极富创造性和远见卓识的思维，也是一种能够把极具胆识的创意付诸实践的我们风格。采取大格局思维的组织是根据几个具有深远影响的核心创意来构建的。小格局思维关注的是那些已知的、可以预验和预测的目标，而大格局思维则是用创新的方式迎接挑战，从崭新的角度重新进行思考，从而构建焕然一新的创意并采取切实可行的措施来解决问题。

大格局思维是一种思维和我们风格。不仅要收集大量的常规业务信息、例行常规的管理职责、遵循常规的决策程序，大格局思维的内容非常丰富，在创意构建和评估、战略制订和执行方面有其独特的创新方法和工具。大格局思维把创新程序引入战略计划过程中。大格局思维不仅仅是指"头脑风暴"而已。我们运用大格局思维并不是要去产生天花乱坠、不切实际的创意，而是要根据实际存在的机会来制订详尽的战略计划。

大格局思维关注的是那些有深远影响的方面，如创建新的商业模式、研究突破性的技术和开发能改变消费行为或适应日新月异的消费行为的产品与服务等。大格局思维能够改变竞争的方式，一旦付诸实施，某一行业就会发生深刻而长远的变革，并且没有退路，只能勇往直前。

总之，在全国视野的今天，任何单位及个人有赖大格局思维模式的导入。

5. 新思维模式有何作用

新思维模式除了丰富内涵和精神实质外，还有如下三大直接功能。

```
            ┌ 高度思维 ── 改变看待世界的方式
旧思维模式 ─┤ 宽度思维 ── 拓宽接收信息的方式
            └ 深度思维 ── 解决价值实现的方式
```

首先，新思维模式的更高发展思维改变了我们看待世界的方式，解决了优劣自查问题；

其次，新思维模式的更宽发展思维拓宽了我们接收信息的方式，解决了问题处理的宽度；

最后，新思维模式的更深发展思维挖掘了事物的本质，化解了我们的冲突和矛盾，创造了差异化价值，解决了核心价值实现的问题。

这三大功能合在一起的最终功能就是创造卓越，就是造冠军。新思维模式，能帮助我们最大限度的找到信息和利用所搜集到的信息解决问题，获得良性发展和跨越式发展。

科学发展观思维模式最大的特点是扩大了分析与解决问题的背景，扩大了分析和解决问题的高度、宽度和深度，它能解除不同观点之间在小区域内的对立，不是非此即彼，而是彼此互融。它将使你的目光能迅速捕捉到那些不明显的但至关重要的因素，将狭隘因果关系拓展到广义因果关系之中去，以便在有限中感知无限的魅力。

此思维模式还有如下优点：

一是排除了投机取巧的侥幸性；

二是排除了需要更多人附和的依赖性；

三是排除了个人偏见局限及主观臆断；

四是排除了不明真相者起哄对正确决策的干扰；

五是排除了虚无及宿命论。

总之，通过对新思维模式的认真学习、培训，我们能得到如下好处：

具备全球战略的大格局思维，拥有全球视野；简化问题处理模式，头脑清醒，方向清晰，把握重点，又好又快地解决问题；掌握追求卓越思维模式理论方法，把自己的优势和潜能发挥到极致；提高洞察力，在竞争中保持敏锐头脑；破除禁锢封闭思维模式，提升创新能力；为企业提供超越对手，扩大市场的竞争策略；强化自省自查能力，懂得优势互补，团队合作；能把自己从低俗平庸中解脱出来，强化生命意义。总体来说，你能洞察时代趋势，找准自己优势；优化思维模式，创造差异价值；重建市场格局，导航发展人生。它能帮助我们全面提升综合素质和工作水平，使单位在激烈的市场竞争中永立潮头，领航时代。

通过此思维模式的学习，希望能够塑造出开放型、全局型、冠军型我们，塑造出又红、又专、又宽的复合型人才，希望用大格局思维改变我们的命运。

大格局思维模式是一套卓越发展模式，现在完全可以导入到每个单位和个人身上。此模式全面运行，必将使中国迅速进入真正的"品牌时代"、"质量时代"和"精致化时代"，把中国在国际上的地位推到极致。

6. 新思维模式的目的：解放小人，成就大人

思维模式作为我们人生的内容，当然是为其生存目的服务的，但作为世界范围之内正在发生的思维模式革命，其目的何在？

思维模式是教育的一部分，思维模式革命的目的应该服从于教育的目的。当今的教育几乎都停留于生存竞争的层面，即挣得面包的教育，但"人不能仅靠面包而活"。我们的大学、我们的各类职业学校一直在做的就是怎么样使我们以一种更好的方式、更容易的方式、更舒适的方式而不需要付出太多的努力，不需要付出太多的艰苦挣得面包，我们只是为获得一个好的工作、一份高的收入而准备着。这是教育的一个很低的层面。教育不仅给人以面包，而且应该给人以生命。我们从来没有尝过一点点生命，我们从没有尝过存在的任何滋味。我们不知道歌唱、舞蹈和庆祝，我们不知道生命的品质。我们比别人挣得多，我们比别人更有技术，我们在成功的阶梯上爬得越来越高，但在内心深处，我们是空虚的，我们是乞丐！只是乞丐！

教育能做什么？教育应该能给予我们内在的富裕，教育应该是通向我

们自己的准备。教育的目的是什么？很简单，它永远应该是解放小人，成就大人；是把人从蒙昧无知中解放出来，不让人陷于简单的生存反应之中；是把人从自我中心的牢笼中解放出来，实现人与人之间爱的互动；是把隐藏在你里面的东西引发出来，在潜能与现实之间架起一座桥梁，这是education（教育）的原义，而其更深的含义则是它来自于educare，即把你从黑暗引向光明，由低俗引向高贵，由狭窄引向宽广，由肤浅引向深层，由失败引向成功，由痛苦引向快乐！

我们每个人都蕴藏着无限的潜能。如果一个人的潜能得不到开发和发挥，他就是受挫的、有病的。生命的成长是必然的、势不可挡的，然而同时，自我中心也是一个极难打破的牢笼，它会尽一切可能把人囚禁其中。

所以教育很重要，教育应该帮助人觉察到自己的自我中心，在觉知的光芒中使其自然脱落，进而觉悟到自己光明圆满的本性，让这份光明圆满的生命能量流溢出来，实现伟大的创造力和爱。教育就是这样解放人，使人成为自己，使人成为主人。

换一句话来说，教育就是去除人为物役的状态，就是帮助人实现自由的本性。"物"不是指异于人、外于人的东西，而是指一切束缚人的东西。"物"自身没有能动性，所以人为物役实际上是人为自己所役。例如金钱并不役人，役人的只是人自己的贪欲，所以去除物役，实际上就是去除自己的迷障，而一切迷障都来源于自我。因此，去除物役就是打破自我中心，就是觉悟光明自由的本性。

思维模式革命的目的服从于上述教育的目的。只是在现时代，思维模式革命的目的烙上它自身的特征，那就是把人从知识、信息这个"物"役中解放出来。知识、信息不是与人无关的东西，在现代社会，知识爆炸、信息爆炸渗入现代人的生活、工作、思维中，越来越使现代人深受其困。

思维模式革命就是要帮助现代人去除此物的役使困扰，解放现代人的创造力。如果把知识信息比做汪洋大海，那么的确，思维的革命就是我们的挪亚方舟，没有这一场思维模式革命，我们是难以逃身的。本书的主要内容是关于面向所有人的真正教育。

第二章
新思维模式的高度超越——升级

一、比高是竞争的终极追求

1. 人天生是追求向上的动物

向上，是使人类免于灭绝的宇宙命令！

向上，是造物主赋予人类生存的一种本能！

向上，是一切生命代代相传的信息密码！

纷繁复杂、五光十色、熙来攘往，生活就像一团乱麻，我们还有可能从中理出头绪吗？不同的人，是否有可能统一到同一个方向？不同的维度，是否有可能统一到同一个方向？人类世界和物理世界，又是否有可能统一到同一个方向？

关于"人类究竟追求什么"，古今中外的哲学家们仁者见仁、智者见智。弗洛伊德、柏拉图、亚里士多德、霍布斯、穆勒、边沁以及其他人的心理学理论当中均有所论述。并以哲学家、数学家布莱士·帕斯卡的观点尤其明确：所有人都追求幸福。这是毫无例外的。不管他们采取的是哪种方式，他们的目的都是幸福快乐。不管是去打仗的人，还是竭尽全力避免战争的人，促使他们这样做的目的都是想要快乐的愿望，只是他们看待幸福的视角不尽相同。为了达到这个目的，人们的意志从来都不可屈服。这也是每个人每项行动的动机，甚至人们自杀也是为了快乐。

弗兰克更进了一步，主张人最初的欲求不是别的，而是"意义的意志"，即对意义的追求。人作为追求意义的存在，虽然具有快乐的意志、权力的意志，但是更根源性的、更原始的欲求是"趋向意义的欲求"。前面两种欲求都满足后，如果最后这个欲求不能满足，人就不能获得幸福，如果前面两种缺乏而满足意义的欲求，人也是可以收获幸福的。

意义是什么？就是在关系中发现的存在意义。"我"是被他人所需要的，"我"的作用很重要，这些感觉和想法成为发现"意义"的契机。

至于中国的古人，则把人追求的目标总结为：功、名、利、禄、权、势、尊、位……而如今的社会，则是流行一种更"简约"的说法：世间只为"名"和"利"（大家也许都听过这种说法）。

如果我们仔细地考察弗洛伊德、柏拉图、亚里士多德、霍布斯、穆勒、边沁、尼采、阿德勒、弗兰克，以及中国古人的种种观点，会发现他们所说的其实是一回事：快乐、获得、拥有、控制、强大、权力、"我"的重要性、功、名、利、禄、权、势、尊、位……凡此种种本来就是相互关联的，没有哪个处于最中心的位置上。因此，诸如"有钱就有一切"、"官本位"、"爱情至上"、"权力意志"等观点，只不过是被蒙蔽了眼睛的人们"盲人摸象"般的说法而已。

再进一步看，快乐、获得、拥有、控制、强大、权力、"我"的重要性、功、名、利、禄、权、势、尊、位……所有这些，的确又都是我们所追求的"目标"。

请注意，我们经常把"目标"和"方向"放到一起去说，比如"我们从此明确了目标与方向"，似乎这是两个完全相同的概念，但我认为，"目标"和"方向"不完全一样："目标"只是"方向"的具体表现形式而已，同一个内容，可以有很多种形式去表现，于是才有了快乐、获得、拥有、控制、强大、权力、"我"的重要性、功、名、利、禄、权、势、尊、位……

现在我们明确了：所有这些"目标"，它们"相互关联"，指向了同一个"方向"。所有的"目标"，指向了哪一个"方向"呢？有一个这样的寓言，给了我们直观的领悟：

在经过与坏狮子刀疤的殊死搏斗之后，代表了正义的辛巴终于获得了最终的胜利，也重新掌管了动物王国。大地经过一场血与火的洗礼，重新绽放出勃勃生机。新王辛巴一步一步登上荣耀石，成为新一代的君王，所有的动物们一齐引吭高歌。在这个片段中，辛巴登上荣耀石、一步一步迈向新生活的姿态，所有动物引吭高歌的姿态，澎湃激昂的音乐，都呈现出"向上"的姿态。

"向上"，是"快乐"所呈现出的姿态；同时，"向上"，给人带来"快乐"——"快乐"和"向上"，这两者不知哪个是因，哪个是果，但是，它们是密切相关的。

现在，我们终于看清了事实的真相，不是吗？我们一直在这样互相勉励：芝麻开花节节高！一年更比一年强！步步攀升！更快、更高、更强！青出于蓝胜于蓝！长江后浪推前浪！读这些昂扬向上的语句本身就能够带给我们快乐，因为我们从读它们的过程中体验到了向上的趋势——可是，我们以往太看重"结果"了，以至于忽略了这最重要的一点：快乐在于一种"向上的过程"。

那么，怎么才叫"向上"呢？

比如说，你今天干了个活儿，挣到了钱，你会很快乐，因为你拥有的"金钱"有了增长；比如说，你今天乔迁新居，居住环境比原来有所改善，你会很快乐，因为你拥有的"居住空间"有了增长；比如说，你今天和恋人共度了一段美好时光，你会很快乐，因为你的"爱情"有了增长；比如说，你今天得到了老师的表扬，你会很快乐，因为你所需要的"认可和尊重"有了增长；比如说，你今天读了一本好书，获得了一些有用的知识，你会很快乐，因为你的"认知"有了增长；比如说，你今天完成了一件重要的任务，你会很快乐，因为你的"自我实现"有了增长。所以说，如果我们想让自己快乐，就要想办法让自己"有增长"——无论是生理的需要、安全的需要、归属与爱的需要、尊重的需要、自我实现的需要，凡是能够找到"增长点"，都有可能让自己快乐。

所以，让自己快乐的方法很简单：在各种需要中，每天找到"一个点"，或者"几个点"，增长一下，就会快乐！即便你今天发生了一些不快乐的事，想办法解决它，或者找到一个别的增长点去弥补它，然后带着增长的愉悦进入梦乡——正如股市中的"涨停板"往往会让人快乐一样。

我们必须放弃一个古老的错误观念，所谓极乐世界就是一种幸福的休闲状态。有大量的事实表明，如果你喜欢钓鱼或者听贝多芬音乐，于是决定隐退，整日沉浸在娱乐中，那么你最终还是会感到痛苦。我们应该理解，永无休止地寻求向上的快乐是人的天性。

可能有些读者早就联想到了马斯洛的金字塔要表达的就是一个向上的箭头。马斯洛关于需求层级所对应的特征还有诸多描述，基本上都与我们所论证过的向上是互相印证的。除此之外，我们还可以把马斯洛金字塔略作一下总结和提炼，看看它还揭示了什么。

越靠近金字塔的底端，越是"生理的"（比如生理的需要和安全的需要），越靠近金字塔的顶端，越是"精神的"（比如尊重的需要和自我实现的需要）。金字塔的底端，与生理需要相关的东西，常常是用于满足生理需要的"物质"，因此是"有形的"、"可见的"；而在金字塔的顶端，与自我实现相关的东西，常常是"无形的"、"不可见的"，它们更多的是"精神"的——所有这些无形的、看不见的、被忽视的精神力量，我们目前所给予它们的关注，不是多了，而是少了。

由于在当今社会中，几乎所有的人都已经意识到了物质需要的重要性，所以才常常把挣钱视为最重要的目标；另外，按照马斯洛的说法（也是公认的事实），生理的需要是人与生俱来的、最早出现的需要，因此这一部分的需要基本是"已开发的"；而与之相反，精神的需要出现得较晚，也并不是在每个人身上都有所体现，因此相对来说是"尚待开发的"。

总之，关于"需求层次论"实质上说的就是"向上"。

2. 高度是我们终身的追求

追求高度是人类的终极追求。追求宽度或深度或者其他什么东西，最终都一定是为了高度。

难道人真的是为了追求高度吗？

人们其实也并不是真正追求什么高度，而是为了"比"这个字。人类社会的一切追求最终就是为了比。人为了寻找生命的意义，为了找到自己存在的价值，找来找去最后找到了比较价值，不比似乎就显示不出自己的价值，于是，与人比，与自然比，从小到大一路比过来，这就构成了我们彼此的庸俗的人生。但我们却自认为十分有意义。因为比高是判断强弱、大小、胜负、成败、上下等的唯一判别式。一部人类进化史其实就是一部比高的历史。斗或竞争都是表层的东西，只有比高才是最终的目的。不要看世人衣食住行纷繁复杂，真正关于生理的需求只占 20% 左右，其他一切努力都是为了心理需求，为了务虚，为了面子或尊严。

如果一定要继续追问，人为什么要追求比高呢？这个问题对智力低下的今天的人类来说还没有正确答案。也许这就是万物存在的一种宇宙命令。

高楼让我们失去了抬头的意义，匆忙的脚步扼杀了我们欣赏的能力，如今，谁还会抬头仰望星空，谁还会去欣赏蓝天白云、阳光沙滩。假如此时此刻我们站在空旷的夜晚，仰望天空，仰望繁星满天的夜空，高人的天空群星灿烂，目不暇接。你看那闪烁的群星，就是历史上的无数高人。那光线暗淡的就是平凡的芸芸众生。

其实，人类的历史就是一部高人排行榜的历史。我们都是高人的粉丝，我们都是高人的景仰者，我们每个人的血脉中都流淌着高人的血液，我们每个人的心中都有一个高贵的灵魂！

这个世界的一切都是分高矮的，都是由一层一层的层级所组成的，由底层向中层再向高层，层级结构构筑了我们这个世界的丰富多彩。正因为有了高低层级，才有了参差不齐、延绵不断的山群，才有了丰富多彩、变化万千的森林，才有了宽阔的海洋和奔涌万里的江河。

而"人往高处走"，谁不希望站在更高的层级之上？

托马斯曼说："世界是平的！"让美国、欧洲各国、日本来做品牌，中国、印度、拉丁美洲各国做 OEM 加工，大家相安无事，各得其所。真的是这样吗？如果世界是平的，为什么人往高处走、水往低处流？如果世界是平的，为什么无限风光在险峰？为什么只有"会当凌绝顶"，方能"一览众山小"？如果世界是平的，为什么水在低处时静谧无波澜，水在高处向下就能形成气势磅礴的瀑布？如果世界是平的，为什么日本汽车组织把一流产品送到欧美，二流产品留着自己用，三流产品拿到中国来销售？如果世界是平的，为什么中国的服装加工厂出口 10 亿件衬衣才能换回一架空中客车 A380？

世界是平的吗？如果世界是平的，为什么发展中国家缺乏品牌优势，同样的原材料消耗，最后生产出来的价值量，只有发达国家的六分之一到四分之一，甚至更少？世界依然是不平的！

你的高度决定了你的重要性，你的高度越高，你的势能就越大。组织在产业链中所处的位置不同，获得利润的能力也会有显著的差别；基层品牌、中层品牌和顶尖品牌的品牌价值因为在"品牌金字塔"中所处的位置不同，获利能力会有显著的变化。

所谓"世界是平的"这种论调是一个西方强国为第三世界国家所设下的危险的圈套！是欧美组织蚕食第三世界国家更多资源的麻醉药！是位于产业链优势位置的组织剥削产业链前端利益的安抚剂！是让全世界制造业安守本分地出卖初级劳动力的催眠术！

世界是不平的，是有高低之分的！

在这个不平的世界中，如果你的版本太低，就会被淘汰。

在这个不平的世界中，如果你的位置太低，就没有优势。

在这个不平的世界中，如果你没有学会"升级"，就将成为井底之蛙！

思维模式中的高度思维是关键，追求高度是人类的本质与总目的，而宽度思维和深度思维都只是为实现高度追求的方法与策略，因此，我们要想在本质上把握中国及世界大趋势的根本原因，那就得深切理解大趋势的第一推动力量是什么。

3．比高的五个基本级别

从比高的角度出发，人只要参与到社会博弈就必然在比高中进化，或主动或被动。关于这个问题，我们是这样论述的：

人类比高依从如下五个阶段：

第一级比高：以力服人。

第二级比高：以理服人。

第三级比高：以财服人。

第四级比高：以养服人。

第五级比高：以爱服人。

在非教化时代，以力服人是最直接的，每个人都长了100多斤，而且其中有少数更是长得五大三粗，因此，在相互争夺利益时，有力的人就可能使用暴力征服人。关于这个问题，你只要看春运挤火车就知道力量的好处。

当然，力首先表现为个人暴力，而后逐渐演化为两个人的暴力，以此类推，逐渐演化为两派斗争，再是团队斗争，再是民族斗争，再是国家斗争，再是多国集团斗争。战争的来源必然是始发于两个人的利益斗争，而后是斗争双方想战胜另一方采取"绑架"亲近的人入伙而导致矛盾逐步升级。

比如，边界区有两个小孩儿打架，升级为双方父母打架，再升级为父母双方的亲朋群体打架，再升级为两个村庄的打架，再升级为两个地区的战争，再升级为两个国家的战争，最后升级为世界大战。

人是聪明的人，在不断以力服人的过程中，发现暴力不仅很危险，而且有时还无效。有可能自己在暴力中死亡，也有可能赔了夫人又折兵。于是开始人生暴力反思，开始新的算计。关于公共权力或国家的起源，制度经济学有一种非常别致的解释，认为公共权力是从暴力自然演化过来的，税率是从抢夺率自然演化过来的。

后来出现了以理服人。联合国就是在这样的算计下产生的。单位制度也是在这种利益算计中产生的。

再后来，发现理的本质也是暴力。就如法律判刑杀人一样，法律本身也成了暴力。新问题又产生了。于是人们又开始更新的算计，看还有没有更能规避危险而又能实现利益最大化的方法。结果，人们又找到了一法：以财服人。

以财服人就是比创造财富价值，财富不在你我身上，于是开始开发地球，从地球上挖掘财富，资本主义产生了，人类环境因此被破坏了。如此比法也不尽人意，结果，人们又找到了一法：以养服人。

究竟怎么以养服人呢？在利益争夺战中，征服别人不外就是从力和理两方面入手。从人类历史和现实看，人和人之间的较量也不外乎力和理。

在宏观层面——最典型的如国家与国家之间，力就是军事，理就是文化。用哈佛大学肯尼迪政治学院院长约瑟夫·奈的话说，军事属于"硬实力"，文化属于"软实力"。当然，国家与国家之间的较量更可能是这两者甚至更多因素的结合，即所谓的"综合国力"。"我"养别人也不外乎从力和理着手，也就是存在两种方式：以力养别人和以理养别人。"养"的后果有时可能造成养虎遗患的结局。

但是，"养"的难题还不仅仅在于被"养"对象的反戈一击，在现实生活中，人世间不只是"我"和别人，还存在着一个第三者。第三者是什么人呢？"我"是"我"，别人也是"我"，第三者同样是"我"，在"我"、别人和第三者的三角形大角逐中，"我"必须高度警惕第三者！无论是直接以力服别人，还是以力养大别人。一旦"我"对别人大打出手，第三者都有可能下山摘桃，不劳而获。

"坐山观虎斗"是三十六计之一，这一计出自于《战国策》上的一个故事：

为争吃一个人，两只老虎打起了架，正不可开交。一个人拿起长矛就要向老虎刺过去，另一个人连忙止住说：老虎凶猛得很，人正好是一个香饽饽。现在这两只老虎争斗，力量小的必定死，力量强的也肯定伤。咱们等老虎死的死、伤的伤后再下手，完全可以一举得两虎，不亦美哉！如之何？第三者完全可以在"我"和别人打成一片时轻易地一举两得！

怎么办？"我"养别人不外乎以力养别人和以理养别人，既然以力养别人断无可能，那就唯有以理养别人。智力发达一点儿的，就会在博弈中进化到更高的级别——以爱服人。人的确有头脑，于是又在反复博弈的算计中发现了爱这个字的无穷魅力。到目前为止，人类社会博弈中最能必胜的方法那就是爱，爱者无敌，爱者幸福、自由、快乐！正因为如此，历代大师都发现了这一博弈秘诀——爱。

从以力服人到以理服人，再到以财服人、以养服人、以爱服人，五级进化最终将人推到了最高的高度。社会就是一个修炼场，我们每个人首先追求利、而后是名，而后是放弃利、放弃名，最后在放弃中走向了成熟，在失去中得到灵魂的净化。

我们最后来看看《特蕾莎修女的》的一段博爱名言——特蕾莎修女写的人生戒律：

你如果行善事，人们会说你必定是出于自私的隐秘的动机。不管怎样，还是要做善事。你今天所做的善事，明天就会被人遗忘。不管怎样，还是要做善事。你如果成功，得到的会是假朋友和真敌人。不管怎样，还是要成功。你耗费数年所建设的可能毁于一旦，不管怎样，还是要建设。你坦诚待人却受到了伤害。不管怎样，还是要坦诚待人。心胸最博大宽容的人，可能会被心胸狭窄的人击倒。不管怎样，还是要心存高远。人们的确需要帮助，但当你真的帮助他们的时候，他们可能要攻击你。不管怎样，还是要帮助他人。将你所拥有的最好的东西献给世界，你可能会被反咬一口。不管怎样，还是要把最宝贵的东西献给世界。

生命是一个反证，高人都从自私这个入口进入，最后经过一系列的博弈后都从无私这个出口出来了。

纵然千变万化，万变不离其根。推动一切社会现象发生发展的根就是源于一个词——竞争。竞争的熟悉说法叫比，或者叫博弈。

万丈高楼从"我"起，推动发展只因"比"。人类的一切竞争动力都来源于比高。比有三个层次，即利己比、利他比、利万物比。今天，人类还处在比的初级阶段——利己比，也就是说还处在利己的恶比阶段。为什么这么说？因为由于时空物的局限，人类的整体文明还十分的肤浅、狭窄和平庸，还笼罩在一分为二的斗争哲学的框架之中，人类彼此还在争斗不休，最顶级的科学家许多都在制造杀人武器，都极其近视、浅视，都极其自私、贪婪；都只关注小圈子利益，都无视整体利益；都无视我们共同的生存环境的存在；都无知至极，无聊至极，可怜至极，从而导致人类的整体生存环境十分恶化，个体生存危机日益加大。

4. 高度之争无处不在

人与人的竞争，都不可能是直接的肉搏战、口水战，都会演变为产品战，都会通过第三者来实现比拼，分出高下。一切产品的较量，其本质都是人与人的较量！一切群体的较量，其本质都是两个人的较量。其他人只是被各种因素绑架的结果。在市场上，为了争夺组织高度，为了在业界称王，品牌之间每天都在展开一场场惊心动魄的争夺战。我们来看看这些世界级品牌之间展开着怎样的永不敢松懈的品牌战吧：

(1) 劳斯莱斯 PK 奔驰——品牌高度争夺战

谁是汽车行业的老大？劳斯莱斯和奔驰不约而同地会说："是我"！

且听劳斯莱斯的陈述：

劳斯莱斯——"独一无二的王者"。

劳斯莱斯从创始的一开始，就将自己定位于尊贵和地位的象征。你还能找出比"独一无二"更独一无二的东西吗？还有比"王者"更高的王吗？没有！

在尊贵的高度争夺中，劳斯莱斯的对手是奔驰。

奔驰是这样表述自己的：

奔驰——"世界名牌第一车"。

100多年前，在外工作的戴姆斯在寄给太太的明信片上画了一颗星星，透露出他那坚定而充满信心的期望："有一天这颗星将灿烂地上升在外面工厂的天空上。"如今，这颗闪亮的三叉星（奔驰标志）成为全球汽车界最耀眼的恒星。

奔驰一直追求"尊贵、豪华与品位"，是显赫身份与尊贵地位的象征。它将这辆车描述成一位处事不惊的智者，内外兼备、坚定向前。它告诉我们奔驰体现一种坚持、代表一种精神，这就是它代表奢华和社会进步的象征。为此，它将自己描述成国家元首和知名人士乘坐的"世界名牌第一车"。

(2) 可口可乐 PK 百事可乐——行业制高点争夺战

两大可乐为争夺行业制空权，展开了几十年如一日的惊心动魄的高度争夺战，这种争夺战还将一直持续下去。

可口可乐——"经典的正宗的可乐"。

可口可乐多年来一直宣称自己是"经典的正宗的可乐"。可口可乐试图用经典为行业树立标准，用正宗在行业里树立高度。可口可乐试图用"经典"一剑封喉，在这么多年与百事可乐激烈的竞争下岿然不动的秘诀就在这里。

同时，可口可乐并没有停留在单一品牌的策略上，它同时推出了芬达这一瓶黄水和雪碧这一瓶无色的水，来不断地获取不同特点的消费人群。

为了获得中国市场牢固的竞争地位，可口可乐兼并了"天与地"、"醒目"和"津美乐"等几个中国本地品牌。2008年9月，可口可乐又试图收购汇源果汁。

为了不断获取中国消费者的心，可口可乐近乎将中国消费者心中的英雄和明星一网打尽：周杰伦、SHE、刘翔等都在为可口可乐叫卖。

可以说，可口可乐在中国市场前期的投入之大，是让人惊心动魄的。

百事可乐——"渴望无极限"。

在可口可乐来到中国不到两年之后，百事可乐于1981年迅速挺进中国市场。百事可乐当然也不是等闲之辈，它绝对不会心甘情愿地让可口可乐在中国舒适地享受老大地位。

当百事可乐的董事长拜见邓小平先生的时候，邓小平问他来中国的目标是什么。这位董事长回答说："我要让中国的自来水管流出的是黑色的百事可乐！"其对中国市场霸主地位的野心昭然若揭。

为此，采取全方位的、持续不断的、攻击性的市场策略，百事可乐开始了针对可口可乐的市场攻坚战。在"经典正宗"的大旗被可口可乐牢牢掌控后，百事可乐改变策略，细分市场，放弃在整体人群上的争夺，而是在年轻人群中建立独一无二的高度。它将这瓶黑水演绎成年轻人心中最疯狂的激情之水。

百事可乐提出了"渴望无极限"的广告追求，从而暗示可口可乐的老迈、落伍和过时。为了配合自己产品的市场定位，百事可乐不惜重金聘请第一位"百事巨星"，这就是迈克尔·杰克逊。这位红极一时的摇滚乐歌星缔造了百事可乐销量的直线上升。同时，还寻找了中国的郭富城、刘德华、蔡依林及古天乐等巨星代言，与可口可乐竞争。百事还善打足球牌，利用大部分青少年喜欢足球的特点，推出了百事足球明星，将运动的激情和流行元素结合在一起，演绎它的青春无极限。

两大可乐在争夺市场的同时几乎同时出手，心意相通地对中国本土饮品品牌采取毁灭性的打压。中国曾经辉煌一时的八大饮料溃不成军，几乎同时被两大可乐或收编或击溃或埋葬。

他们在争什么？他们在争在中国市场的地位，他们在争在消费者心中的地位。这就是他们较量的核心动力。一旦拥有了行业的巅峰位置，一旦在消费者心中建立了老大的位置，一旦获得了比对手更高的品牌位次，此品牌就能获得无与伦比的市场回报。所以，高度就是位置，高度就是掌控，高度就是财富。

二、追求高度的巨大回报

从个人动力出发，可用两个字概括——利益。这个利益当然不只是经济利益，还包括健康利益、尊严利益、承认利益等。只要有眼睛的人都能看得见，成为高人后就会有无穷的利益向他靠拢。具体来说有如下几种好处：

1. 规避危机

我们都知道洪水来了，首先淹掉的是低洼之地，而后淹掉的是平地，而后才是山脚，而后才是山腰，最后才是山顶。一般来说，能淹到山顶的洪水那几乎是千年难遇一次。因此，你如果有高度，你就很难被灾难淹没。而且还有一个好处，就算被洪水淹没了，洪水总有退去的时候，被淹的地方谁先退出来？当然是山顶而后是山腰，再后是山脚，再后是平地、洼地。可见，高的好处有目共睹。

2. 带来马太效应

马太效应，是指好的愈好、坏的愈坏、多的愈多、少的愈少的一种现象。

社会学家从中引申出了马太效应这一概念，罗伯特·莫顿归纳"马太效应"为：任何个体、群体或地区，一旦在某一个方面（如金钱、名誉、地位等）获得成功和进步，就会产生一种积累优势，就会有更多的机会取得更大的成功和进步。

此术语后为经济学界所借用，反映贫者愈贫，富者愈富，赢家通吃的经济学中收入分配不公的现象。马太效应，所谓强者越强，弱者愈弱，一个人如果获得了成功，什么好事都会找到他头上。

从前，一个人要出门远行，临行前叫了仆人来，把他的家业交给他们，依照各人的才干给他们银子。一个给了五千，一个给了二千，一个给了一千，就出发了。那领五千的，把钱拿去做买卖，另外赚了五千。那领二千的，也照样另赚了二千。但那领一千的，去掘开地，把主人的银子埋了。

过了许久，主人远行回来，和他们算账。那领五千银子的，又带着那另外的五千来，说："主人啊，你交给我五千银子，请看，我又赚了五千。"主人说："好，你这又善良又忠心的仆人。你在不多的事上有忠心，我把许多事派你管理。可以进来享受你主人的快乐。"那领二千的也来说：'主人啊，你交给我二千银子，请看，我又赚了二千。"主人说："好，你这又良善又忠心的仆人。你在不多的事上有忠心，我把许多事派你管理。可以进来享受你主人的快乐。"

那领一千的，也来说："主人啊，我知道你是忍心的人，没有种的地方要收割，没有散的地方要聚敛。我就害怕，去把你的一千银子埋藏在地里。请看，你的原银在这里。"主人回答说："你这又恶又懒的仆人，你既知道我没有种的地方要收割，没有散的地方要聚敛。就当把我的银子放给兑换银钱的人，到我来的时候，可以连本带利收回。于是夺过他的一千来，给了那有一万的仆人。"

马太效应揭示了一个不断增长个人和组织资源的需求原理，关系到个人的成功和生活幸福，是影响组织发展和个人成功的一个重要法则。社会心理学家认为，马太效应是个既有消极作用又有积极作用的社会心理现象。

其消极作用是：名人与未出名者干出同样的成绩，前者往往上级表扬，记者采访，求教者和访问者接踵而至，各种桂冠也一顶接一顶地飘来，结果往往使其中一些人因没有清醒的自我认识和理智的态度而居功自傲，在人生的道路上跌跟头；而后者则无人问津，甚至还会遭受非难和妒忌。其积极作用是：其一，可以防止社会过早地承认那些还不成熟的成果或过早地接受貌似正确的成果；其二，马太效应所产生的荣誉追加和荣誉终身等现象，对无名者有巨大的吸引力，促使无名者去奋斗，而这种奋斗又必须有明显超越名人过去的成果才能获得向往的荣誉。

3. 高度创造感召力

生命的本质是精神，精神的本质是超越。人是追寻精神超越的动物，精神超越也是有境界之分的，更高的境界能使人产生仰视的效果，更高的高度能使人创造感召力。人们的注意力总是关注有高度的东西，人类的眼睛永远是向上看的，很少有人关注比自己低的东西。高度引起关注，高度导致仰望，高度指引方向，高度创造感召力！

《牛津英语辅导字典》上解释感召力包括三方面：

一是用热爱和激情激励追随者的能力；

二是具有吸引力的光环和强烈的魅力；

三是有像神一样授予他人力量和才干的能力。

创造高度是避免"商品化"陷阱的唯一办法！如果你想成功，你就必须超越行业平均水平。你必须保持你的品牌资产始终处在一个较高的层次上，这样你才能在竞争中脱颖而出。当你的竞争者做了所有你能做的事情，你怎样创造这种高度？答案是品牌感召力！

一个具有感召力的品牌不仅仅是提供情感的、理智的和功能的价值，而且是提供精神的价值，成为消费者与品牌之间"精神连接"的基础。因此，消费者不再是购买一个产品或者品牌，因为当他们购买的时候，似乎加入了一种"信仰"、一个"宗教"，在这里他们愿意做任何事情以确保品牌感召力。一旦你能够与消费者建立"精神连接"，成果将非常显著。消费者会格外地忠诚！消费者会格外地狂热！消费者对你会格外地信任！消费者在这种关系中将作为"传教士"，来传播品牌的卓越和感召力。具有感召力的许多电影明星、政治领袖、学者和宗教领袖常常被认为具有特别的感召力。一个人怎样才会被认为具有感召力？我认为主要有以下几个因素：首先，毋庸置疑这个人必须拥有非凡的成就，他的突出成就将会随着时间流逝持续闪耀着光芒，并且不会被磨灭。其次，这个人必须拥有吸引人的能力。他们每走一步，都会被簇拥。再次，他们具有很高的信誉度，并且被他们的追随者高度崇拜。最后，他们有能力来激励和影响他们的追随者。

爱因斯坦是一位具有世界声誉的伟大科学家。

艾伯特·爱因斯坦因为成功地解释了自然现象而变得具有感召力，而他之前的物理学家，包括牛顿和他的合作伙伴都给不出解释。他的狭义相对论推翻了自牛顿时代就开始的假设——时间是绝对的。爱因斯坦证明了所有的时间实际上是相对的。在广义相对论中，他证明了宇宙中的重力、空间与时间是相关的。这个理论，用恒等式表示为 $E=MC^2$，被用作发展原子能的基础。由于这个发现，爱因斯坦获得了 1921 年的诺贝尔物理学奖。他反对战争，但是具有讽刺意味的是他揭露的理论却被用来发展核武器，一个可以摧毁大多数人类生命的武器。2000 年，他被《时代》评选为"世纪伟人"。

那么，关于品牌呢？什么类型的品牌可以被称为具有感召力的品牌？主要有三个基本准则：

第一，一个品牌只有长期完美的表现才能称其具有感召力。第二，品牌必须被高度尊敬和赞扬，并且有这样一个覆盖品牌方方面面的氛围。第三，这个品牌必须拥有神奇的力量和巨大的容量来感动消费者，成为一种典范，成为消费者的信念。

雅斯培·昆德将这种情况概括为"品牌信仰"。昆德宣称这是品牌所能达到的最高境界。一旦到达这种最高境界，品牌便成了所有消费者的"信仰"。昆德认为，处于这种最有声望的地位，"品牌作为一种信仰，成为了消费者的必需。当品牌信仰出现时，消费者信赖它，并且变得对同类的其他品牌非常抗拒"。

迪士尼是创造感召力的高手。

每个人都知道迪士尼，它是每个孩子甚至是许多成年人的梦想。迪士尼作为一个众所周知的品牌，通过它的家庭娱乐公园成为了一个具有感召力的品牌。这种感召力使品牌成为永恒和历史。迪士尼通过惊人的创造力，继续建造迪士尼购物中心和迪士尼酒店等，不断增强其感召力。一旦你成功地建立了一个具有感召力的品牌，改变业务将会变得简单起来，通过创新来不断扩展品牌或者开拓业务将不再是问题。迪士尼就是一个很好的例子。

茅台酒的感召力也十分了得。

茅台酒具有强大的民族品牌感召力。号称"中国国酒"的茅台酒是国际三大蒸馏名酒之一，也是贵州目前国内白酒市场上唯一集"绿色食品"、"有机食品"和"地理标志产品"称号于一身的优质白酒。多年来，茅台酒的生产效率和经济效益不断提升，而且茅台品牌也得到了有效延伸。典型的品牌形象就是"酿造高品位生活"，其强大的品牌感召力和美誉度直接为其系列子品牌带来了先天的市场效应，凡是茅台股份公司出品的白酒均呈现出良好的销售势头。茅台酒具备奢侈品牌的所有特征。

一是沉淀的历史。绝大多数奢侈品牌的历史以百年计，而茅台酒的历史甚至可以追溯至汉朝，而扬名于巴拿马万国博览会也近百年。二是独特的品质。绝对伏特加坚持在原产地小镇采用深井的天然水来酿造，从而保证每一滴酒的品质。而茅台酒只能在赤水河畔的茅台镇上产出，甚至那里的空气都成为茅台酒品质的重要环节。三是传奇人物的力量。已故周恩来总理把茅台酒当做一生至爱，使茅台酒的品质彰显无遗。四是有限的数量。许多奢侈品被商业化运作以后，虽然售价不菲，但却依然是有钱就能买得到。于是，就有了限量版商品。茅台酒成功推出年份酒，其中80年汉帝茅台以28888元天价售出。五是神秘的传统工艺。大多数有历史的奢侈品都保留传统的工艺，像茅台酒这样"两次投料、七次取酒、八次发酵、九次蒸馏、五年储存"，因而耗时巨大，价格昂贵不足为奇。此外，茅台酒在市场上还享有很高的溢价，具备极强的定价能力。

有理由相信，在不久的将来，茅台酒会与法国干邑、绝对伏特加等顶级酒类奢侈品牌在国际市场上共舞，那时，外国消费者会像我们现在接受人头马、轩尼诗一样接受中国白酒，而茅台酒会再一次成为中国民族品牌的骄傲。

4. 高度指引方向

《品牌背后的两极》一书中说道：芸芸众生都需要方向的指引，这个方向包括人生的方向、生死的方向、生活的方向、交友的方向、消费的方向，而任何能引导方向的东西都必须有高度。低矮的小草形不成方向，低矮的建筑也形不成方向。耶稣、释迦牟尼、孔子之所以能成为影响世界最伟大的人物，是因为他们在芸芸众生心目中建立了人生的方向。这就是他们非同寻常的、伟大的高度，这个高度构建了人类精神世界的灯塔。

5. 高低层级产生社会驱动力

高低两个对立面的存在不断地驱动着人类社会的变革。试想，如果人人都平等，谁还会去努力呢？高层级引领底层级，低层级服务高层级，高层级服务最高层级，这个世界就是这样层级之间相互关联而又相互驱动。穷人为了摆脱贫穷而成为中产者就得不断地努力，像蜜蜂一样辛勤地工作；中产者为了成为富人也得不停地努力；富人为了变得更富有，成为上层社会的一员，成为世界级的富翁也得不停地奋斗。这就是所谓的不平等产生了驱动力。商业的本质是什么？商业的本质就是不公平，利润就是不公平的结果。如果公平，就不应该有利润。所以，高低落差使得财富发生流转，流动的财富才能产生效力，财富才能够真正地为人服务。我们看到的大多数穷人的孩子都比富人的孩子更努力，道理就在这个地方。

财富驱动穷人努力，同时也让富人变得懒惰。这就是富不过三代的道理。这一点确定了财富流动的本质特点，也确定了财富不可能被某人、某家永远拥有的本质特点。

6. 没有高度就会纠缠于问题本身

智慧是一种境界，这个境界实际上也就是一种高度，高度就是最大的智慧。

有一位父亲领着孩子在草坪上开着割草机修剪花园，这时，房间里的电话响了，父亲回到屋里接电话。孩子就开着没有熄火的割草机在草坪上快乐地割草玩耍，父亲打完电话回来，看到被孩子弄得不成样子的草坪时非常生气。父亲大发雷霆，把孩子批评得泪流满面。孩子的母亲实在看不下去了，就对孩子的父亲讲："我们今天是来养孩子，不是来养草。"孩子的母亲接着说："我们今天带着孩子来干活的目的是什么？是为了培养孩子，为了让孩子快乐地成长，而不是仅仅修剪草坪。"草坪弄坏了，接着再修剪或者等草再长出来就可以了，但是给孩子心灵造成的伤害就很难复原了。

很多时候很多人没有成功，是因为他们纠缠于问题的本身而忘了他们的根本目标。智慧是一种境界，这个境界实际上也就是一种高度，高度就是最大的智慧。

你只要站在一定的高度上，就很容易看清楚问题的本质。如果你站在较低的位置上，就很容易被各种事物表象的错综复杂所困扰。可能你会觉得生活中到处都是问题、到处都不得劲，也可能觉得这个世界上到处都充斥着不公平！但如果你站在人类社会的整体高度上看问题，你就会发现世界比我们想象的要美好得多，这就是所谓的"世上本无事，庸人自扰之"。

很多组织没能持续成功，也往往是因为纠缠在管理的问题或手段本身，而忘了组织的根本目标。拥有了高度，就能看清组织发展的本质所在。

7. 带来高峰体验

佛家讲"悟"，西方哲学讲"高峰体验"，讲的其实是同一现象，即高、宽、深三思维达到相当高度后完美结合的那一美妙的瞬间。关于"高

峰体验"（peakexperience）这一概念，马斯洛有时用"end"一词代替
"peak"，称为"终极体验"。"终极体验"一词深刻地表达了高峰体验的价
值以及对于人生的重要意义。高峰体验本身就是目的，就是值得追求的价
值。它不需要我们再为它提供什么证明。真正经历过高峰体验的人在一定
意义上也是死而无憾的人。

高峰体验与人的最佳状态有非常密切的关系，或者说，高峰体验就是
最佳状态本身。尽管大多数人都希望经历高峰体验，但是，有的人也许会
对"高峰体验"这个词望而生畏。马斯洛对于高峰体验的看法十分乐观。
他说："高峰体验比我所预料的要普遍得多。它们不仅在健康的人中产
生，而且也在一般人甚至在心理病态的人身上出现。"他认为，每个人一
生中至少有一次高峰体验。"假如通过适当的方法、询问和鼓励，每个人
实际上都会承认自己有过高峰体验。"

马斯洛所描述的高峰体验，正是每个人渴望和向往的一些最佳状态。
我认为，如果不是全部，至少大多数人或多或少地不同程度地都有这样一
些体验，只不过他们没有使用"高峰体验"这个词罢了。任何人，只要有
过和上述任何一条类似的感受，那都是十分宝贵的，他至少已经有过一次
真正的做人的乐趣。

三、高度的本质就是做差异

整个西方文化都强调差异性，无论是做人成事，还是做产品。人为什
么就一定要追求差异性呢？我查遍了所有大师关于这个问题的解释，都没

有讲透彻。我想，人类追求差异性也许就是本能，就是天性，就是发现自我存在价值的直接途径。

当然，人类除了追求差异性之外，还追求关联性和流动性。这种追求在传统的东方文化里不是特别明显，但今天却大不相同了，今天，全球都在以追求差异作为实现人生的重要标志。下面我们来看看中国人是如何追求差异人生的。

曾几何时，大街小巷随处可闻一个男子沙哑沧桑的歌声；一夜之间，一个陌生歌手的名字——刀郎开始在满世界流传。刀郎这位在此之前默默无闻的歌手火了，他的专辑《2002 年的第一场雪》在没有任何宣传的情况下疯狂畅销，据说盗版都卖到了 800 万张，正版的保守数字在 150 多万张。许许多多的人一下子喜欢上了他的歌，认为其有男人味道、回归生活，对其的狂热程度绝不亚于当年的《心太软》。

刀郎为什么能如此走红？说得简单一点，就在于他能够另辟蹊径，走创新之路。刀郎的成功给我很大启迪：一个人要想成功，要想出人头地，就必须走一条个性化、差异化发展之路，才会有核心竞争力。

核心竞争力说到底就是差异化。

例如，你十分喜欢唱歌，你的歌声也很美妙动听，但是别人也会唱歌，而且唱得比你还要好，那么演唱就只能算是你的竞争力之一，而不能算是你的核心竞争力。核心竞争力是不易被竞争对手模仿的，并且是你所独有的本领。如果别人也有这种本领，而且比你高强，那么这种本领就不是你的核心竞争力。

如果你的个人核心竞争力强，你就相比你的对手更具竞争优势，即相比之下，你和你的对手在职场中，你比他更有价值，这些都可以通过个人占有的资源来体现——当然不是指占有的财力，而是更深层次的，比如智力资源，IQ 智力和 EQ 情绪智力、情商。或者知识资源，比如工作经验、市场感觉这些隐性知识……

由被动竞争转向主动竞争是提高核心竞争力的唯一方法。"不是我不明白，是这世界变化快"，我们要在竞争中赢得先机，就必须将适应环境为主的被动的竞争转换为主动的预测环境变化，积极应变，提前采取措施，提高个人核心能力。

主动预测，要给自己的职业旅程制造压力，克服惰性，克服工作惯性，主动预测工作的变化，这样才有备无患。

管斌全在《让别人无法取代》一书中说：

当今的社会是一个竞争激烈的社会，一个国家要想在国际舞台中拥有一席之地，就必须有自己的核心竞争力；一个组织要想在经济大潮中站稳脚跟，就必须有自己的核心竞争力；一个人要想在优胜劣汰的社会上立足，也必须有个人核心竞争力。

那么，怎样去打造个人的核心竞争力？怎样使自己能够在竞争激烈的社会中取胜呢？打造个人的核心竞争力，说得简单一点，其目的就是使自己成为某个领域的第一名。只要你是某个领域的第一名，你一定会出名；只要你是某个行业最顶尖的那一位，你一定会赚很多钱；只要你是第一名，你就一定会成功！

第一名，拥有一切！在组织发展的整体定位和战略布局上，鸿海集团总裁郭台铭先生曾作过以下精彩的言论："一个产业里，做第一名才可以稳定赚钱，第二名有点儿钱赚，第三名损益打平，第四名随景气沉浮，第五名以后要么等着被收购，要么就是被淘汰出局。"

那么，怎样才能成为第一呢？

方法很简单。最直接的方法就是创造新领域、新事业、新起点、新项目，等等。如果你不能在某一个大领域得第一，那你就要改变方向，另外选择一个无人涉足的新领域（哪怕这个领域很小），从中挑选一个你最感兴趣的"项目"，然后运用你的天赋（上天赋予你的能力），进行深入细致的研究，一直研究到底，直到你成为这个领域中出类拔萃的专家，直到你成为这个领域的第一名，以至于全世界的人只要想到这件事情就能马上想到你。如果你有了这种本领，你肯定能生活得非常好。

比尔·盖茨专门研究计算机软件，结果成了世界首富；萧玉斌专门研究整条鱼脱骨法，结果成了著名的厨师；被称为"笨小孩"的吴桂花专门研究苹果雕花，结果在美国举行的世界宴会雕花大奖赛上一举夺冠而闻名中外；张业新专门研究开锁，他为那些丢了钥匙的粗心市民开了上万把锁，结果被长沙市公安局 110 报警服务中心聘为专职开锁员……

"闻道有先后，术业有专攻"，在如此纷繁复杂与喧闹浮躁的现代社会，如果你愿静下心来专攻一业，则必有所成。

那么，打造个人的核心竞争力的秘诀究竟又是什么呢？

很简单，四个字：人格+特长。

健全、高尚、完善的人格是立身之本，而特长是谋生之本，这两者就仿佛是人的两条腿，缺一不可。一个人如果只有人格魅力，没有特长，他是难以在竞争中取胜的；相反，一个人如果有特长，却人格低下，这样的人也不能在竞争中取胜。只有把两者结合起来，你才能在竞争中立于不败之地。所以，我认为，一个人要成功，必须有一身好本事，要练好内功、外功、轻功。

内功，是做人之根本，即人格；外功，是立业的本领，即特长。

值得一提的是，在打造个人核心竞争力的时候，我希望每一个人都要对自己有信心，千万不要低估自己的能力。许多人一事无成，就是因为低估了自己的能力，妄自菲薄，以致缩小了自己的成就。一块价值 5 元的生铁，铸成马蹄铁后值 10.5 元；如果制成工业用磁针之类，值 3000 多元；如果制成手表发条，价值就是 25 万元，这就是世界旅店大王希尔顿精彩的"生铁价值论"。

中国有句古话："纵有良田万顷，不如一技在身。"现代社会也有这么一句话："千招会不如一招绝。"任何人，贡献给社会的都是他的专长。往往一切成就、一切幸福都建立在他最擅长的一点上，即建立在"一招绝"上。只要你拥有了"一技之长"，拥有了一个"绝招"，你就有了竞争的资本，就有了就业谋生的手段。请问：

刀郎的一技之长是什么？——唱歌。

姚明的一技之长是什么？——打篮球。

韩寒的一技之长是什么？——写作。

很多人就是靠一技之长获得了一张生存"执照"，在社会上占据了一席之地。

人生在世，如果有一技在身，就有了安身吃饭的本钱。如果技艺精湛，就会更有作为。能多掌握几手更好。虽说是多技者多劳，但多劳多得，也不是什么坏事。老话讲：艺多不压身。吹拉弹唱都会，就会在人生的舞台上表演得更出色。怕就怕"样样精通，样样稀松"，十八般武艺没一样精通。

世界著名的雅虎公司是杨致远开创的大事业，这个大事业却是从一种技艺开始的。杨致远在斯坦福大学时，是网络发烧友。他的网络技艺非常高，属于"大虾"级高手。当时因特网已经有相当多的网址，但没有任何分类，也没有任何系统引导人们迅速、简便地查找他们所需要的网址。

杨致远和朋友们沉浸在万维网中，收集各种资料，将全球网址分为艺术、教育、卫生、新闻、娱乐、科学等 14 类，并将他们自己编写的对网络资料分类的软件戏称为雅虎。没有想到的是，就是这个随口叫出的YAHOO 得到了许许多多人的青睐，成千上万的网友开始使用 YAHOO 在网上冲浪。

1995 年，由水杉基金会投资 100 万美元，雅虎公司正式成立。1996年，雅虎在纽约华尔街证券市场上市。试想，如果杨致远没有网上冲浪的真功夫，不是把网络玩得溜溜转，他就算是学富五车，拿到了洋文凭，戴上了博士帽，也未见得能创造出今天的成就。

四、高度的外化就是做品牌

1. 没有品牌就没有竞争力

21 世纪是讲求品牌的时代，无论是对组织，还是对个人，品牌都是至关重要的。

在惠普公司，几乎人人都知道，詹鲁士是个工作能力十分出众的员工。可是，他工作时间不长，居然就被主管解雇了。就在昨天，詹鲁士还想着凭自己的工作能力，公司应该给涨工资了。其实他也不明白这是为什么？得知自己被解雇的通知后，詹鲁士觉得希望一下子泡汤了，公司真是有眼无珠，为什么不解雇那些能力不如自己的人，难道能力强还有错误了吗？他一肚子不满意，怒气冲冲地一脚踢开主管的门，拍着桌子吼叫道："凭什么解雇我？我们部门几项重要的创新措施，都是我最先提议的。我可比那些一同进厂的同事出色多了。"

还没等到主管解释，詹鲁士手指着主管的鼻子恶声恶气道："听着，你这样对我太不公平！公司让你当主管真是瞎了眼！"主管听他发完火，冷静地回答："你想知道被解雇的原因吗？""当然，否则我要去高层告你！"詹鲁士两眼喷火地回答。"请你不要激动，听我解释。我从未怀疑过你的能力，我承认你的能力是很突出的，但遗憾的是，你太过于傲慢无礼了。"

詹鲁士听到这里，吃了一惊。主管继续说道："你知道，我们公司一直以形象良好、口碑极佳著称。而你，就像刚才这种态度一样，不但在公司内粗鲁、散漫，而且还蛮横无理地对待客户，这是任何组织都坚决不允许的！我们公司的确很重视员工的工作能力，可是我们也同样重视员工的形象和修养。"

"可……，我一向就是这个脾气，而且也没有使工作业绩受影响啊？"詹鲁士争辩道。"如果你在家里，我可能不会干涉，但问题是你已经是惠普公司的一名员工了。你不代表自己，代表公司。你缺乏起码的做人修养，已经破坏了我们公司的形象，所以只能……"

詹鲁士没想到，辞退自己的居然是这个理由，不等主管说完，他就明白已经没有任何可以挽回的余地了。一直以来，他都认为，员工只要能为公司创造业绩就可以了，自己在以前的公司时，因为能力突出，同事、主管甚至老板都围着他转，对他的脾气也见多不怪了，更没有在什么个人修养上较过真。的确，老板的利润不就是我们的业绩创造的吗？为此，詹鲁士也引以为荣。没想到，在这家公司，有能力的自己还不严格？他有些想不明白了。

品牌才是一个人最宝贵的财富。个人品牌内容包括许多方面，如才能、品行、操守、性格等，概括起来就是个人的品质和能力特质在公众眼里的印象。它是你人生中的第二个自我，体现了你在别人心目中的价值、能力以及作用，影响着别人对你的看法。1%的污点也会带来100%的损失。

我们的品牌是不可能脱离组织的。特别是在客户眼中，你代表的就是组织的形象。任何个人文明的点滴沦丧，都将为组织发展布下深深的陷阱。

个人品牌的价值也是组织品牌价值的体现，即便是你认为无关紧要的小事也会给组织带来很大的损失。因此，我们应该注意维护自己的品牌形象，让自己的品牌为组织增光添彩。

2. 个人品牌的打造

一个人在工作中有了一定影响力，建立了一定声誉，并且通过这些影响力得到了一定范围的人们的认可，这就建立了个人品牌。个人品牌，是一种可以让有形资产增值的无形资产，是一个人最宝贵的财产。就像一个享有盛誉的产品到处受人欢迎一样，一个享有盛誉的人，在他人心目中也具有强大的感召力。比如全国劳模、市级先进个人等。这些荣誉本身就是品牌深入人心的象征。但是，要打造自己的强势职业品牌是一个综合性比较强的过程，必须依靠时间的累积。

一个完整的个人品牌由五个部分构成，即价值观、资质、风格、形象和标识。资质是个人品牌的性能，风格是个人品牌的个性特征，形象是个人品牌的包装，标识是个人品牌的识别系统。它们共同影响着个人品牌的溢价能力。

首先，我们谈一下品牌的价值观。价值观处于核心地位，是个人品牌的灵魂，决定着个人品牌的生命力。就像萝卜青菜各有所爱一样，人与人之间的认同，最根本的就是价值观的认同。但是，价值观并非只体现个人自身的价值，而是个人价值和社会价值的协调统一。如果没有个人价值，社会价值就成无源之水；反过来，不要社会价值，个人价值也无处立足。

比如，汶川地震中万科深陷捐款门事件，不但王石的形象受影响，万科股票也一落千丈；再比如，日本女影星酒井法子吸毒，从此她的个人表演生涯也画上了问号。这些都是因为没有把自身价值和社会价值很好协调的结果。

当然，我们并非过于强调个人品牌的社会价值，过于强调社会价值，个体往往会失去动力；可是，一味地追求个人价值，又容易破坏人文环境，最终谁的价值也难有保障。因此，要打造出色的个人品牌也要在价值观上下工夫。让它在任何情况下都能够鼓励你、指引你。

接下来我们谈个人品牌的资质。俗话说：没有金钢钻就不要揽瓷器活。这个金刚钻就是资质。个人品牌的资质就是指你能够满足他人期望的知识、经验、技能、创造力等方面的能力。你能够为组织做什么，并能够让组织相信你能够做什么，这些资质决定了个人品牌的基本价值。比如，某某是本市有名的组织家，这就是他的品牌资质。在这个耀眼的光环下，银行以及其他单位都会向他伸出支持的双手。他办事比起一些无名之辈就容易很多。

个人品牌的资质是从他人那里获得的。就像一件产品一样，它的性能如何，制造者说了不算数，营销商说了也不算数，只有消费者的评价，市场才会"认账"。比如，老王卖瓜别人不相信，那就换成让消费者老刘或者老李来夸老王的瓜好。当然，老王也不是被动的。作为制造者和营销商的老王可以通过有效的方法去引导甚至改变消费者的看法。比如说，前阵子传闻香蕉有一种病毒，芭蕉马上身价倍增。因为生产芭蕉的农民引导了消费者的看法，我这是芭蕉，不是香蕉。因此，资质要主动"获得"，而不是被动地被"认定"。

有了价值观和资质后，每个人品牌的风格就是与他人打交道时留下的情感印象，也是个人品牌中最活跃、最能体现差异、最能打动"消费者"的部分。比如，中国地方戏南北方的风格就迥然不同。河北梆子激越高亢、秦腔悲壮，黄梅戏温柔、湖南花鼓戏则婉转热烈，虽然风格各异，但都有自己的粉丝为之着迷。因此，风格是最能反映品牌个性的部分。

风格也是一个人长期养成的独特的、稳定的性格特征，就像张大千和徐悲鸿的画各有千秋一样，风格是内在综合素养的外在反映，绝非短暂的作秀，否则观众也不会留下什么印象。

当然，能让消费者眼睛一亮的是个人品牌形象。如果说风格有时不能一眼看到，好像读一本书一样需要细细品味的话，形象就是最直观的品牌表现。当然，这种形象也是一种外表与内在结合的，是对个人内在素质的有形表达。

"标志性特征"就是对个人特征的强化、强调或调整，对个人形象不是衬托而是起突出作用，是个人形象的一个亮点。比如卓别林的手杖增添滑稽，福尔摩斯的烟斗增加思考的深沉，赵本山的帽子更是老土的象征等，这些都是自身形象之外的附加物。也可以是对自身相貌特征的强调，如陈佩斯的光头，使他那张夸张滑稽的脸更加"一览无余"。无论内在还是外在，这些"标志物"的恰当运用，能够迅速而有效地刺激人的感官，在霎那间抓住受众的注意力。

并不是只有知名人士才能通过建立起个人品牌名利双收，普通人通过挖掘卖点也可以获取事业的成功。

挖掘卖点需要先给自己的品牌定位，就是要界定自己要成为一个什么样的人。因为每个人的个性不同、特长和优势不同，品牌定位也就不同。

每一个人都有先天的局限性，不可能"十八般武艺，样样精通"。要在芸芸众生中脱颖而出，就要把蕴藏在你个人身上的最擅长、最有价值的东西挖掘出来，挖掘独特卖点。"一招鲜，吃遍天。"让自己难以被他人替代，是个人品牌成功的一条捷径。

比如，《没有任何借口》中的忠诚敬业就是他的卖点；"世界上最伟大的销售员"乔·吉拉德，热情和解决问题的能力很强就是他的卖点。这些人凭借这些不同的卖点成就了顶级个人职业品牌，获得了职场中不可取代的崇高位置和盛誉。因此，不论你在哪一方面优秀，只有找出自身与他人不同的特点，发现自己的长处，并在工作实践中发扬光大，才能使之成为自己的特色。在职场中建立起个人的品牌，就能够充分显示出自己的独特价值。你的特点越独特鲜明，你的"使用价值"的可替代性越低，你的个人品牌价值就越高。然后，精心打造，集中精力发展独特性，练绝招、出绝活，使之成为你身上最闪光的、最吸引人、最不可替代的东西，扩大认同，让更多的人了解自己。

独特性虽然能够吸引人，但是真正让他人认可你，还需要考虑你展示出来的独特性与他人的相关性。所以，塑造个人品牌需要换位思考。你要想让组织重用你，你就要了解组织需要什么，领导者对什么感兴趣。

另外，品牌要得到别人的认可，需要在别人心中树立积极的形象。这是打造个人品牌的关键。我们在工作中常常看到领导把重要的工作安排给他人，为什么这些工作就"非他们莫属"呢？这就是因为他们的能力已经在领导心中树立起了不可动摇的品牌形象。找到答案之后，再将自己的独特性与这些需求结合才能让他人关注到你。要做到这一点，最令人信服的答案就是在工作中累积成功经验，这样的成功案例数量越多越好。多次成功会使他人自然而然地将我们与高能力、高品质联系在一起，天长日久，会使你的品牌深入人心。

总之，个人职业品牌是内在素养与外在形象的和谐统一。必须经过各方检验。因此，提升个人品牌的含金量，从优秀到卓越，没有顶点，超越无极限。

五、提升人生高度的三大方法

　　品牌有标准吗？品牌从来都不存在具体的标准。理解这一点，我们需要走出传统的思维模式。提升品牌的高度难吗？尤其在消费者心中建立顶级品牌的高度难吗？不难。很多人没有想到，建立顶级品牌不仅不难，而且是最容易、成本最低的。

　　从品牌运作的角度而言，建立第一不仅不难，而且是最容易的。为什么呢？因为消费者最容易想到的就是第一，有多少人会记住第二、第三或者第四呢？

　　既然人们记住第一最容易，那反过来讲，做第一的成本也是最低的。真理的背面还是真理。第一不是唯一！很多人没有明白这一区别。第一并不是只有一个，这是隐藏在第一背后的非常有意思的机制。

　　更有意思的是第一本身也是没有标准的，这就使得建立第一存在广泛的空间和广泛的可能性。你从不同的层面都找到很多第一。

　　每一个组织和每一个人都能找到他自己的第一。例如，一个组织销售额最大叫规模第一，规模第一又分为全球规模第一，全国规模第一、某区域规模第一等；规模第一还分产品数量第一、销售金额第一、某个单产品销售第一等。这样你就可以组合出若干个规模第一。

　　如果你的规模没有办法跟别人比，你就跟他比利润率，这叫做经济效益第一。经济效益又分总体经济效益、局部经济效益、某个时段经济效益、某个区域经济效益，既分产品经济效益又分人均经济效益等。这样你

就能够组合出若干个经济效益第一。

如果规模和效益都没法跟别人比，你还可以跟他比成长速度。你可以说你是行业成长速度最快的组织，而成长速度又可以分规模成长速度、利润成长速度、市场成长速度等。

如果有形的层面无法找出第一。那就从无形的层面找。你可以从产品知名度上找第一，也可以从美誉度上找第一。你可以从性价比上比第一，也可以从市场占有率上争第一。而知名度、美誉度等本身又可以延伸出不同区域的知名度和美誉度。这样，无形层面也可以找出很多的第一。

这就是为什么市场上总是存在很多第一的原因，这就是为什么很多组织竭尽全力争夺第一的原因。

我们看到很多跨国组织在中国的销量并不大，但他们总是在传播"全球第一"、"法国第一"或"美国第一"等。他们用"全球第一"来表示中国市场的弱势，他们用"美国第一"来掩饰初来中国市场销量不大的真相。

所以我们常常看到，某某品牌总是在打出"连续多年销量遥遥领先"的诉求；某某组织被评为"最具成长性组织"的广告宣传。

第一不是唯一，第一本身并无标准，第一是动态！理解第一这一真相，我们就能够走出传统思维来大力度地构建顶级的位次，我们就有无限的可能和无限的手法来建立品牌的高度。一旦争夺到了品牌的高度优势，我们就能低成本而又快速地在消费者心中建立起被关注、被重视的地位。

我们品牌升级虽然没有具体标准，但依然有些特征可以判断，升级型的电脑的特点是能够兼容的，而升级型人才的特点也是能够兼容的。他们的特点如下。

一是具有先进的理念和开放的观念。了解时代的发展趋势，较早地接受时代的先进理念；观念开放，能够较快地接受新的事物。

二是跨学科的知识结构和知识重组能力。一个人要知识升级，他的知识体系就应该是开放的。一般来说，一个人具有跨学科的知识，才更容易接受新的知识，也善于进行知识的重新组合，形成新的知识结构。

三是较强的学习兴趣和创新精神。学习和创新是一种习惯性的素质，只有具有这方面强烈的欲望和良好习惯的人，才能自觉地、不断地追求自我升级。

1. 方法一：登高山

"登高山"当然只是形象的说法，其实质是要用高度带来的具体作用改变人生。

"高度决定视野，角度改变观念，尺度把握人生"这是中央台一句非常经典的广告词。古人常说：登高望远。有了高度，才能高瞻远瞩，视野开阔。视野开阔，得益于自己站的位置，只有站得高才能提升自己的境界。

孔子曾说："登泰山而小天下。"和宇宙世界相比，个人永远是渺小、微不足道的。和历史发展的长河相比，个人的功绩和贡献也远远不足为道。可是，如果不登上山顶，又怎能有这样的眼光和境界？

那些曾为公司作出一些贡献的人物、想躺在功劳簿上过一生的英雄们不就是登上了山麓或者山腰，无限放大了自己的光辉吗？如果他们能够登上山顶，相信看到的将是自己的渺小和微不足道。

成功无极限，攀登无极限。如果一个人的心性不高，更要通过努力去修炼提升自己的境界，否则，是不能提到一般的快乐和幸福之上的。

历代的高人都喜欢登高。从帝王将相到文人墨客，都留下无数登高的故事和诗词歌斌。孔子"登泰山而小鲁"，王之焕"欲穷千里目，更上一层楼"，都表达了内心对高的向往。

人为什么要登高呢？全国有那么多高山，有那么多公园，小孩儿都对动物园感兴趣，大人就喜欢爬山。一到星期六，北京香山门口就堵车堵得不得了，来爬山的人太多太多。

山的魅力何在？一个字——高。我想，人们并不是来真正爬山，而是来寻找高度的，大多数人都活在平庸低俗之中，一个人在低俗中居久了就找不到动力和意义，就索然无味，就失去了心中乐趣，而爬山却能立即恢复心中的高度，至少能立即被高度所感染。

因为高度能产生意义，高度产生势能，能产生感慨，能使人心中出现落差，意思的流动主要由落差引发。正是这个落差出现，我们的大脑才会活跃，我们的智力才会迸发，我们的生命才会立即恢复生机与活力。

我对古今中外杰出的人士进行过系统研究，他们卓越的第一法则就是落差法则。一切的成功，一切的动力都源于心中的落差。没有落差，水不会流，人不会动。我们之所以去爬山，是去有意或无意制造心理落差，让死水一潭的人生又激起生活的波澜。这就是爬山的本质所在。

没有落差就没有危机感，就会陷入平庸日常之中。你去看失败的人是没有落差感和危机感的，只有强者才能发现落差，寻找落差，而后去缩小落差。

人生的过程就是一个缩小落差和拉开落差的过程。我们总是陷入平凡平庸的僵局之中，这是问题之所在。因此，要想成功卓越，第一件要做的事就是赶快给自己、给单位制造落差。

爬山就是方法之一，而且最能直接发现山下芸芸众生的迷失。我把这个迷失叫做"平级迷失"。许多我们都时常会陷入"平级迷失"之中，忘记了自己是干什么的，那么，应该赶快制造出落差来。

当然，实现心中的高度，不只是爬山一条途径。卓越者最要紧的一件事，是不断攀登人生的高度，不断地向着至高境界攀登，不断地扩大与平庸者之间的落差，以形成强大的势能。

境界的支点，靠心灵对外界的恰适把握！境界的覆盖，是人与自然、社会、宇宙和谐共处相融共生及对其最大限度的包容。界的主张，是对宇宙对人生对事物入乎其内而出乎其外，达到所见所思所做超越必然走向自由的探索与践行。境界是华夏思想的大智慧，是华夏文明的大源流，是华夏文化的主航道。这是中华民族迥然区别于其他民族最为独具的特色。

境界是长期探求、磨砺、修炼、思悟而拥有的大气芬芳、大家质地，大师气象。境界不是方法。方法可以冥思苦索。境界不是技艺。技艺可以熟中生巧。境界是别一种高深的为人为事之道。

现在大家都在强调读 MBA、EMBA，都在谈培养中国的组织家人才。但我总觉得，从认识层面上来说，组织家是"悟"出来的，而不是"读"出来的。没有悟，你得到的只是技能，而技能永远都在过时；有悟，你才能提升境界，这是能补益你终生的东西。

要想"悟"出点东西，要想"悟"出个组织家来，取决于两点。一是自身的"敏锐"，也就是"悟性"，要能见一叶落而知秋之将至。二是"悟区"。什么"悟区"，就是你所"悟"的基础，所"悟"的背景，这里既有你的实践，也有你的"道听途说"，还可能有你所读的"万卷书"。

"悟性"是一种基因，是先天的。你要想成为一个组织家，如果缺乏这种基因，你就是再努力，至多也只能当个生意人，却做不了组织家，成不了大气候。

"悟区"是后天的一种选择，无论是有意识，还是无意识的。一个人对"悟区"如何选择，会直接影响到他"悟性"的发挥。"悟区"包括："自己创业"、与成功人士交流、啃商学院教材三个层面。

在我看来，啃商学院教材而企图成为组织家的，是四流的选择；与成功人士交流而梦想成为组织家的，是三流的选择；选择创业，从小做起，不断打拼而想成为组织家的，则是二流的选择。而这三种选择都称不上"一流"，选择的都不是"一流"的"悟区"。如此选择，最终能成为组织家的"几率"也很小。

真正"一流"的选择是什么？最好的"悟区"在哪里？我觉得，就是能将以上这三种"选择"，按轻重缓急排序，进行杂合交融，互相渗透。要想成为组织家，就得先从"实践"中去"悟"，这是根基，再把与别人交流的心得、商学院的教材与这根基结合起来"悟"，这三者就能相互验证，互为补充。

我一直在怀疑，现在有一些人是否故意夸大了 MBA、EMBA 教育的功能，把一个单思维的，严格来说还处于技术层面上的教育，提升为成就组织家的必经之路。事实上，MlBA、EMBA 的教育至多只能说是成就职业经理人的渠道，而不能成就组织家。你接受了这种商学院、管理学院的教育，只能说你懂得了一些管理、经营，包括人力资源上的一些知识、流程，但你能否成功地把这些运用到你所服务的组织，则又是另一回事。至于宏观层面上的资本动作、产业结构的演变，则是在商学院、管理学院里根本学不到的。而如果要认识一个特定的商业环境，以及构成这种特定商业环境的相关因素，更是 MBA、EMBA 的教育力所不能及的。

组织家只能是"悟"出来，这不仅靠先天超凡的"悟性"，后天对"悟区"恰到好处地"选择"也相当重要。跟读 MBA、EMBA 不同，悟性高的人可以少花钱或不花钱就能学到好多东西，并且可能终身受用。

2. 方法二：拜高人
境界提升最有效的途径就是拜高人为师

据报道"股神"沃伦·巴菲特每年有两场例行活动全球瞩目，一是他掌管的伯克希尔·哈撒韦公司年度股东大会，二是与巴菲特共餐机会的慈善拍卖。

如今，与巴菲特共餐的价码已飙升至 263 万美元，刷新 2008 年中国投资人赵丹阳创下的 211 万美元纪录。

巴菲特曾表示，为让中标者觉得物有所值，他通常会将午餐时间拖延3个多小时，"迄今没有人(因认为不值而)要回钱"。

赵丹阳谈及与巴菲特共餐收获说，两人在餐桌上谈论的话题广泛，包括通货膨胀、美元汇率、投资心得、公司治理等。赵丹阳用"太值了"来形容那顿用 211 万美元换来的共餐机会。

这就是拜高人最鲜明的例证。

有人说，人生有三大幸运：上学时遇到好老师，工作时遇到一位好师傅，成家时遇到一个好伴侣。有时他们一个甜美的笑容，一句温馨的问候，就能使你的人生与众不同，光彩照人；生活中最不幸的是：由于你身边缺乏积极进取的人，缺少远见卓识的人，使你的人生变得平平庸庸，黯然失色。

有句话说得好，你是谁并不重要，重要的是你和谁在一起。古有"孟母三迁"，足以说明和谁在一起的确很重要。雄鹰在鸡窝里长大，就会失去飞翔的本领，怎能搏击长空，翱翔蓝天？野狼在羊群里成长，也会"爱上羊"而丧失狼性，怎能叱咤风云，驰骋大地？

原本你很优秀，由于周围那些消极的人影响了你，使你缺乏向上的压力，丧失前进的动力而变得俗不可耐，如此平庸。不是有这样的观念吗？

大多数人带着未演奏的乐曲走进了坟墓。

如果你想像雄鹰一样翱翔天空，那你就要和群鹰一起飞翔，而不要与燕雀为伍；如果你想像野狼一样驰骋大地，那就要和野狼群一起奔跑，而不能与鹿羊同行。正所谓"画眉麻雀不同嗓，金鸡乌鸦不同窝"。这也许就是潜移默化的力量和耳濡目染的作用。如果你想聪明，那你就要和聪明的人在一起，你才会更加睿智；如果你想优秀，那你就要和优秀的人在一起，你才会出类拔萃。

读好书，拜高人，乃人生两大幸事。一个人的身份的高低，是由他周围的朋友决定的。朋友越多，意味着你的价值越高，对你的事业帮助越大。朋友是你一生不可或缺的宝贵财富。因为朋友的激励和相助，你才会战无不胜，一往无前。人生的奥妙之处就在于与人相处，携手同行。生活的美好之处则在于送人玫瑰，手留余香。

人生就是这样。想和聪明的人在一起，你就得聪明；想和优秀的人在一起，你就得优秀。善于发现别人的优点，并把它转化成自己的长处，你就会成为聪明人；善于把握人生的机遇，并把它转化成自己的机遇，你就会成为优秀者。对他人的成功像对待自己的成功一样充满热情。学最好的别人，做最好的自己。借人之智，成就自己，此乃成功之道。

和不一样的人在一起，就会有不一样的人生。爱情、婚姻如此，家庭、事业也如此。

境界不能授予，只能靠自证自悟，但眼界却可以外求。古人云："与君一席话，胜读十年书。"跟高人交谈一次，如同眼前拉开了一道屏障，眼界一下子宽阔了许多。对卓越者而言，拜高人为师，或者找个人做参谋是何等的重要。因为高人都是撑握了某一领域高端信息的人，这是高人的本质所在。

要知道信息是有生命的，信息在不同生命阶段其价值是不同的，当一条信息刚刚产生时，它属于高端信息，谁知道了谁就能决策正确，创造巨大的财富；当这条信息进一步向社会传播开来，被许多人知道后，那知道的人就只能混碗饭吃，那就毫无价值了。由此可见，高端信息是非常重要的。而这些高端信息往往掌握在高人手中。找高人的人历史中比比皆是。

刘备找到了诸葛亮为军师；孔子拜访老子为师；苏秦、张仪拜鬼谷子为师；小沈阳拜赵本山为师。金庸的武侠小说中，"笨人"郭靖拜高人为师的路径非常典型：

北丐——洪七公——老师——降龙十八掌——得侠义。

东邪——黄药师——老丈人——得智谋。

南帝——段智兴——忘年义——一阳指——得道（和尚）。

西毒——欧阳峰——对手——得考炼与提升。

中神通——周伯通——结拜兄弟——得胸怀、心态。

郭靖的"老师"队伍中，涵盖了儒释道三派的高人，有的是诚心想教他的人，有的却是一心一意想害他的人，无论什么人，都让他受益匪浅。

高人的本质是：一掌握了高端信息，二掌握了包容冲突的高端资源。拜高人为师，你就能得到——高。

但是，提升自己的先决条件是，你有高上加高的意愿。或者说，要站在巨人的肩膀上，而是拜倒在巨人的脚下。站在巨人的肩膀上，你就能比巨人看得更远。

国画大师齐白石有一句名言："学我者生，似我者死。"

向高人学习，是以高人为台阶，而不以高人为界限。

皇明太阳能总裁黄鸣向部下们谈论向高人学习的经验，很有见地：

"首先肯定一点的是，我们要想进步，必须向比我们能力强的人学习，交友拜师一定要跟高人高师，正所谓'无友不如己者'，因为高人高师不会误导你，哪怕学一条，那也是一条成功之道。如果跟个庸师，即使他的100个本事你都学到了，这100个本事都是教你如何平庸的。有了这种意识和意愿，下面的几种方法才对我们学习有效：学会用'实用主义'的方法来学习，拿我所需，取我所用……"

"要学习大师的'台上十分钟，台下十年功'。另外，大家只看到大师的'台上功'，没看到大师的"台下功"。我们不可能一年两年成气候，也不可能在短时间内成大器，现在是网络信息时代，竞争非常激烈，每个人每天都在求变，一个人想在芸芸众生中脱颖而出，成为真正的大师，怎么也得十年八年的功夫才行，其实看看那些成功人士，看看那些所谓的成功，我们更应该透过大师们现在的光环，看到他们成为大师之前所经历的苦、所经过的坎坷和他们学习的精神。"

"有了这些学习的心态，我们再面对如高山般的大师时，无论是昆仑山、太行山，还是喜马拉雅山，就不会再有压抑感。因为这些山都是用来攀登的，有了这样的思想，我们才能真正向大师学习。有了这样的行动，我们才有可能成为站在山顶上的人。"

这段言论，道出了向大师学习的三大经验：

一是学有用的功夫，不为学习而学习；二是学真功夫，不搞形式主义；三是追求超越，不要自我设限。

怎么才能成为有高度的人呢？

一是向高人学习。高人是心在高处的人，是渊博之人，他们能看得清悟得透人生万象。历代大师几乎都是师承高人而创造出了更大的社会价值。高人有当世高人和过世的高人，向当世高人学习就是拜其为师，我从来没有见到过不向高人学习就突然成了高人的人。

二是与高人结盟。古往今来，无论是国家与国家、组织与组织、团队与团队，一旦实现了强强联合，那么，天下自然都是他们的啦！

刘备为什么要三顾茅庐？当然是想与高人结盟。姜子牙在水边垂钓，自然不是他闲得无事，也不是他好吃鱼，而是在等高人发现高人。

无论怎么样，最能助你出人头地的人，一定是高人。

我们看看历史，哪个卓越者身边没有几个高参，没有与高人结盟？

再看今天，哪个风云人物身边没有几个高人，没有与高人合作？

三是心境实修。人生要吃饭，但并不是一切追求都为了吃饭。今天物质财富如此丰富，而许多人还在拼搏，还在争分夺秒。他们那是在为被承认而奋斗，为面子和尊严而战斗。吃饭和性是第一个层面，面子和被承认是第二个层面，当然还有第三个层面——满足自己的身心灵。这是最高的层次，是天地大道的层次。

卓越不是讲出来的，也不是学出来的，而是实修体悟出来的。路漫漫其修远兮，赶快抓紧时间去修吧！有这样一个故事：

智者问："何为人生？"

世间愚者答："天下熙熙，皆为利趋，天下攘攘，皆为名往。"

智者笑问："何为利？何为名？"

愚者不语。

也许，人世中许多人活了一辈子也没有明白人生是什么，为什么会这样，是因为他们为利益、名声所困，当你放弃它们后，也许你就会明白了。

人生在世，终其一生无非是付出一些，得到一些，如此而已，所不同的只是我们将某些人的这种付出称为奉献，将某些人的这种付出称为出卖，这就是所谓的名声，说法不同，其实实质都是一样的，不过是虚有无用的东西，是因为我们没有看透人生的本质。

人生说到底都是为了追求生命快乐和安宁的平衡点，无论什么人都是如此，这是放之四海而皆准的观点，所不同的，只是大家对快乐和安宁的看法不同而已。每个人都在选择属于自己的活法，付出不同的东西，获得不同的东西，然后得到快乐与安宁的平衡点。

有些人，想做好人，但是却事事想高人一等；想做好事，但是却希望得到别人的称赞和表扬；想增加自己的品德，但是却喜欢故意显得跟别人不同；能够明白富贵如浮云，却不能完全舍弃渴望富贵的念头。之所以会有这些想法，究根到底还是因为心头有俗念，倘若这种念头不能拔除的话，那么就算改正了，到头来又会重新在心间出现，只有彻底地将这种杂念摒弃掉，才能够得到真正的体悟。这就是为什么有一定人文修养的人很容易就可以做到轻视功利，但是他们往往还是无法摆脱功名的羁绊的原因，名利，名利，名在利前，有多少人可以不在乎呢？

有些人太在乎名利，是因为他们不知道人生之乐是什么，他们认为穿金戴银，丰衣足食即是快乐，错了。人生之乐不在于得到，而在于付出。完全的得到带来的只有无尽的空虚，要知道宇宙浩瀚无边，得到的再多，与其相比是少之又少，穷尽一生，最终不过是在追求名利的旅途中一无所有罢了。而完全的付出则可以让你感到自己得到了整个宇宙，正因为如此，养育万物的大地可以长存，而吸收养分的鲜花却容易凋谢，默默无闻的小人物身上也有着了不起的大人物所无法取代的伟大，这才是每个人存在的真正意义。

如果一个人只是把幸福往自己的杯子里倒，那么他只能感受到一个杯子那么大的幸福，其他的幸福就会溢出来溜掉。而如果我们将创造出来的幸福倒入世界上其他杯子里的时候，那么我们的幸福就永远都不会有溢出来的一天，这才是人一生应该追求的最高境界。当人生走到某一个高度时，就会发现，原来世间的幸福都是些简单得不能再简单的东西。

心的高度修炼

高度决定视野；

高度决定格局；

高度决定事业；

高度决定人生的一切。

我绝不相信一个思想境界很低的人，会说出高境界的话来；

我绝不相信一个人生取向很低的人，会干出惊天动地的大事来；

我绝不相信一个甘于贫贱沉沦的人，会创造出巨大的社会价值来。

人与人的差别，最大的地方就是心的高度不同。燕雀安知鸿鹄之志。老鼠每天的忙碌不过是为了偷点儿粮食填饱肚子，狗每天偷点屎吃也不过是解决饥饿问题。而有些人，似乎生来就是干大事的人，就是为民请愿的人，就是领头羊。

人生境界的高低，表现为思想道德横向的优劣，关系着个人乃至社会精神文明状况的好坏。

所谓人生境界，是人在寻求安身立命之所的过程中所形成的精神状态。人生境界以超越为前提。一个人若不能超越，就无境界可言，无境界则人生无意义。

三十而立，四十而不惑。这时我们明白，只要赋予生活更多意义，我们就可以在生活中留下自己的印迹。我们开始变得成熟，对心灵的追求更高，渴望一种理性、和谐、善良和真实的生活。

透过精神的镜头，我们就能看到宏观世界中自己的位置。带着精神生活的见解，我们不知谁会叩响我们的心灵之门，让我们看见每个瞬间存在的喜悦和对生活的激情。

生活中有许多人，他们之所以在人生的底层苦苦地挣扎，一辈子都在为着几粒米而奋斗，是因为他们从来都没有想到过要超越这平凡的生活。就算有的人偶尔想一想，也是立即嘲笑自己在做青天白日梦。

这中间的区别究竟在哪里？

其实，区别就在心的高度上。几乎所有的失败，首先都可以归结为心的高度的差距。

人生输与赢的本质就在于一个心的高度。人生如下棋，有的人只看到眼前的一步，有人能看到后面的几步，有人能纵观全局，谁赢谁输，不言自明。

人生如果有战略，那么，高度就是人生的战略。一个人、一个国家，乃至一个民族，如果战略高度很低，那么再怎么努力也不会高到哪里去。正如老鼠的尾巴，你打一棒，它也肿不了多大。

江湖中经常论剑道。最低的剑道是手中有剑，心中无剑；较高层次的剑道是手中有剑，心中亦有剑；更高层次的是手中无剑，心中有剑；最高层次的是手中无剑，心中亦无剑。人生亦如此！

中国文化讲究以三段论来谈境界之高低。以山为喻：

第一阶段之境界是看山是山，看水是水。此境界是最低阶段，在此阶段的人只是看到物质的现象与表面，他们心中的世界是分裂的，此物彼物几乎没有关联，人生处在被动、迷茫的痛苦阶段，而且他们创造的价值十分有限，他们出卖的多是体力，从事的是简单劳动。

第二阶段之境界是看山不是山，看水不是水。凡到此阶段的人，就到了否定阶段，到了创造阶段，在这个阶段，他们的思维和智力得到充分开发，他们能看到价值是由差异构成的，看到差异是由否定造成的，于是他们十分钟情于否定哲学。所有的批判家、组织家、社会名流、政界领袖，几乎都是在这个阶段取得了人生的辉煌成就，他们都是在此阶段完成了修身齐家平天下的人生要事。

第三阶段之境界是看山还是山，看水还是水。凡是到达这个阶段的人，他们已进入了心的自由高度，他们是真正的完人，是和谐的完人，是看到否定哲学亦有不足的人，是登峰造极的人，是天人合一的人。

中国哲学人生的三分法是正、反、合。马克思分为肯定、否定和否定之否定三个阶段。佛教分为色就是色、色不是色、色还是色三个阶段。天下学问说法不一，但本质相同。说来说去，心智秘方有许多要务，但最要学的是修炼心的高度。心胸的伟大几乎是由心境造成的。记得有位作家说过，普通人的心境大都是这样成长的：

一个人的人生之初纯洁无瑕，初识世界，一切都是新鲜的，眼睛看见什么就是什么，人家告诉他这是山，他就认识了山，告诉他这是水，他就认识了水。

随着年龄渐长，经历的世事渐多，就发现这个世界的问题了。这个世界的问题越来越多，越来越复杂，经常是黑白颠倒，是非混淆，无理走遍天下，有理寸步难行，好人无好报，恶人活千年。进入这个阶段，他是激情的，不平的，忧虑的，疑问的，警惕的，复杂的。人不愿意再轻易地相信什么。人在这个时候看山也感慨，看水也叹息，借古讽今，指桑骂槐。山自然不再是单纯的山，水自然不再是单纯的水。一切的一切都是人的主观意志的载体，所谓好风凭借力，送我上青云。倘若留在人生的这一阶段，那就苦了这条命了。人就会这山还望那山高，不停地攀登，争强好胜，与人比较怎么做人、如何处世，绞尽脑汁，机关算尽，永无满足，因为这个世界原本就是圆的，人外还有人，天外还有天，循环往复，绿水长流。而人的生命是短暂和有限的，哪里能够去与永恒和无限较劲呢？

许多人到了人生境界的第二阶段就到了人生的终点。追求一生，劳碌一生，心高气傲一生，最后发现自己并没有达到自己的理想，于是抱恨终生。但是有一些人通过自己的修炼，终于把自己提升到了人生境界第三阶段，终于茅塞顿开，回归自然。人在这时候便会专心致志做自己应该做的事情，不与旁人有任何计较，任你红尘滚滚，自有清风朗月。面对芜杂世俗之事，一笑了之。这个时候的人看山又是山，看水又是水了。正是：人本是人，不必刻意做人；世本是世，无须精心处世。这便是真正的做人与处世了。

3. 方法三：找对手

如果你还没有找到对手，那你的人生就还没有起步。如果你只找到低层次的对手，那么你的成功会十分有限。你想成为高人，一定要找高人做对手。打败 100 个三岁小孩儿，也不能称为"武林高手"。家乐福只会选沃尔玛做对手，麦当劳只会选肯德基做对手，奔驰只会找劳斯莱斯做对手，高人一定诞生在高端的竞争中。翻开历史，几乎都是一切高人的高度争夺史。我们不妨多举几个例子来欣赏一下高人之争。

孔子与老子之争；战国七雄之争；三国刘曹孙之争；唐朝李世民李建成之争；神秀与慧能之争。

卓越者的大能力要从实战中来——"从战争中学习战争"。没有课堂上教出来的世界名将，只有从实战中摸爬滚打出来的百战英雄。

这里讲的找对手，是指找行业顶级对手。一个人的成功可以靠朋友，而一个人的成熟则要靠对手，甚至敌人。最了解我们的往往不是我们自己，而是我们的对手或者敌人。反过来也成立。因此，找到对手最快速成功的捷径。当然，找对手的目的不止于找到对手，而是研究对手的优势、劣势，而后找到差异性办法战胜对手。

几乎所有人都知晓井底之蛙这个成语的来历，蜗居井底的青蛙看到的仅有一小片天空，自然以为天本来就那么大。

不可否认，我们和老板由于所站的高度不同，看问题的角度和视野也不同。我们如果眼界狭小、目光短浅，只能滋生自满心理，对长远的打算和未来生活更高层次的筹划缺乏认知、胆识与智慧。因此，当你的心中为自己曾经的业绩而沾沾自喜时，不妨让他人把你引领到一个新的高度。

杰克是一家纺织品公司的销售代表，他对自己的销售纪录颇引以为自豪。在金融危机的冲击下，他带领销售员有了很大的突破。要知道，原来公司的业务一直是原地踏步，当然，他免不了很自豪。

有一次，他向老板表白，自己是如何卖力工作，怎样费尽口舌地劝说那些服装制造商向公司订货的。可是，老板听后只是点点头，没像他意料中的那样对他表扬一番。杰克鼓足勇气说道："老板，在这种惨淡的大环境下，我们又开发了很多新客户的确不容易，难道您不喜欢我的客户？"

"杰克，你把精力放在一个小小的制造商身上，值得吗？请把注意力盯在一次可订3000码货物的大客户身上！"老板直视着他，说道。

原来老板的胃口这么大！杰克明白了。于是他把手中较小的客户交给另一位销售员，自己努力去找能为公司带来巨大利润的客户。最后他做到了，为公司赚回了比原来多几十倍的利润。

高度决定视野，视野决定境界。视野的宽阔与否决定着对世界的认识程度。你所在的位置决定着你视野的开阔程度，也直接影响着你的胸怀和志向，最终支配你一生的命运。鸟不会有鹰的高度注定了鸟的短视，唯一的解决之道只有开阔自己的视野，以更高更远的目标来定位自己的行为。

我们都知道，克罗克不姓麦当劳，可是他却是公认的麦当劳之父。克罗克要赚全世界的钱，这就是他的野心升级。因此，才创造了麦当劳连锁这种成功的商业模式，而且在这种连锁模式的带动下，地产也想相应升值。如果不是他，麦当劳餐厅也许只不过是小城市里的一个普通的小店，绝不会全世界各地四处开花，更不会有滚滚财源。能够放眼全球，站在行业的高度来看问题，这就是他宽广的视野。

巍巍高山，无数平凡的人在山脚仰望之后不敢攀登，于是乎，山脚下无数狭小的视野凝成个个相同的境界。你能站在什么高度看世界，你的人生才能达到怎样的高度。而抬高眼光的办法只有一个，就是在工作、学和生活中，要自始至终不断升级。跨越才能卓越！

4. 自己是最大的对手

人的一生要历经许许多多的对手，成就越大，对手越多、越强。人生就是爬山，当一个个对手被征服后，我们就会发现，真正的对手不是他人，不是时间，不是空间，不是天地万物，而是自己，是自己心中的"小人"。

世界上最大的对手就是自己。生命的价值，在于不断地超越自己。斯图尔得·约翰逊告诉我们："我们人生的志度，并不是超越别人，而是在于超越自己——刷新自己的纪录，以今日更新更好的表现凌驾于昨天的成绩之上。"

人生在世，每个人都有自己独特的实现人生价值的切入点，如果找到具体的点，用实在的点来支撑，根据自己的禀赋发展自己，不断地超越心灵的羁绊，你就不会湮没在别人的光辉里。超越自己，就是自己的升级点。

当杰克·韦尔奇还是一名普通我们的时候，他每做一件事都要比上司的要求高出一截，比如，回答上司的提问，他不仅要给出正确的答案，还要提供意料之外的新鲜观点。韦尔奇很快得到提拔。在他执掌通用以后，他也超常规地提拔了一位财务经理，因为这位经理和他当年一样，总是使人眼前一亮。

阿里巴巴网站的 CEO 马云说："最大的对手靠望远镜是看不到的，他在你的心里，你就是自己的最大对手。"一个人不可能超越所有的人，但可以不断超越自己。超越自己，就是自己的升级点。因此，组织的每一位人员，都不仅要知道自己今天该完成的任务是什么，还要毫不含糊地知道自己工作的升级点在哪里。否则，一个不敢挑战自我、不敢接受新任务，为了保住现在的饭碗而工作的我们，即便他们有着很高的学历或者才能，迟早也会迎来老板给他们发来的解聘书。

很多时侯，超越之所以困难，很大程度上是因为自己。超越自己，就是时时有危机感，步步不敢懈怠，放下过去的成就和辉煌，扬弃和否定自己。

荷兰壳牌石油公司人事部经理舒曼德·尤里所说："我们所急需的人才，不是那些有着多么高贵的血统或者多么高学历的人，而是企求那些有着钢铁般的坚定意志，勇于向'不可能'完成的工作挑战的人。"所以无论什么时候，都不要轻易认定自己已经到了"极限"。不要给超越找借口，要敢于向极限挑战。

波特是诺基亚公司的一名员工。一天，他很不开心地说："我们整天坐在研究室里，除了完成上面派给的任务，改进一下机型，就什么事也不做了，老拿不出新创意，我倒是觉得不好意思了！"

"嗨，我们的手机现在已经是世界著名品牌了，还上哪里去找创意？

你也不想想，咱们研发部不像生产和销售部，又没有什么硬性指标，薪水甚至比他们拿得还多，该高兴才是啊！"同事回答他。

尽管同事们说得有些道理，但波特还是暗下决心："一定要让诺基亚在自己的开发下有一个新的飞跃！"有了这个非同一般的目标后，波特每日除了完成任务，满脑子就考虑如何让诺基亚更符合消费者的需求。

一天，他在地铁中看到几乎所有的时尚男女都配带着手机、一次性相机和袖珍耳机，这给了他很大启发。

第二天他马上找到主管说："如果我们在手机上装一个摄像头，让人们在接听电话的同时，把能看到的美好事物都拍下来，再发送给亲友，该是多么激动人心啊！"

很快，这种具有摄像和接听电话功能的手机研制成功。波特不但实现了自身的价值，而且，还体验到了从未有过的充实和快乐！

组织中，最有竞争力的我们是这样一些人：善于学习，勤于学习，善于抓住工作和生活中细微的东西，努力掌握本岗位的业务知识，借鉴成功经验不断升级的人。这种竞争力不是与生俱来的，而是通过不断地学习和经验积累换来的。他们能够通过自己的不断升级，为公司提供较多的附加值。这种人不管走到哪个工作单位、在哪个职位上工作，都会受到上司的青睐。

哲人说，矢志追求者必须勇于从平凡中崛起，在淡泊中丰富智慧、孕育自己。只有不满足过去的成绩与优秀并不断超越，在点上把握未来，才会从优秀走向卓越。

六、提升产品高度的三大方法

1. 方法一：占位

市场领导地位自然不是吹出来的，它首先来自捷足先登的"占位"，即占领以前空无一人的位置。凡有经验的领导人都知道，以新概念、新产品或新的利益第一个进入心智将拥有巨大优势，因为心智不喜欢改变。心理学家把这种现象称为"持性"。

如果说"送礼"是脑白金以定位法则取胜的法宝，那么，脑白金礼品概念的占位策略，实属营销领域的一个成功典范。脑白金不像其他同类产品以药品的身份出现，而是定位成保健食品中的"健康礼品"。这就避免了作为药品在营销上的缺点：广告上受限制以及销量上难以做大。脑白金定位为礼品，正好符合中国的送礼文化，"礼尚往来"确保了产品销量。脑白金"礼品"的定位策略，不仅仅为自己赢得了市场第一的位置，而且开创了健康品的礼品市场。

脑白金的送礼占位，送给老人；鹿龟酒的送礼占位，送给父亲；龟鳖九的送礼占位，儿女送孝心；康威的休闲运动占位，推出休闲运动的新概念，从而区隔出一个面对运动员与一般上班族之间的交叉市场；康佳小画仙占位小屏幕电视市场，从市场缝隙中创出新天地。占位意味着找到了一个新的营销空间，从而取得营销上的成功。要卖货，首先要让消费者记住，要记住，只能是一个点。因为消费者记住产品的时间，只有30秒、15秒甚至5秒的时间，创意需要解决的问题是营造一个记忆点。因此，我们没时间讲故事、讲情节（讲故事与讲情节是另一种传播方式），只能讲情境。例如，龟鳖丸父子系列之生日篇，通篇的创意核心就是一个"荷包蛋"，30个大男人（广告从业人员）在有效的沟通条件下，一夜间出了20个创意思路，在严密的传播策略、行为表现、语调论述指导下，他们以生日为典型情境，荷包蛋、生日蛋糕为记忆点，构造表现情境，从而取得最佳的传播效果。

在顾客心智中，这些组织作为品类先驱或产品先驱的事实让它们和跟随者建立了差异，这些领先组织获得了特殊地位，因为它们第一个登上山顶。最能说明问题的是依云公司，作为一个法国矿泉水品牌，它每年要花2000万美元做广告提醒消费者自己是原创。

领导地位是一个极好平台，组织可以借此讲述如何成为第一的故事。如果人们把你当做行业的领导，那么他们就会跟随你的步伐，把你的话当做金科玉律。领导地位有不同形式，任何一种都能有效地区隔自己，使组织或产品与众不同。区隔的方法有三种。

主打销量牌

用销量说话，是领导品牌使用最多的战略。丰田佳美是美国最热销的汽车，但其他厂商用不同方法计算，纷纷宣称自己的销量处于领先地位。克莱斯勒的道奇旅行车是最热销的小型货车，福特的探险者是最热销的运动型多功能车（SUV）。这种做法很有效，因为人们倾向于购买别人所买的东西。

主打技术牌

技术领先制造差异化，是那些拥有突破性技术的历史悠久的组织的通用策略。奥地利蓝精公司在人造纤维工业用品领域不是销量领先者，我们把它重新定位为"粘胶纤维技术全球领先者"，因为它是行业突破的先驱，推出了各种新改良的人造纤维。结果非常有效，现在蓝精的销量也是第一的了。

主打性能牌

用性能领先来区隔对手。矽图公司使用 cray 超级计算机和图形工作站，让好莱坞特效成为可能。他们还有强劲的宽频服务器，因而能比其他组织更好地处理图片和数据，结果"第一运算高效"成为业内公认。这个差异化很有效，因为有钱的组织通常想要最好的产品，即便他们用不着这么大的功能。

许多组织以为，新产品较老品牌更能引起顾客兴趣，其实老商品的生命力往往被低估。诸多品牌在电视上做了成千上万的不同广告，"创意"无助于新品牌建立，人们对感觉亲切的老品牌更感兴趣。所以说，最初的"占位"相当重要。你抢先占领了一个好位置，兢兢业业地守住它，将成为持续成功的保证。

2. 方法二：插位

挑战领导品牌

假设你是某个行业的后起之秀，市场领导地位已为其他公司所占，那么，你就只能考虑"插位"了。如何"插"呢？硬碰硬不一定是上策，最好的办法是避实击虚，如迈克尔·波特所言："最好的战场是那些竞争对手尚未准备充分、尚未适应、竞争力较弱的细分市场。"

插位是对定位的一种超越，插位讲求不仅要给自己定位、还要给竞争对手定位；定位只能让消费者知道你的位置所在，而插位不仅要让消费者知道你的位置所在，更要让你的品牌名列前茅。

为什么蒙牛能在短短六七年的时间内，将一个全新的品牌做到一百六七十个亿？

它就是利用插位的机会。用一杯牛奶带给顾客品质上的信赖感。最近在上海作了一个调查，"你知道是哪一家牛奶公司成为北京奥运会赞助商吗？"很多人回答是蒙牛，其实正确答案是伊利。

为什么蒙牛的超女赞助费只有 1400 万，而当年"酸酸乳"的销量却达到了 17 个亿？从选择"超女"做形象代言人，到"酸酸甜甜就是我"的量身打造；从 34 个城市迷你路演到建立"蒙牛酸酸乳"网上活动特区，一次活动仅海报就印了一亿张，20 亿包"蒙牛酸酸乳"包装上都印着"超级女声"的介绍。蒙牛用 1400 万达到了 3000 万的宣传效果。2005 年 6 月"蒙牛酸酸乳"在北京、广州、上海、成都四城市的销量超过 100 万公升，是上年同期的五倍。营业额由 34.73 亿元上升至 47.54 亿元。

除了销量飙升外，蒙牛在品牌美誉度方面也尝到甜头。央视索福瑞对乳酸饮料主要品牌的调查报告表明，2005 年 5 月"蒙牛酸酸乳"的品牌第一提及率跃升为 18.3%，反超竞争对手伊利优酸乳 3.8 个百分点，把奶产品与超女这样的平民秀结合在一起是很冒险的，但是这一冒险结合，却爆发出了巨大的能量。

当年神舟五号升空的新闻，伴随着大量蒙牛的广告。早上 7 点，"神五"刚刚落地，24 小时之内蒙牛航天员的广告就出现在了 40 家城市的路牌广告上，一万家超市中摆上了印着航天员形象的蒙牛牛奶。从户外到广播再到报纸，所有的头版头条都是"中国太空人回来了！"下面是"热烈祝贺蒙牛牛奶成为中国航天员专用牛奶"。为了这样一个广告，策划公司提前半年把所有报纸的版面都买下来。但是，当把策划费付了以后，有人发现了一个问题，不管航天员哪天回来，都可以写"热烈祝贺蒙牛牛奶成为中国航天员专用牛奶"。但是如果航天员没有回来怎么办？如同诸葛火烧赤壁的锦囊妙计一样，合同的附件里一个小信封解决了问题。里面写着替换的广告词："蒙牛乳业将和全国人民一样，永远支持国家的航天事业。"

有人看到赞助神州五号的成功，于是想要效仿赞助神州六号，结果是：根本没有几个人知道是哪家组织赞助了神州六号，甚至连神州六号上的宇航员名字都未必人人说得出来。但是如果哪一天中国有了女宇航员，组织的机会又来了。没有第一的时候要做第一，有第一的时候要做"另类"的第一。

插位是一种针对强势竞争对手的品牌营销新战略，旨在通过颠覆性的品牌营销，打破市场上原有的竞争秩序，突破后来者面临的竞争困境，使后进品牌拓展大市场、快速超越竞争对手，进而成为市场的领导者。"插位"对中国组织家具有深远的启迪和借鉴意义。所谓插位战略，就是发现市场缝隙，扩大市场缝隙，并且占领市场缝隙，从而化资源优势为品牌优势，组织应该一步一步地做。运用插位，实现品牌快速成长。

插位作为一种营销策略，有几种常用的基本方式，包括捆绑插位、跳跃插位、斜行插位、垂直插位、联合插位、异地插位、颠覆插位、比附插位等。其中，以捆绑插位最为常见。

其实，许多著名品牌的成长过程中，都有插位战略这双无形的手在起着关键性作用，提示营销策划者注意分析和借鉴：异地插位告诉我们在美国"屈居人下"的肯德基如何在中国将老对手麦当劳远远地"甩在后面"，斜行插位揭示了阿迪达斯如何在耐克的眼皮底下"步步为赢，走遍全球"；联合插位透析了QQ如何在互联网低迷的市场背景下"秀"出一条"康庄大道"。

3. 方法三：切位

假设你在一个行业起步较晚，没有占到领导地位，又没有实力抢夺领导地位，只好走"切位"道路，见缝插针，在市场上占得一席之地。

在2004年沃顿商学院评选全美当代25大组织领袖时，"有能力发现和填补尚未受到充分服务的市场"成为其中最重要的标准之一，由此可见，见缝插针，是一种被大家认同又很难得的本领。通常，拥有这种本领的人，即使很弱小，也能在市场中争得属于自己的一席之地。

美国的软饮行业多年来一直由可口可乐和百事可乐两大巨人统帅，他们一个把守着第一的宝座，另一个则以颇有竞争力的市场占有率不时发动挑战。这两个巨人在争夺零售货架上发起了持续猛烈的战斗，他们都为了争取胜利而费尽心思。他们在新产品、新包装、新低价、新的销售模式以及新的广告模式和促销方法上激烈角逐，他们的竞争激烈而持久，这使得那些根本无法与他们发生正面竞争的小组织们，只好去专注于争夺那些剩余的市场份额，他们的市场占有率都很微小，竞争力相对要弱得多，但是，在同类组织中也有残酷的竞争。弗纳斯就是这样的一个小组织，它在面对强敌的情况下，不仅占稳了自己的脚跟，而且收到了很好的效果。

可口可乐每年的广告费就有近3.5亿美元，而弗纳斯却只有100万美元的广告投入；并且，可口可乐每年有多达几十种品牌和派生品牌，而当时的弗纳斯却只有原汁和低卡两种类型；可口可乐能够以大幅折扣和多种促销手段摆布零售商，而弗纳斯却只有小额市场营销预算，对零售商并没有多少影响。

弗纳斯姜汁酒在超市里出现时，肯定是和其他特殊饮料一起被藏在货架的最底层。即使在公司有很大把握的底特律市场，零售店通常也只给弗纳斯少许货架面，而可口可乐们却会拥有50%到100%的货架面。

弗纳斯的明智之处在于，他没有在主要软饮料细分市场和巨头们直接较量，而是在市场中避开锋芒，见缝插针，集中力量满足弗纳斯忠实饮用者的特殊需要。他知道凭借自己的实力永远不可能真正挑战可口可乐，但他也同样知道，可口可乐也不可能创造另一种弗纳斯姜汁酒，至少在弗纳斯饮用者的心目中是这样。

对于自己的忠实消费者来说，弗纳斯比其他姜汁酒都要甜而温和，冬夏皆宜，老少皆宜，甚至还有少许疗效；对于大多数底特律成年人来说，弗纳斯那种绿黄相间的包装还可以带来对童年的美好回忆。只要弗纳斯继续满足这些特殊顾客，他就能获得一个虽小但能获利的市场份额，而且这个"小"并不容小视，因为1%的市场占有率就相当于五亿美元左右的零售额。

费纳斯的这种见缝插针，专找小市场和特殊群体去做，而避开与巨人们的激烈竞争竟然保全了自己，同时，更发展了自己。由此可见，大组织有大组织的生存之道，小组织有小组织的保身方法，见缝插针正是结合了中小组织的弱点和优点，进行的组织经营之道。

在20世纪世纪60年代，索尼公司的董事长盛田昭夫曾创立了著名的圆圈理论：在无数的大圆圈与小圆圈之间，必然存在一些空隙，即仍有一部分尚未被占领的市场。

但对于缝隙的经营不管是作为一种标准，还是作为一种新的手段，总之，人们就是从那些看上去让人不屑一顾的"缝隙"市场中受益匪浅，所以，对于这个市场容量并不大，而那些大组织又因其并不能形成规模生产而不愿耗费精力和金钱插足该领域，这就使得中小组织重新找到了新的市场，这一市场既可扩大市场占有率，又可扩大收益率。是中小组织经营的首选，中小组织只要看准机会，立即"挤"占，"钻进去"，从而形成独特的竞争优势。

总之，见缝插针就是找到了别人不屑一顾的一些微利点，或者是别人还没有引起注意的一些小市场，这些市场所产生的利润同样会让一个组织迅速发展起来。

如果你在现有的类别中都排不到前面，怎么办？那就重新划出一个新类别！这样，你在这个新类别中不就排第一了吗？这是一种很有意思的也是最具智慧的竞争方式！它确保你可以不按对手制定的游戏规则行事。

按对手的规则和对手竞争实际上是一种最笨的方法！高手竞争先划类！

什么是竞争的首要问题呢？类别问题！在消费者心中产品是分类别的，消费者在购买东西时心中总会提出"你属于哪一类"的问题。

清楚自己的产品属于哪一类，才知道跟谁竞争、跟谁站在一条线，争取哪一类消费者。否则，搞错了竞争对象岂不冤枉。而这恰恰是很多组织都曾经犯过的错误。

界定类别等于规避竞争。界定类别的一个显著好处就是规避强势竞争。例如，大家都是苹果，那你怎么跟别人的苹果区分呢？你可以这样区分：对手是红苹果，那你就是青苹果。这样在消费者看来，你们两家就是不同的苹果，就犯不上跟对手正面竞争了。喜欢红苹果的人去买对手的，总有人喜欢青苹果，那就买我们的吧。

在可口可乐、百事可乐在市场占主导局面的情况下，如果你生产另一种同类的可乐，无疑要付出巨大的竞争成本。最有效的策略就是相对于竞争者重新界定类别或重新划类，如非可乐汽水，这就是七喜饮品的营销诀窍。

在消费者心中对产品进行重新切割分类，找到消费者接受我们的产品。同时又规避对手正面竞争的市场范围。划定新类别的好处实际上是自己获得了第一，在这个类别中你是领头羊。即使再有人跟进，你也是老大，你获得了这个类别被消费者（客户）认知的最大好处！重新划定一个新品类是提升级阶的最有效的最低成本的策略，是一种高效率的以小搏大的策略。这种策略的另一个好处是实现了资源的目标聚焦。

高手出招，绝不会把体力消耗在对手身上，而是在欲取的目标上！在营销中，组织有限的资源是用在目标消费者身上还是用于和对手竞争，效果差异很大。战争中剑锋所指是为了消灭对手，营销中资源所向是为了获取消费者的心。千万不要为了竞争而竞争，而忘了营销的核心任务。营销的本质任务是争取消费者，而不是消灭竞争对手。规避竞争的好处在于，可以将有限的资源用在争取目标消费者身上。只有消费者被我们争取过来，组织才能获取销售回报。

请记住一条经验：不是要爬到已经存在事物的顶端，而是要创造一个事物从而站在顶端！

第三章
新思维模式的宽度超越——跨界

一、人类已全面进入外因时代

1. 宏观因素：网络革新了人类的关系

交通工具和信息技术发展，使这个世界变得越来越小。说地球变小，主要是，让人与人之间的时空距离骤然缩短，人类地球村的梦想变成了现实。

飞机使世界的物理距离变得越来越短，而互联网却使地球变成了一个村——地球村，让人们有"无时不在身旁"的感觉。"离互联网还有多远？从此向西500米"，这曾是20世纪末赢海威公司的网络广告。从那时起，人们认识到，一只奇怪的"猫"可以让电脑连接到世界各地。从此，互联网把地球变成了高度扁平化的村落，把世界各地的人拉到一起，让全球成为一个大家庭。

互联网让世界成为一体。2002年，全球网民超过5亿。2006年，全球网民超过10亿。2008年，全球网民超过15亿。互联网是全球各个角落各种信息的会聚之地，也成为全球用户了解世界、接触世界的最广阔平台。

几内亚有一名雕刻家，他所雕刻的红木制品集非洲土著传统和东方艺术于一身，深受市场欢迎，但实际上，他的中国老师只教了他半年，他通过互联网看到众多的图片、实物，从网上学习雕刻技法。如今他已经为自己的作品开设了一个网店，客户遍及全世界。

瑞士伯尔尼的居民苏珊，刚通过互联网与住在澳大利亚悉尼的坎贝尔达成了"换房旅游"协议，这样的方式如今在西方国家的年轻人中非常流行。

越来越多政治家开始用互联网而不是电话拉票。奥巴马、鸠山由纪夫、阿德瓦尼……精心制作的选举网站及个人博客空间成为他们争取选民的重要阵地。

生活在偏远地区的农民第一次发现世界是如此的小，也开始鼓起勇气用习惯干农活的双手去敲打键盘，上网查询粮食、土地价格和医疗保健信息，把自己的土豆、郁金香或是灰天鹅卖到省外甚至邻国。对于众多非洲小商人来说，互联网使他们不再需要眼巴巴地等着"上家"拿来样品，现在，他们可以直接登录厂家的网站——这个厂家也许在德国、马来西亚或者中国大陆，选择自己中意的式样，在网络和电话的帮助下完成大部分磋商，缩短漫长的交易周期。

生活在喜马拉雅山脉贫困地区的印度妇女们，也学会了使用电子邮件给在遥远的大城市打工的丈夫写信，通过网络给政府部门提出建议。

互联网的普及应用，带来了人类传播方式的革命性飞跃，成为信息社会的基本工具；带来人类社会生产方式、生活方式的深刻变革，对经济、政治、文化、社会的发展产生着越来越大的影响。互联网广泛渗透到各个领域，从根本上改变了人们的思想观念和生产生活方式，推动着世界变革。我们深切感受到，互联网已经改变了整个世界，而且是前所未有的变革。

今天，我们已经清晰地看到网络经济正逐渐成为主流。没有什么大组织不做网站来宣传并出售他们的商品。许多人养成习惯，在购买商品之前在网络上核查产品、价格以及什么地方可以买到。

英国最大超市"泰斯科"同时也是其国内最大在线零售商，而美国最大百货公司"沃尔玛"目前拥有一个最大的零售业网站。数字音乐下载服务和网络电话服务，已经成为我们日常生活的一部分。

互联网本身就创造了一个生机无限的产业，成为重要的经济支柱。在许多国家，网络经济已经是第一产业，成为拉动国民经济发展的重要力量。

总之，社会的所有力量都是人的力量，或者是人产生的力量。互联网最大的力量是"凝聚人的力量"。当互联网把全世界的电脑连接在一起，也就把电脑前的人连接在一起。互联网将单个的人有机地组织起来，形成了众多"团体"，这种团体的力量是巨大的，是任何人也无法阻挡的。互联网发动社区人的力量，把全人类的知识智慧和它的个性世界会聚起来，变成一个知识智慧的海洋。

互联网正在从根本上改写人类历史！

2. 空间化时代到来了

说这话，可能听起来有点儿费解，但空间化时代真的是切切实实地来了。

这是一个空间资源价值最大化的时代。在当今时代，空间资源正在实现价值最大化，这种例子无处不在，如百丽。

百丽国际控股有限公司及其子公司是中国大陆最大的女装鞋零售商。百丽集团销售的八个品牌的众多款式鞋类产品，其中六个品牌为自有品牌(Belle 百丽、Staccato 思加图、Teenmix 天美意、Tata 他她、Fato 伐拓及JipiJapa)，而两个品牌则特许予本集团使用(Joy&Peace 真美诗及 Bata)。根据中国行业组织信息发布中心所发布的市场统计资料，就单一品牌销售额而言，连续十年 Belle(百丽)是中国女装鞋的第一品牌。同时，本公司Teenmix 说位列亦中国十大第四品牌，Staccato 位列第八名，Tata 亦进入前十名。

除百丽集团女装鞋业外，在中国亦属体育用品最大零售商之一，代理销售的运动服饰品牌产品包括：Nike、Adidas、Reebok、Puma、Mizuno、LiNing、Kappa。其中在中国本集团是运动服饰品牌 Nike、Adidas 最大的零售商，本集团亦代理销售休闲牛仔名牌 Levi's。

百丽集团的零售网点由公司管理并直接控制，全国性零售网络包括中国 30 个省份、直辖市 150 个城市超过 3000 个零售点(不包括授权第三方零售店)。本集团亦向海外市场扩充业务，在中国香港、中国澳门和美国分别设立多个零售点。拥有强势话语权的渠道是百丽的核心竞争力之一，上市后的百丽仍在大力拓展销售渠道。

再如分众传媒，分众没有多少我们，也没有做任何节目，2007年的销售额是40亿元人民币，而中央电视台十几个频道上万名我们一年的广告销售额才100亿，这都是空间价值最大化的典型。

眼下所有的一切都在围绕空间运转，所以这是一个空间的时代，你也可以把它理解为一个肤浅的时代。同时，这个时代又是现实的，你必须去适应。

在传统的广告业当中，做企划的不如做品牌的，因为后者占领了空间。所以在做营销企划的时候，要学会拆分品牌，以求占领更大的空间。一个品牌如果拆成黑、白、蓝三色，那么在一个商场中消费者就会有碰见它三次的可能，销量也就至少会翻一倍。因为人们逛商场的能力是有限的，一天最多能逛两三个大型商场。如果连续碰到你的产品三次，那购买的几率有多高呢？

与其不惜一切代价做出一个100分的顶级品牌，不如轻松做出5个80分的品牌——这样能迅速占领市场，这就是空间价值最大化带来的趋势；这对于任何组织而言，也就意味着谁圈地多质量高，谁就在将来市场洗牌的局面中占据有利地位。

在十多年的营销策划历程中我们发现，很多时候，组织都可能会陷入一种"由内而外"的惯性思维，就是按照自己的力量制订比较可行的方案和目标，而不是制订一个目标，再来分解达成目标需要解决的问题。

世界上最大的弯路是思想的弯路。在当今这个"一切都有可能"的时代，组织应积极顺应时代发展，改变固有的思维方式。

3. 外因的影响越来越大

真理都是相对的。一切真理都是有生命的，一切真理都是会死亡的，谁故意说真理是永恒的，那都是在骗人和别有用心。因为一切真理都是有前提条件的，万物皆变，若前提条件在整体运动中消失了，那么，真理也会相应地死亡和消失。马克思理论是真理，当然也会死亡和消失的，我这样说话，对我们早已被奴化的大脑来说是不允许的，是会遭雷劈的。很可惜,事实真相却是如此。哪里有死亡,哪里就有诞生!哪里有真理死亡,哪里就有真理诞生!这没什么大惊小怪的。

"内因决定外因"的成立是有条件的,比如组织或组织的战略已经完全确定后,剩下的就是内部我们关上门自己努力的事了,此时,我认为是"内因决定外因",而老总在战略都没有制定时,我认为是"外因决定内因",不然,那些总裁门完全没有必要把战略决策放在最重要的位置。牛顿定律和爱因斯坦定律都是对的,但各有其前提和各自的适应范围。一个人也是如此,我们平时所说的"环境决定人"、"整体论"、"系统论"等,其实都是强调"外因决定内因"。

我认为,在纵向财富时代,是"内因决定外因",而在横向财富时代,是"外因决定内因"。如广东许多昨天还经营的有声有色的组织,今天一早起来就被美国的经济危机打跨了,这显然是"外因决定内因"。

当今世界,全球化已波及一切领域,信息技术大大拓展了我们事业的界限,在最近一百年的横向财富时代,我认为是"外因决定内因",是"外因重于内因"。

因此,任何人要想在今天有所创造、有所发展、有所提高,那就得重新认识内因与外因的动态辩证关系,要活学活用辩证法,要知道什么样的情况下是"内因决定外因",什么样的情况下是"外因决定内因",要动态地客观地处理问题。

总之,强调外因,就是强调整体观念,强调事物的关联性,强调战略部署。

外因是指事物之间存在的普遍的联系和事物发展的客观规律。哲学上的联系是指事物和事物之间、现象和现象之间相互影响、相互作用和相互制约。当今世界,各国之间的普遍联系突出地表现在世界发展的一体化或整体化上。

在人们传统的观念中,内因决定事物的性质和发展方向,似乎是天经地义。可是,当我们的传统思维遇到现实的挑战时却有些无奈。很多时候,我们发现,仅凭自身主观的努力竟然不能改变外部环境发展的性质和方向。殊不知,在通常情况下,内因起决定作用,但不排除在某些特殊情况下，外因也能起决定作用，从哲学上讲，就是外因可以决定事物的性质与方向，外部条件不同，有时会直接影响到事物的性质和发展状况。

例如，物质运动中的三态（气态、固态、液态）的变化，就是由于热运动引起的分子间的排斥力和吸引力在量上的此消彼长所造成的。

水在一个标准大气压下，当温度超过100℃时，排斥力大于吸引力，呈气态；温度降至100℃以下，排斥力减小，吸引力增大，呈液态；温度降至0℃以下，吸引力处于绝对优势，呈固态。

从这里，可以看出，即使物质内部具有某种可变性，但如果没有温度这个外部条件，就不能使这种转变成为现实。

三鹿奶粉事件为所有的组织家敲响了警钟。不关注消费者的利益，不关注社会的责任，只关注自身的利益，或者为了自身的利益而不择手段，组织将无法生存！

哲学的生命在于创新。就像毛泽东指出的那样："客观现实世界的变化运动永远没有完结，人们在实践中对于真理的认识也就永远没有完结。马克思列宁主义并没有结束真理，而是在实践中不断地开辟认识真理的道路。"

"只有那种勇于变革自身不断创新的东西，才会有长久的生命。只有从实际出发，以实践作为检验真理的唯一标准，研究当代世界的新变化，研究当代各种思潮，批判地吸取和概括各门科学发展的最新成果，勇于突破那些已被实践证明是不正确的或不适合变化了的情况的判断和结论，而不是用僵化观念来裁判生活，马克思主义才能随着生活前进并指导生活前进。"

4. 世界已进入全面整合时代

《拿来时代》中对拿来有独特理解：

说到"拿来"，许多人脑中或许会立即蹦出鲁迅先生的"拿来主义"。时至今日，"拿来主义"的意义已远远超出了鲁迅先生当初所指——"只要一切能为我所用，能用的、可用的，必须统统拿来利用"——这是现代版"拿来主义"的精神实质。

现代社会是个"短、平、快"的社会，时间是生命，是金钱，效率则是保障。高效率就是高保障，毫无疑问，"拿来主义"就是提高效率，提高成功几率最有效的方法之一。

社会发展到今天，有80%的行业发展都差不多到了一个比较完善的程度。换句话说，你想到的，别人早已想到；你想不到的，别人也已经想到。所以很多经验，很多技能，很多成果都可以"拿来"，犯不着大费周章地去亲自试错。

许多人不能获得成功，有时并不在于他们个人的能力，而在于他们并不懂得有效地利用资源与条件，进而更大限度地发挥自己的能力来获得成功。现实生活中不乏这样的事例，许多一事无成者，个个都是能力不可小觑的高手，但穷其一生，仍旧是默默无闻、无所作为。

如果把成功比喻为在水一方的佳人，在现今这个时代，到达彼岸抱得美人归的方法数不胜数。当多数人还立在河畔望着对岸浅吟低唱时，却不知少数人已经搭起了过河的桥或是找到了渡河的筏，甚至是开着直升机朝着"水中央"快速挺进了。这是一个工具的时代，一个选择的时代，一个可以充分拿来的时代，"拿来主义"是这个时代的必然选择。

喜欢金庸武侠小说的读者对吸星大法一定不陌生，吸星大法被描绘成一种独门邪派上乘武功。它可以将对手的内功全部吸收过来为己所有，增加自身内力的同时还会让对手内功全失，因此江湖上人人闻之色变。当然，吸星大法只是小说家言，但其实质放到当今，就是典型的"拿来"，而且是"拿来"的最高境界：一切皆可拿，而且越拿越强。

创新有绝对创新，也有相对创新。日本、亚洲四小龙都是在"引入技术"的基础上实现经济腾飞的，这样做具有低成本、高速度的效能。国家的崛起，战争年代靠军队，和平年代靠商队。中华民族要想后来居上，归根结底必须发动"软件革命"。

二、不组合外因就必定死亡

1. 圈子内信息死亡严重

1900 年，中国四川有一个陈氏家族的烧酒作坊叫"温德丰"，其酒水醇香无比。其酿酒方法就是打破单一原材料而组合外因的结果，其秘方是：糯米 20%、大米 20%、小麦 15%、玉米 5%、川南高粱 40%，再配合当地泥窖发酵，烧锅蒸馏，这样出产的酒就是大名鼎鼎的五粮液。

95%的人现有的思维，都是挤独木桥的思维，都喜欢在人多的地方打争夺战，他们从来就没有想过，要到新的地方去寻找那无人争夺、无人问津的财富。一个蛋糕一百个人分，你又能分得多少呢？

人类的每一次飞跃，其实都是工具的飞跃。本章就是告诉你一种全新的思维方法——横向思维。大家都知道做正确的事，正确地做事和把事做正确，这是三个不同层面的问题，这三个问题中最关键的显然还是如何做正确的事。

为什么如今城市有如此多的大龄美女嫁不出去？

分析她们问题的原因，因为她们有能力，有较好的工作岗位，有较高的收入，所以她们被所谓的优势所害了。她们每日都在上班，都在一个固定的地方上班，圈子太过狭小，圈子内新的信息量太少。办公室就那么几个旧人，就那么几张旧面孔，又怎能找到如意郎君呢？显然不可能。

为什么古老的小山村几千年毫无变化呢？

因为那山、那人、那牛、那狗等都一样，无论是张家的狗到李家，还是李家的狗到张家，都没有本质区别。几十年来，山村里只有一些小的调整和变化，不可能有彻底的改头换面，除非山村的平静被外界打破。

为什么古老的小山村有海誓山盟而今天却十分少有呢？

我想：要说世上海誓山盟的爱，原本是有的。人是信息的动物，在古代的小山村里，人的流动量相当小，就那么几百号人，自然就会出现海誓山盟，永不变心。因为总体的信息流量是相当小的。而今天就大不相同，一个男人一天都可能接触几百个女人，更别说男女分别几百天了，再加上如今的精神压力特别大，许多人有苦无处说，于是，向外寻求精神寄托、精神安慰和精神刺激的人，自然会越来越多。

为什么做推销工作的女孩子结婚率都比较高呢？

因为她们每天都在跨界，都在与不同行业不同级别的人打交道。她们每天接触的都是新鲜的人和新鲜的信息。她们的生活每天都充满着许多全新的偶然性。

为什么中国难以培养出高科技人才呢？

因为一个老师一个教案可以用一辈子。那些老掉牙的信息早就过时了。

在此，我列举了这么多案例，我是想说，在这世界上，有许多人、许多家庭、许多组织、许多国家，他们生活、生存、发展的圈子都是死的，或者是半死不活的。因为他们的思维是死的，是封闭的，是僵化的；因为他们的圈子是封闭的，是僵化的，所以，他们已经掌握的信息和资源都是死的。

圈子内的信息咋就会死亡呢？

因为一切信息都是有生命的，都是会死的。当然，信息的死亡有时是相对人的感受来说的。一场电影看第一感觉新鲜、刺激，再看第二次也还行。但要你看上十次，几十次，你还会看吗？显然不会，因为那些信息已被你消耗掉了。

一个产品在一个小县城里的圈子内卖，时间一长，人们就消费饱和了厌倦了，一旦此时一个全新的替代产品进来，那么，那个旧产品很快就死掉了。因为封闭的圈子，一则信息量太少，二则信息还会老化和死亡。麦当劳每隔一段时间都一定要换新的广告，换新的代言人，显然，他们也是怕圈子里的信息老化，信息死亡呀！

圈子，是宇宙运动的存在形式之一，虽然它有利于安定平稳，虽然在一开始时也存在一定的能量，但时间长，圈子内的资源就会日渐耗尽，就会出现大片大片的信息死亡，就会导致人的消费、消耗与生产严重脱节的情况，就会导致圈子的僵化和死亡。

宇宙是开放的宇宙，人生是开放的人生，知道的又有几人？知道了做到的又有几人？我们大多数人都守着自己的那一亩三分地，都守着自己的小圈子，在狭窄的圈子内穷折腾。

圈子内信息既然是会死的，那么，我们要怎样才能救活呢？在我国改革开放之前，圈子内的信息已十分僵化，要不是邓小平高瞻远瞩看透这个问题，要不是他坚决实行改革开放，彻底打破这个封闭的圈子，就恐怕不可能有今天的好局面了。

2. 无处不在的圈子死亡

在旧的经济政策和旧的经济战略指导下，许多旧圈子正在加速死亡。

我有许多朋友是办小组织的，是开公司的，一见我就诉苦，我只要听其音，观其形，到公司转一圈就知道他们的公司必死，因为那些我们的脑袋还是五年前的脑袋，做事方法还是十年前的方法，没有一处是新的，不死才怪呢？一个三八六的脑袋又怎么能与九八六的脑袋竞争呢？

为什么做畅销书的多是民营组织老板，而专门从事出版业的出版社为何做不出大量的畅销书呢？我在几十家出版社讲过做畅销书的讲座，在上课前后都或多或少地了解到出版社的基本情况，出不了畅销书的原因有很多，但几乎都可以归结为一点，圈子内缺乏活力，体制跟不上市场变化，几十年就那几个我们，就那几个制度，一切都是按部就班的，一切都是规定好了的。从来都是上传下达，如此工作型、消费型的圈子，自然是很难走出一条新路。

在中国只要你想到别的单位去调查，你就会发现充满着死亡气习的圈子真是太多太多。中国的组织平均活不过 7 年，而且还有更多的未注册的小公司在诞生不久后就悄然死去。这些大小公司为何就死得如此之快呢？

只有一个原因，圈子没有存活的能力，圈子内的陈旧信息太多太多，这些陈旧的信息，一是来自我们的死亡信息，二是来自中层干部的死亡信息。

无处不在的圈子死亡，大到国有大型组织，小到由二人组成的家庭圈子。

那么，死亡最根本的原因究竟是什么呢？当然是圈子内的信息接近死亡，或早已故亡。

进一步来说，造成信息死亡的原因又是什么？当然是封闭啰！一旦圈子封闭，那么，就有相关的不良习惯产生，如守旧，不倡导创新，不与其他圈子接触，抵制一切外来信息，等等。

面对如此多的圈子死亡，面对组织、公司及个人潜伏的危机，我们目前最重要的就是学会如何迅速跨界，如何迅速打破禁锢我们，僵化我们圈子的各种束缚。

习惯已让我们麻木，我们已被束缚得太久、太久，我们的身子结满了老茧，我们的心灵早已冰冻。还是用一个故事来说透这个问题。

《盔甲里的武士》与其说是一本书，倒不如说是一个故事。这个故事教会了我们如何打破禁锢，如何打破束缚，如何打破自我设置的一切界限！

故事说的是在很久很久以前，在一个遥远而美丽的地方，有一个武士，他认为自己心地好、善良，而且充满了爱。只要一接到任务，他会马上钻进他的盔甲里，跳上马背，向任何可能的方向出征。

真正让这个武士声名大振的，就是他的盔甲！

这套盔甲是国王赏赐他的礼物，是用一种非常稀有、和太阳一样闪亮的金属所制成的。有很多人曾发誓说，他们看见太阳从西边升起，或从北边落下。事实上他们看到的，是武士穿着盔甲朝四面八方前进而已。武士非常喜欢穿上他的盔甲，然后欣赏盔甲闪闪发亮的光芒。就像很多人热爱他们的头衔、地位、知识一样……

　　他的太太茉莉亚，和他的儿子克斯，很少真正地看到他，因为他总是穿着盔甲，准备要去上战场。武士太爱他的盔甲了，爱到不愿意脱掉盔甲片刻。吃晚饭，他穿着盔甲；和朋友在一起，他穿着盔甲；甚至上床，他也穿着盔甲。终于有一天，他的家人和朋友，都忘了他不穿盔甲是什么样子。偶尔，儿子克斯会问他妈妈："爸爸究竟长得是什么样子？"

　　然后，茉莉亚会带她的儿子到壁炉旁边，指着一幅武士的画像，叹着气说："你爸爸在那里。""至少，这是他从前的样子。"在看画像看了三年以后，克斯对他妈妈说："我希望能看到爸爸真正的长相。"

　　武士于是起身，伸出手，想拿下他的铁头盔。非常意外地，他发现头盔一动也不动。他再用力地拉，可是，还是不能把头盔拉下来。惊慌之下，他试着把头盔上的面盔抬起来，但是面盔也卡住了。他一遍又一遍地用力扯，一次又一次地，然而面盔纹丝不动……

　　武士在他的盔甲里待了太久，已经忘记了没有盔甲会是什么样的感觉。铁匠的斧头很用力地在他戴头盔的头上敲打，或是茉莉亚用花瓶敲他的头，都只能让他痛苦一阵子而已。

　　既然他很难感受到他自己的痛苦，那么别人的痛苦就同样给忽略了……

　　天哪！我曾经也是这样！后来他决心要脱下盔甲，去到遥远的森林，寻找传说中的默林法师……

　　当武士筋疲力尽，也终于在大树林里找到了默林法师。武士说：我已经迷路好几个月了。默林法师回答他说：不，你迷路了半辈子。现在，我引你渡过人生的苦海和迷宫。

　　我们树起屏障保护自我，然而有一天我们却被挡在了屏障之后。武士的盔甲是多重的比喻，请你想一想，难道我们身上没有这样的盔甲吗？

　　例如，成功的盔甲、金钱的盔甲、婚姻的盔甲、道德的盔甲、知识的盔甲、荣誉的盔甲、胜利的盔甲、天才的盔甲、勤奋的盔甲、美丽的盔甲、仁慈的盔甲、友谊的盔甲、父母的盔甲、子女的盔甲、师长的盔甲、专家的盔甲、富人的盔甲、好人的盔甲，等等。不知不觉中，这些盔甲就可能已经悄然无形地穿在了你我的身上！

因为这些盔甲，我们再也感受不到人际间关怀的暖意，听不到鸟儿的歌唱，闻不到花儿的清香，再也无暇去聆听大自然的奏鸣……最可怕的是，对这些"感受不到"的却无动于衷。

故事中的武士在智者的指引下，他经历了三座分别象征着"沉默"、"知识"和"勇气"的古堡……

"沉默之堡"象征着：要静下来聆听自己，就像佛学的"戒、定、慧"，持戒是为了安定，安定是为了能聆听内心的智慧……

"知识之堡"象征着：我们要学会放下过去，突破框框。去经历，但要放下经验……

"勇气之堡"象征着：唤醒真正的力量，突破恐惧，要知道恐惧是不存在的……

武士知道自己出了严重的问题，他也许并非最聪明的人，但他很有勇气，敢于面对新的挑战。他四处求教，寻找新知识、新方法，鼓起勇气，克服疑惧，终于成功地摆脱了束缚他的盔甲，找到新的出路，重新寻回了自我。

今天面对全球在经济、技术领域的竞争，以往的成功只代表过去，与今天也许毫不相干。在这不断转动进步，浩瀚无际的知识经济时代，唯一可令我们与时共进的就是一颗恒久好学的心。

更新求变，就是使自己不被盔甲禁锢束缚的关键，我们要像故事中的武士一样，要有智慧，能够客观地认清各种困境，鼓起勇气，直面世界的挑战；要有毅力，去克服重重障碍，勤于反思，追求新知，才能营造一个和谐、健康和有价值的社会，缔造出未来的全新的卓越！

3. 圈子内信息价值递减

有一个严肃的笑话：一个未婚的帅小伙问媒人，介绍给他的女孩子是个什么情况。媒人如实说道："是结过婚的，人长得蛮漂亮的。"小伙子一听是结过婚的便直接摇头道：你怎么这样？太不像话。显然这小伙子不喜欢结过婚的女人。

我们来分析一下，这小伙子显然认为介绍给他的女孩好像是一个旧信息了，是别人"使用过"的信息，他觉得这条信息已掉价了。

又一天，当这个二婚的女人又离婚后来到婚介所再次要求推介，媒人将这个三婚女人介绍给一个未婚男孩子时，那男孩十分恼火地呵斥媒人，怎么将三婚的女人推荐给他？显然，这个女人的身价在一般男人心中的价值已越来越低。

圈子内的信息也一样，随着使用频率的增加，其价值便呈现出递减的必然趋势。

刚上市的新书，一听说是大师级作家写的，便排着长长的队伍抢着买。过了一段时间，大师的书已开始在市面上打折销售，而购书的人却反而少了许多。又过了半年，当我路过一马路边的墙角地摊时，那本火爆得不得了的大师的书，早已灰头土脸地摆在了地摊上等待处理，5元一本，过路的人几乎连瞅都懒得瞅一眼，更别说买了。

书还是那本书，书还是那些大师写的，为何身价有如此大的区别呢？显然是因为书中所包涵的信息价值已经陈旧了，过时了，或者已被他人消费掉了。所以掉价了。

最有趣的是人。人本是一个开放的系统。从小到长大，不仅身体渐渐成熟，而且知识信息和智慧也日益增长。生命长到成年人时，长到中年时，整个生命的价值出现高峰期，而后随着年龄增大，60、70、80岁，越老，对社会的价值就越小。生命的价值呈示纺锤形，两头小、中间大的形式，为什么会这样？

因为只有中间阶段他接受、理解的信息最多，与社会连接的点最多，随着年龄递增，学习得越来越少，以前学的那些知识和信息，在日常工作中几乎用尽了。有些信息早已老化，有些知识早应淘汰，但他还在继续使用，故产生的社会效益自然会越来越小了。

你去看那些成功卓越人士，他们不一定有很高的学历、资历，但他们一定有一个开放的人生态度，一定能敞开接纳外在的信息。而那些失败平庸者却恰好相反。你只要打开他的电话本，就知道他为什么总在"死亡线"上挣扎，因为他是生活在一个相对死亡的圈子里，认识的人几乎全是失败者，这些人在一起开口讲出的话多是带着"死亡"的信息，或者是有股霉气。几年、几十年就那么几个熟人，从来就没有打破圈子，到别的圈子里去发生一些新的"关系"。

4. 圈子内折腾毫无意义

谁都想改变命运，谁都想扭转公司、组织的危局，可是，想归想，干归干，就是结果并未好转。苦，没少受；汗，没少流，关键就是形势越来越差，压力越来越大，咋就这样呢？

因为，你在旧圈子里的努力都是穷折腾。其出发点是好的，但结果终难令你满意。关键问题出在哪里呢？

出在旧圈子里的旧信息。比喻无论是甲爱乙，还是换成乙爱甲，都不会有太大的区别，只有打破旧圈子到圈子外去爱一个人，就会吸引人的目光。

你看明星的绯闻为何那么吸引人，因为他已不是甲爱乙，乙爱甲了，而是甲爱丙，乙爱丁了。这就是问题的关键。

又如报纸，无论你怎样改版式改纸张，那都是老套路，有一个人做了一份能当早餐吃的报纸，这就是打破了旧圈子，就能吸引更多的人气。

又如一篇垃圾文章，无论你怎么修改来修改去，你都只是在旧圈子内穷折腾，要想写出好文章，还得跳出那篇旧文章，到新的地方去找新的材料才成。

一窝蜂是很可怕的，别人做什么，你也做什么，许多人都挤在一个小圈子里倒来倒去，到最后，随着倒的人多了，那些旧信息便越来越接近死去，所有的努力都意义不大或毫无意义可言，都是瞎折腾。苦，没少吃；汗，没少流；头发没少掉，就是冲不出头。

我说了这么多，可归结为一句话，就是别在旧套路上再自己折腾自己了。与其花十倍的努力，不如花一倍的力量去寻找新的圈子，去外面寻找新的奶酪、新的刺激。

生命的价值在于创造，创造的能力来于信息刺激。生命需要激活，但绝不是旧信息能激活的，它需要全新的信息来激活。

5. 圈子内跟进加速死亡

弱势组织最有效的最直接的方式就是产品跟进。跟进当然是一种稳妥的低成本的推进方式，但由于弱势组织太多，于是一个新产品刚上市，后面立即就紧跟几十个，甚至几百个跟风者。每当一个新产品上市，很快就被那一大群跟风者整死。

如今这世道，李鬼越来越多了。所以人们已经见怪不怪，习以为常了。这样一来，李鬼们也不再缩手缩脚了，他们大摇大摆地干起了营生。下面这位李鬼还把写给儿子的信公开发表了，还叫什么《李鬼秘笈》，真是荒唐！

我儿李魅：

爹多年商场鏖战，经验无数，欣闻你终于弃文下海经商，特总结多年心得，供儿参考。

自家人说话直接不转弯，做生意首先要挂羊头卖狗肉。一个产品有3%的科技、97%的包装，一定要说成97%的科技，3%的市场包装。投入的研发成本和产品包装、广告宣传的费用比为3∶20∶77。例如，3万元成本做洗发水，20万元请设计公司包装，用77万元做广告向人证明这个产品的价值为1300万元。如果能够把3万元的成本再削减到2万元，产品一样火爆销售，我儿便可能破了我在李家一直保持的纪录。

选择没有科技含量的产品或缺乏科研能力也不用担心，依样画葫芦，抄你没商量就是。你出"巨力钙"，我卖"大力钙"；你卖"补血剂"，我出"补血液"。总之，市场流行什么你就抄袭什么。要是懒得做，找间地下工厂，把"大力钙"直接包装成"巨力钙"，商标照贴，商场一摆就是。印刷业这么发达，足以让做"巨力钙"的都分不清真假，还省下了市场推广费用。

要想从众多竞争者中脱颖而出，一定要往高科技上靠。现在不是流行"纳米"和"基因"吗？你生产一大批"纳米内裤"、"基因胸罩"，保证畅销，反正没几个人知道"纳米"、"基因"是什么。哪天不流行这个了，你就造出个什么来自深海的HHV，来自大草原纯天然的HHM，冠之世界最新科研成果、专家三十年临床结晶好了。这个世界每天有上百个新名词出现，你创造一两个也不出奇。卖点不一定要在产品本身，你出点钱，请几个专家一顿神侃，名气自然就有了。

实在不行，碰到同行高手，爹有最后一招，百试百灵：高台跳水，挤你没商量。既然你找不出卖点，或者所有决胜制高点都让对手占据，不妨从价位上来个高台跳水。譬如李氏牌家电的成本是350元，行业的成本也是350元，那你就零售299元，反正咱家的东西成本普遍比别人低。你做不成这个行业，也不能让别人有好日子过。以后就再没人敢和你在同一领域抢饭碗了。

我儿如能综合运用以上手段，必能一帆风顺，财源滚滚。只是应注意每个产品的推广周期须控制在两三个月左右，迟恐生变。切记！切记！

父：李鬼

一担黄铜一担金，挑到街上试人心，黄铜卖完金还在，世人认假不认真。谁都会希望买到真东西，但在消费市场上的确有劣质货卖得疯，而精品货却走不动的现状。这就是自己折腾自己。

不过，对此现象，我们也要记住另一句话——你可以在某一个地方某一个时间欺骗某一些人，但绝不可能在所有的地方所有的时间欺骗所有的人，总有一天，你会被所有的人抛弃的！

我们要想长久地生存下去，唯一的办法就是创造新的产品，创造与众不同的产品，否则，我们是难以在圈子里继续混下去的。

要想创造新的产品，就得在圈子外去寻找全新的信息，就得跨界。

旧圈子、旧模式已进入微利时代，我们唯一要做的就是跨界！否则，就是死路一条！

研究者发现在一种被称为梭鱼的鱼类中也存在僵化的倾向。通常情况下，梭鱼会就近攻击在它范围内游泳的鲦鱼。作为一个实验，研究者们把一个装有几条鲦鱼的无底玻璃钟罐放入一条梭鱼的水箱中。这条梭鱼立刻向罐子里的鲦鱼发动了几次攻击，结果它敏感的鼻子狠狠地撞到了玻璃壁上。几次惨痛的尝试之后，梭鱼最终放弃，并完全忽视了鲦鱼的存在。钟罐被拿走后，鲦鱼们可以自由自在地在水中四处游荡，即使当它们游过梭鱼鼻子底下的时候，梭鱼也继续忽视它们。由于一个建立在错误信念基础之上的死结，这条梭鱼会不顾周围丰富的食物而把自己饿死。

人是习惯的动物，都习惯那些看似平淡且毫无激情的生存方式，都自我设限，自我封闭，自欺欺人，消极保守，碌碌无为，一生几乎都活在苦闷、茫然和不得志的愁云之中。

这当然是一种莫大的悲哀！当然，也不仅仅只是悲哀就了事的，那么我们究竟怎样才能打破这种悲哀呢？

唯一有效的办法就是跨界。如果不跨界，就正如跳蚤一样在玻璃高度越来越低时，它便习惯性地成了"爬蚤"。跨界最大的阻力不在别处，而就在每个人的大脑里。在产品同质化时代，营销最大的课题就是怎样将相同的产品卖出不同。这卖出不同若没有一点儿跨界精神是绝对做不到的。所谓跨界，就是在没有路的地方找出路来，在敌人的千层包围圈中杀出血路来。

三、宽度的本质就是做关系

1. 万物都有关联

如果说西方文化强调差异性，那么东方文化强调的是关联性。任何事物，任何一个独立的存在物都同时具有差异性、关联性和流动性等三性的特质，这是事物存在的普遍规律。三者共存于任何一个事物之中，不能分离，不能单独存在。第二章我们讲了事物存在的差异性，本章我们开始探讨关联性，下一章我们探讨流动性。

万物都有关联，只是我们看不到而已！看不到的原因，往往是因为受到头脑中认知障碍的屏蔽。头脑障碍与发现关系之间呈现如下特点。

头脑障碍极大——发现关系极小；

头脑障碍大——发现关系小；

头脑障碍一般——发现关系一般；

头脑障碍小——发现关系大；

头脑障碍极小——发现关系极大。

由此看来，获得发现关系的眼光，在于清理头脑中的障碍，改变看待问题的视角。当你的视角变宽了，你会发现身边到处是充满价值的关系，到处都是可以连接的机会。

有一本非常有趣的书叫《六个人的小世界》，书中提出一个很重要的观点：没有一件事是偶然的，没有一个人是不相干的。在地球上人与人之间只被六个人隔绝，六度的分隔正是这个星球的人际距离。

假定两个人素未谋面，也没有共同的朋友，他们只能通过身边熟识的朋友来找到彼此，那么，究竟需要通过几个人呢？答案是：绝不会超过六个人！全世界有六十几亿人口，但任何两个人之间，最多只隔着六个人。

这个观念目前广泛传播于全世界的行销系统。可能很多人会觉得不可思议，但事实确实如此。例如，你想认识海尔张瑞敏，或者联想董事局主席柳传志，通过你的朋友的朋友的朋友的朋友的朋友的朋友一定可以做到。其实你跟全世界任何一个你想要见的人之间最多只隔着六个人而已，重点在于你有没有找到精准的人。

想让任何事情变得简单，最重要的是找到关键的人、正确的人。就像电线有很多回路，每一条回路上都有一个关键按钮，按钮按下去，它就直接接通了。正确的人就是关键按钮，所以平时一定要注重人脉的培养。

事实上，如果你善于连接，你可以和世界上任何人接上关系，你的公司也可以和世界上任何经济实体发生联系。

有经济学家预言：下一波的商业潮流走向将是"意义、人生目标和深层的生命体验"。正如可口可乐公司的乔戈斯说："你不会发现一个成功的全球品牌，它不表达或不包括一种基本的人类情感。"这句话道出了跨界的共同法则——寻找人类共同情感价值，例如尊重、宽容、爱、忠诚、美、献身等。各民族、各国度、各区域文化上存有差异，但是人类的共同情感却是相通的，找到它，把它植入品牌中，在全球语境下，让人人都能理解你的品牌。

我们每一天都和资源整合打着交道，只是有时意识不到而已。比如，手机以前只是通话工具，而现在可以上网，可以发多媒体短信，还有很多其他功能。很多人都会从网上下载各种铃声，并且随着流行元素的改变变换自己的手机铃声，譬如前段时间，许多人的手机下载的都是《老鼠爱大米》。但这首歌其实不是电信公司提供的，而是由许多与电信公司合作的专门提供铃声和歌曲下载的公司提供的。

有一个关于资源整合的典型例子：

某洗衣店为一家公司代销月饼，商店的销售价格是100元，在这里只需要80元，还可以试吃。这个洗衣店的月饼生意非常不错，洗衣服的顾客同样可以成为买月饼的顾客。因为生活横向不断提高，很多人不再自己洗衣服，而是把衣服送到洗衣店去洗，这时只要填写一个订单，取衣服的时候就可以顺便把订好的月饼带回去，非常方便。两种产品和服务拥有同一个客户群，顾客能够方便地在洗衣店中买到月饼，而且只要花80元钱就能拿到价值100元的月饼；月饼店卖出月饼，虽然是以60%的价格提供给洗衣店，但节约了店面租金、人员工资，并且因为是预订，也不担心月饼生产多了卖不出去，因此所获利润同样不菲；洗衣店帮月饼店代卖月饼，用的是原有的配送系统，没有付出额外的代价，就赚到了20%的利润。

一个聪明的连接正是如此：找到彼此的共同点，形成一个交集，然后分享共同创造的机会。

总之，在这个关系社会里，任何人要成功卓越，就得充分处理好各种关系。

2. 关系就是价值，连接创造关系

德鲁克说：中国公司的多数领导，若想抵御尚未来临的严酷挑战，必须首先锤炼对公司和社会关系的基本认识。巴吉明尼斯特·富勒博士拥有

55个荣誉博士学位、26项影响全世界的重要发明，他和爱因斯坦、爱迪生等一起，被列为影响全人类的最重要的100个人物之一，曾被提名为诺贝尔和平奖候选人，他说过一句话："你为越多人提供服务，你就可以创造越多的财富。"这句话其实为资源整合作了一个最好的解释。

一个偶然的机会，江南春想到了一个在写字楼的电梯旁边的墙上安装电视屏幕的创意。他立刻就着手操作，免费为大厦、写字间安装荧屏，播放优质的节目和广告，并且付给对方出租、管理费用。

刚开始，他为厂商提供的广告空间是免费的。虽然同是荧屏播放，但楼宇广告和电视广告有着很大的差别：电视广告价格昂贵，而且换频道的权利掌握在看电视的人手中，一有广告，观众可能就会换台，厂商巨大的广告投入得不到保障；而楼宇广告不一样，它的价格不高，在不同地点可以播放不同的广告内容，而且是强迫收视，主动权由厂商掌握。由于这种模式呈现出巨大的商业效果，很多厂商开始主动提出能否自主选择时间段播放，比如上下班的高峰，还承诺一定数额的广告费。很自然地，楼宇广告开始有了广告价目表，分众传媒获利越来越多。而如今，分众传媒早已是美国纳斯达克股市上市值最高的中国公司了，市值将近40亿美元。

这绝对是一个多方受益的绝妙创意：对于候梯者而言，楼宇广告的出现消除了大家等候电梯的焦急，打发了无聊的时光；对于所处楼宇而言，不仅为用户提供了服务，还能获得不菲的收益，而且并不需要提供额外的资源；对于广告客户而言，投放的广告更具有针对性；对于江南春而言，他得到了丰厚的利润回报。

如今，这个模式已经非常成功，在很多城市都可看到分众传媒的楼宇广告。江南春也因分众传媒在纳斯达克的成功上市，一夜之间成为人们眼中的财富英雄。

另外，"分众传媒"无论在投资上还是变向融资上，都是在正确把握市场需求的前提下，以强强联合的手法不断发展壮大，一举成为传媒界最亮的一颗新星。我们看一组数据——"分众传媒"2005年7月在美国上市，当时总资产为1.72亿美元；到了2006年5月的时候，整个股票的市场价值已经超过了30亿美元，不到10个月的时间整个市场价值就翻了16倍还要多，这和其不断塑造强势品牌有很大关系。

关系就是这样时刻都凸显着它的威力，人与人、国与国、家与家无处不体现着关系的种种博弈和平衡，对于商业应用同样如此。关系很复杂，我们能够感受到的往往比前人用文字解释的更多。

在我们日常生活或工作中，关系的处理本身就是一门至上的学问。一个行业的发展和兴衰其实就是组织与产业价值链中的关系、组织与社会间的关系的处理是否恰当，对利益相关者的关系处理是否恰当。而这种恰当并不是永恒不变的，他需要我们及时根据新生的变化进行各种应对和权衡。

对关系的认知，就是对未来的认知。

善待关系，就是善待未来。

四、拓展关系需要不断跨界

1. 跨界是什么

痛苦总的来说是因为我们无法超越。无法超越是因为我们能量资源太有限，因此，要想超越痛苦，其实质就是要超越有限，实现无限。我们的一切看起来都十分有限，时间有限，实间有限，精力有限，智力有限，一切的一切，对于作为个体的人，的确都十分有限，既然如此有限，却要强力去追求无限，当然就痛苦啰！不仅难，简直有点蠢。因此，伟大的庄子就针对这种想法的人发表过类似的见解——以有涯随无涯，殆矣！难道果真如此吗？非也。古今成大事者，都实现了从有限到无限的超越。还有许多快乐幸福的人也都实现了这种突破。他们究竟是怎样超越的呢？答案是：跨界。

什么是跨？跨是打破旧定义；跨是打破旧概念；跨是打破权威的跨；跨是打破框架的破；跨是淘汰旧有的信息集合；跨是淘汰它旧有的不利信息；跨是看清对象的全部构成要素；跨是从不同角度去跨；跨是更新事物旧有的秩序。

跨界是一种横向的创新、创造思维模式。它最大的特征是能嫁接界的一切优势、一切价值进行整合创新。它能使原本毫不相干、甚至完全对立的要素，相互融合，相互杂交，从而产生出新的卖点。

跨者，突破旧定义、旧框架也！你不能创造新产品，是因为你不能打破对旧产品的概念。你不能创造成功，是因为你不能打破对旧关系的依赖。无论是开发丰富的物质产品，还是开发多姿多彩的精神产品。无论是追求名利，还是追求快乐自由，第一步都得打破旧框架、旧定义，才有可能实现。否则，一切免谈。

"跨"有两个区间：一是打破外在的概念，如茶杯是由颜色、材料、形状、大小、图案等等要素组合而成。二是打破内部的条条框框，使我们不带任何成见、不戴任何有色眼镜去观察事物、判断事物，从而使我们成为全然开放、全然敞开的人。"跨"有一个程度问题，即跨得越细越好。

什么是界？界是边界，界是界限，界是已有的平衡，界是现状现实的存在，界是框框架架，界是约束，界是铁链和束缚！产业本无界，营销本无界，创新本无界，经验主义和因循守旧的的人多了，就形成了界。界就是路走到了尽头，就是出现了疆局，如果不突破，就会面临失败和破产。

跨界，就是小鸡破壳而出，就是蝴蝶破茧而出，就是颠覆自己，就是颠覆一切，就是打破一切界限，就是打破陈旧观念，就是打破陈规陋习。

跨界，就是跳出行业看行业，就是跳出产品看产品，就是走出小我，就是迎接大我，就是与天地接轨，与四时互惠，与日月同辉，与万物共融！跨界，就是打破一切界限，就是解除一切束缚，就是与外界接轨，就是与万物接轨，就是再造流程，就是在方法之外找方法，就是寻找全新的阳光。

出版社与百家讲坛接轨卖书后卖疯，这是跨界；功夫与足球接轨推出《功夫足球》好片后猛赚，这是跨界；蒙牛牛奶与超级女生接轨后暴富，这是跨界！

跨界，是推倒心中的墙，是打翻思维之墙，是摧毁行为墙，是解除管理之墙，是拆掉制度之墙，是击碎一切阻碍之墙，是跨出各种边界，是突破各种束缚，颠覆一切传统，整合一切要素，来创造更为卓越的优势和竞争力。

跨界，就是不固步自封，就是不画地为牢，就是不作茧自缚，就是不困死困笼。跨界，也不是不要制度，不是不要原则，不是违背规律，不是胡作非为，不是用非常手段害人，不是少妇背叛老公。

跨界，就是找到全新的暴利空间，就是找到全新的生存空间，就是找到全新的发展空间，就是找到全新的价值空间！

人类史上有两大跨界：一是物质文明的跨界，如工具的进步，青铜器时代，铁器时代，机器生产时代，电器时代，电子时代等，这都是跨界。

另一是精神文明的跨界。如世界史上的哥白尼革命、文艺复兴、启蒙运动、独立宣言、明治维新。

物质文明的一次次跨界，使人类从繁重的劳动中解放出来，从贫穷落后中解放出来，使人类如今活得更富足，更健康，更长寿。每一次跨界，都创造了一个全新的物质文明。

精神文明的一次次跨界，使人类的心灵一次次从压迫中解放出来，使人类的智慧从禁锢中解放出来，使人类如今活得更快乐，更自由，更潇洒！

总之，只有跨界，才能带来彻底的摧毁，才能带来质的飞跃，才能带来崭新的局面，才能焕发出全新的生机与活力。今天，我已经彻底吃透了，什么是跨界。

跨界，有主动跨界，有被动跨界。主动跨界抢占先机，被动跨界永远被动。跨界，有量变跨界，有质变跨界。量变跨界有如隔靴搔痒，治标不治本；质变跨界有如壮士断腕，长痛不如短痛。

生命是以阶梯性的跳跃而进步的，谁能加快跨界的力度，谁就发展得更快；谁能加快跨界的频率，谁就能领先一步而抢占致高领地。一切的进步都是相对的，你跨界的力度与速度，就直接决定了你的命运和意义。

人类因了习惯而成长，人类又因习惯而走向死亡！是习惯让我们走向天堂，同样，也是习惯让我们走向地狱。我们最大的误区就是希望通过旧的习惯而得到全新的结果。要知道，不习惯时，才是我们真正改变的开始。

听听你的亲朋好友，开口就是烦乱，闭口就是愁容满面，笑得那么勉强，走得那么累。看看你的组织吧。这是三年前制度，这是臃肿的环节，这是低级的人才，这是次等的产品，这是个饱和的市场，整个组织上下全是僵尸与走肉，全是木偶与阴魂！

看看你自己吧！10 年说着相同的话，10 年穿着相同的衣，10 年留着相同的发型，10 年守着相同的恶习，一切都没有变，习惯决定命运。这就是失败者的人生，这就是失败者的脑袋。

怎样才能养成跨界的习惯呢？

当你走进商场购物时，大胆换换别的产品；当你走进饭馆时，大胆点点别的菜；当你想交朋友时，大胆交交另类的朋友；当你想读书时，大胆读读与你无关的书；当你想去推销时，大胆用点别的套路；当你在做参谋时，大胆出些怪点子；当你在引进人才时，大胆用些有大毛病的人才，每天出门想穿衣时，大胆穿件另类的衣。人是习惯的动物，我们不被习惯整得死翘翘，就会在习惯中重生。

2. 跨界的世界趋势

由于信息的横向传播，由于物品的极大丰富，人们的消费意识已由单一消费转向了多元消费。

跨界消费和高度消费、深度消费一起并列成为了三大世界趋势之一。跨界，几乎无处不在，如手机跨界，饮食跨界，衣着跨界，住居跨界，音乐跨界，装修跨界，工作跨界，交友跨界，学术跨界，相声跨界，研究跨界，等等。

今天，跨界已经成为世界趋势。管理大师汤姆·彼得斯在《重新想象：

激荡年代里的卓越商业》一书中指出：未来所有的资源和所有的组织，都必须要重新想象，都可以重新创造，都可以创造出不一样的可能。

他提出的一个观点是"大破大立"，每一个人都必须以巨大的能量和胆识，有勇气把过去的东西、旧有的东西破坏掉，然后再建立新的系统。

未来的趋势是，所有人都要把资源整合在一起，而不是单一的存在。

3. 跨界的几种常见类型

从营销来说，跨界有产业跨界、产品跨界、需求跨界、传播跨界、渠道跨界、文化跨界等。

我们个人品牌的创立和个人的发展如果也局限于本部门、本单位，本行业，只是和自己的同事和同行竞争，同样也无法获得广阔的发展空间。

跨界是通赢之道。跨界指的是两个不同领域的合作，在时尚界，跨界已是一种风潮，它代表着一种新锐的生活态度和审美方式的融合，其最大好处是让原本毫不相干的领域或元素，相互渗透、相互融和，从而带来一种新的时尚观念。跨产品的界，便有可能发现产品对于顾客的全新价值；跨行业的界，就有可能避开残酷的价格战创造出新的竞争优势；跨国家、文化和语言的界，才能让中国的产品及品牌为世界所认识、接受。

跨界的实用有效不仅已为全球一些新兴产业的超常成长所证明，也让许多传统的行业巨人为自己找到了发展的新契机。对于在职场上发展的我们来说，跨界同样也是自己从优秀到卓越的升级、发展之道。否则，思想过时即成障碍。

曾经，有家生产方便面的工厂，产品投放市场后，经销商反映有空方便面袋。这是怎么回事？这家小工厂刚开始投放自己的品牌。方便面空袋无疑会毁掉自己的品牌。于是，质检员经过严格的抽检后，确实发现在流水线上工作的工人，如果是新手，操作稍微慢一些，就会有空袋现象。为此，质检员郑重地作了汇报，建议高层专门就此展开研究，想办法解决这个问题。

为了解决这个问题，工厂专门成立了攻关小组，投入了几十万元。经过数月努力，耗费了许多时间和精力钱财，终于发明了一台检测仪器，只要是未装方便面的空包装袋经过，就会发出警报提醒生产线的管理者，管理者可借此来提高抽检合格率。

几个月后，当他们带着攻克难题的喜悦告诉经销商时，经销商却很不以为然地说："至于吗？据我所知，其他厂家也有类似的困扰，但是，他们却只增加了一台大功率电风扇就解决了问题。"原来，只要电风扇对着排列而过的包装袋吹，空包装袋因为重量轻，自然会被吹走。

居然如此容易！该工厂的技术攻关小组听说此事后，真有点目瞪口呆的感觉。管理者更是后悔不迭。

以前，在社会化的背景下，大多数组织推崇专业化。专业化经营使得组织比较看重我们的专业技能培养，我们的注章力越来越集中在自己的本领域。专业化让人们只关注自己的领域，而失去了想象力，这导致即使是受教育程度很高的人，都有可能知识面极为有限。即便其他领域可能提供更优的解决办法还是停留在原有的框架中，把人变成了机器。

跨界就是对专业化的一次反叛。日本著名管理学家、经济评论家大前研一所说，谁能在数字时代中，先成为"木屐型人"（日式木屐鞋底有多根木柱，比喻一人同时具备多项技能），就可能成为下一波的赢家。

"跨界"代表一种新锐的生活态度与审美方式的融合。跨界合作对于品牌的最大益处，就是让原本毫不相干的元素，相互渗透相互融合，从而给品牌一种立体感和纵深感。

可以建立"跨界"关系的不同品牌，一定是互补性而非竞争性品牌。这里所说的互补，并非功能上的互补，而是用户体验上的互补。

跨界不只是一种行为，更是一种思维方式。横向思维要求我们：一切事物都是随着时间地点的改变而改变的，不要以今天的情况去推断未来；不要认为行业惯例是既定的和不可改变的。

在产业属性日益变得宽泛的今天，组织应积极培养跨界我们。组织应当在不同专业、不同项目之间形成常态交流的机制，以开阔我们的视野，丰富我们的头脑。我们只要能掌握多种技能，对待不同事物，能从不同角度跨界思考，就会产生意想不到的效果，可能会成为组织发展的催化剂。不断培养跨界综合型人才，也有利于组织的持续发展。我们跨界包括许多方面，其中也需要组织为他们提供跨界的环境和条件。

岗位跨界

在过去的组织中，我们进入某个专业，就一直干到退休。一项工作干久了，看上去轻车熟路，实际上我们在一个岗位、一个专业上工作久了，就会产生职业倦怠和工作习惯依赖。一般表现为对工作缺乏冲劲和动力，不热心，不投入，总是被动地完成工作，成就感不高。这种现象的出现不仅会影响我们的个人发展，也会制约组织发展。

我们需要一份有激情的工作，每个部门也需要一群有激情的我们。我们再也不能只是螺丝钉式的一成不变的职务限制，组织应该在尊重我们本人意愿的基础上，结合工作需要，给有能力和有潜力的我们提供跨界发展的空间。组织内部应建立合适的流动机制。让我们在组织内的合理有序流动，跨出舒适圈，历练不同职务。

我们激情的释放和潜力的挖掘才是一个公司得以基业长青的基础。鼓励、引导我们适当地进行跨界作业，有利于我们真正清楚自己的职业规划，会增强我们的工作激情，提升工作能力；也有利于组织找到适合的人才。因此，我们要想从中等人才向上提升，要能跨界，最好方法就是把自己变成拥有一个专长，多种才能（一专多能）的跨界人才。

沟通跨界

一专多能的人才不只是拥有多种能力，还能扮演桥梁，担任跨界沟通的角色，能够跨界沟通，才能成为团队领导人。

跨界沟通首先要做的是认识自己。只坚持自己意见的人，永远少一个意见。如果在团队中做到"无敌"，你就没有将来。因此，在团队中，要培养敢反对你的意见。特别是中层，要能够抛开面子，接受反对的意见，而不是只会批评对方。

接受别人的想法，永远多一个想法。即使自己的意见100%有理，也要听完对方说些什么。即使觉得别人的见解很可笑，也要认真地听完，不可嘲笑。理解自己与对方的差异，进一步，才能停下来欣赏对方，生成有效的沟通。

另外，我们可以通过争取工作轮调、出差或担任项目领导人的方式，争取面对各领域的人，都能掌握沟通要领。这样也可以培养跨界沟通力。

创新跨界

不少人谈及其过往职业发展道路时，总有这样的感叹：无心插柳柳成荫，原先我也没有想过会做这一行……

在我们的身边，由于擅长和本人作不相干的"旁门左道"而成功的也比比皆是。比如，厨师转身成了经营者、外语教师转身成了网站 CEO、公务员成了畅销书作家……这些貌似"不务正业"的旁门技能，却总在某些特殊的情境下，成为自己职业发展的新方向的催化剂，许多人的命运就此被改变。因此，要打造自己成为跨界人才，我们也需要在保证正人作不断技能提升的基础上，利用适当的条件去培养自己某种新技能、新的兴趣点或者创建新的平台，进行适当的"跨界"。

学习跨界

组织中的任何工作都是互相联系的。比如，一个经营性质的组织，如果接线员不能很好地接听电话，及时反馈客户的意见我们做起销售来就会毫无头绪，客户开拓就无法进行，客户服务也无法完成。那么这个组织即使有最先进的生产资料，施工人员即使把商店装修得再富丽堂皇，又有什么用呢？

总之，职场是一个需要自己审时度势、不断调整方向的努力过程，每个人拥有的资源或技能也要随着时间推移而变化。因此，跨界就是为了超越昨天的自己。跨界不是一心二意，而是为了让人生多一种可能，时刻去把握好某一个转瞬即逝的机会，更好地开发自己未知的潜力，让人生在可能的时候绽放出全新的光彩。

渠道跨界

曾经，在我们的印象中，贺卡只能通过邮政渠道发行。寄发方式很烦琐、费时。而且，随着时代的发展和科技进步，贺卡从品种到质量都在不断翻新。有些替代品并不适合邮递。邮递的模式已经越来越不适应高效率的生活节奏。

这一弊端，不仅消费者不满，也引起了中国邮政的注意。为了提升贺卡发行的便捷性，他们决定开始寻找新的发行渠道。于是，我们在大中城市的商场超市看到了增设的贺卡专柜，商店也可以经销邮政贺卡。不仅如此，而且还有"邮政贺卡网上发行"模式，这一模式彻底摆脱了消费者只能通过邮政窗口寄发贺卡的传统，实现了从传统渠道到网络渠道的"跨界"。

这种方式告诉我们：如果能够把一方已经成熟的销售渠道和自己产品的销售渠道进行跨界，不但可以节省组织的经营成本，而且也可以开拓更广阔的市场，满足消费者的需求。

行业跨界

其实，成功品牌不一定都需要产品是颠覆性的、杀手级的。有时候，顺应一点点社会潮流便能抓住一片蓝海。

功能跨界

时下的混合饮料品牌很多，有些产品不仅在成分和品类上跨界；同时，这些不同品类的饮料成分，又使饮料具有了不同的功能。如王老吉凉茶饮料的"怕上火，喝王老吉"，如中国劲酒、椰岛鹿龟酒、黄金酒等保健酒产品。由于其功能性的定位，使其在产品本身之外，又具有了调节肌体功能、增强免疫力等保健作用，满足了不同消费人群的需要。

文化跨界

依云通过讲阿尔卑斯山水源和神水功效故事，为其赋予神秘的色彩，使得一瓶依云矿泉水的价格是普通矿泉水的数十倍。有人曾问依云矿泉水在中国的品牌负责人："依云是什么，是矿泉水吗？"这位管理者回答说："不，我希望顾客喝的是一种生活方式，不是在喝矿泉水，而是在喝依云。"喝依云矿泉水能喝出生活方式，吃哈根达斯冰淇淋能吃出甜蜜的爱情，波尔多的葡萄酒最好，爱斐堡酒庄为张裕葡萄酒蒙上了浓厚的文化色彩。附着在产品或品牌身上的文化或故事让消费者对其心向往之。

跨界需要打破传统思维，大胆尝试和借鉴。跨产品更需要对不同领域、不同行业的产品熟悉和了解。跨界成功不但可以重新发现自己，也可以树立自己的新形象。

4．如何深入理解跨界

跨界思维是相对于垂直思考（逻辑思考）而言的。以下三个形象的比方，可以让你对跨界思维的概念、方法、目的进行清晰的了解：

一是概念：判断和创新。

人们现有的垂直思维模式主要是判断型的、分析型的。跨界思维模式则是创新型的、设计型的。如果我们把思维看作一辆汽车的话，后两个轮子相当于知识、信息和判断、评论；前两个轮子，一个相当于创新，一个是设计。这两个轮子给我们提供的是方向。很多公司对信息、知识、分析、评论都很在行，但是对前面两个轮子重视得很不够。很多无法突破工作和事业瓶颈的个人也是这样。

二是方法：旧洞和新洞。

垂直思考就是把同一个洞越挖越深，跨界思维则是在别的地方另挖一个洞。德·博诺教授对"跨界思维"的形象解释是："你把一个洞挖得再深，也不可能变成两个洞。"他举例说："到目前为止，科学界的大部分努力都是在已经得到认可的洞里做出尽可能大的逻辑扩展。而科学领域中真正的大发现和大进步却都是起源于跳过了旧洞开凿了新洞。"跳过旧洞，开凿新洞，这就是告诉我们：如果一条道走到黑，必然会走进死胡同；而多角度多方式地观察事物，才能产生新的想法和创意。

三是目的："是什么"和"成为什么"。

逻辑思维关注的是确定性，是"真相"和"是什么"，它总是从一个确定引出另一个确定，再引出又一个确定，而对假设、对可能性考虑得很少。跨界思维就像感知一样，倾向于偶然性。关注的是"可能性"和"成为什么"。德·博诺教授说，思维的立足点是向前看，瞻前顾后大多是不利于事情发展的。"是什么"在一定时期不一定能看清楚，也不一定重要。"成为什么"更加重要。

垂直思考的局限性，使得跨界思维变得十分必要。逻辑这一工具可以帮助我们把"洞"挖得更深、更大、更好。然而，一旦这个洞处在一个错误的位置，那么把它挖得再大再深也无法使它移到正确的位置。对于每个挖洞者来说，这是再明显不过的事情了，但是，人们仍然觉得继续把洞挖深挖大也比在另一个地方另起炉灶要容易得多。垂直思考就是把同一个洞越挖越深，跨界思维则是在别的地方另挖一个洞。

跨界思维的一个重要技巧就是，刻意找出、甚至写下自己所面临情况中的支配性观念。一旦这个支配性观念被暴露出来，我们就比较容易辨识它，并避免受到它的影响。这看起来似乎简单，但是对支配性观念的暴露必须要做到刻意、仔细，如果对支配性观念只具有模糊的认识，那是丝毫起不了作用的。

跨界思维追求的理想目标是将复杂的事物简单化，是新创意的简单性，而这一简单性既能有效地付诸行动，又具有强大的影响力。这是一种丰富的简单性，而不是贫乏的简单性；是一种充实的简单性，而不是空虚的简单性。

在跨界消费时代，一个人、一个组织的跨界能力是决定其市场竞争力的关键性指标。

五、拓展人生宽度的三大方法

1. 方法一：拓宽眼界

(1) 格局决定结局

我们有三件大事要办：拓宽眼界、脑界、胸界。我个人将眼界、脑界、胸界的开放概括为：开放眼界，要"见微知著"、"高瞻远瞩"、"眼观四面"；开拓脑界，"通古今中外、诸子百家，晓天文地理、世事人情，并能够取长补短，利用差异；开放胸界，"胸怀天下"和"志存高远"，并且拥有"海纳百川"和"豁达宽容"的品质。

每个人都向往事业的成功，都向往能把自己的事业做得更大。但是怎样才能将事情做得大呢？美国《财富》杂志的主编吉夫·科文说过："格局决定结局，态度决定高度。"只有格局大，结局才能大。一个人格局一大，哪怕从外表看起来他似乎一无所有，但胸中却会拥有 10 万雄兵，这样一来，自然就能征服世界了。因此，一个人要攀登自己事业的高峰，首先需要把事业的格局在心中做大。如果不能冲出心中的局限，永远也无法成就一番大的事业。

一个人若想打破平庸的生活模式，实现从优秀到卓越的超越，首先要突破自己心灵的局限，跳出心中的小格局，把目标放远，追求卓越，这才是优秀者的境界。

比利时有一位名叫辛齐格的演员。他几年如一日在剧中扮演受难的耶稣。特别是他背负着沉重的十字架时，把耶稣受难的表情表现得十分准确。每当此时，许多观众的身心都会投入其中，被辛齐格所扮演的耶稣的命运而深深打动。

一天，一对远道而来的夫妇，在欣赏了辛齐格的演出后很受感动，于是来到后台想见见辛齐格，与他留下一张珍贵的合影。

此时，丈夫一回头看见了靠在旁边的木头十字架，他一时兴起，对一旁的妻子说："你帮我照一张我背负十字架的相吧，你看我演得像不像？"

于是，他走过去，想把十字架背起来。出乎他意料的是，尽管他费尽了全力，十字架仍纹丝未动。原来，那个十字架根本不是道具，而是真正的橡木做成的。

在使尽了全力之后，那位先生不得不气喘吁吁地放弃了。他边抹去额头的汗水边对辛齐格说："道具不都是假的吗，你为什么扛着这么重的东西演出呢？"在他看来，辛齐格实在是太傻了，居然自己跟自己较真儿。

辛齐格却回答说："我从未想过十字架是真是假，只是想到凡是工作都要认真对待。"那位观众对如此认真而固执的辛齐格有点不明所以。

这位观众之所以看辛齐格傻就是因为他的心灵有一定的局限性。因此，他看问题都是逃不出自己的心理的局限范围，当然也无法理解辛齐格的举动。而辛齐格却认为如果自己背的是假十字架，就无法体会到耶稣受难的滋味，表演出来无法打动人心。正因为他的心中装有观众，所以才能不计较自己的辛苦，所以才有高超的演技，才赢得了观众们的心。

(2) 视野决定成败

视野就是你所看到的范围。有生活经验的人都有这样的感觉，当你向正前方注视一个固定物体时，同时还可以看到该物体周围一定空间内的其他物体，所看到的这种空间范围叫做视野。视野的宽阔与否决定着每个人对世界的认识程度，影响着个人的胸怀与志向，最终支配了个人一生的命运。

视野不同，境界不同。海滩上，海浪袭来，小麻雀总能迅速起飞。而海鸥总显得那么笨拙。然而，能飞越大洋的，却只能是海鸥。因为小麻雀的视野，就只有这片海滩。而海鸥的视野，却在大洋彼岸。不同的视野，自然决定了他们不同的境界。

你的视野是小麻雀还是海鸥呢？你是否看到了大洋彼岸的风景？

在组织中，有的人看问题非常全面，站的角度也非常高，其所言所行令人尊崇、仰慕和敬重；而另外有些人则目光如豆，寡见少闻，抱残守缺。夜郎自大，眼界不宽，境界不高。究其原因很简单，就是眼光和视野的局限问题。

近年来，国际视野已经挂在许多人的嘴边。但什么是国际视野，懂得一些国外发展的趋势和动态，难道就具有了国际视野了吗？而这一切，离我们又有多远？

有许多人认为，国际视野，那都是高层管理者应该考虑的问题，我们一个小组织，连国门都不出，哪来什么国际视野，懂不懂对自己也没什么影响。真是这样吗？

最近，从网上看到一则资料：一家大型企业的董事长，曾代表公司在国外谈一个乙烯合作项目。在谈判过程中，当然涉及了许多化工专业名词。可是，随团的翻译虽然外语水平还可以，但是，对跨行业的专业术语不懂，因此，无法翻译到位。这当然拉大了沟通的距离，最终导致项目没有谈成。

这件事对董事长是个很大的刺激。他说："现代组织要想立足全球发展，必须拥有一批既精通外语，又通晓专业的国际化人才。"

在国际竞争越来越激烈的今天，国家之间的联系越来越多，世界各国都在加紧培养具有国际竞争力的人才。我国改革开放的实践充分说明，哪个地区和组织重视人才的国际化，哪个地区和组织就能赢得发展的先机。广东、上海、苏州的人才国际化有力地推动了其外向型经济的迅猛发展。因此，适应国家对外开放的要求，培养大批具有国际视野、通晓国际规则、能够参与国际事务和竞争的国际化人才也是组织发展的当务之急。特别是在当今经济全球化的大背景下，我们也需要有国际视野，能把自己自觉地融会到国际化的浪潮中，拓宽自己的视野，提升自己的境界。

高度决定视野，视野决定成就。许多人可能都不明白，为什么当初一同踏入社会我们，短短几年就会有很大的发展区别。

小强在美国读完硕士后，进入一家有名的电子公司工作。他一向成绩优异，以为自己会是公司里的佼佼者。小强一想到自己一个月的工资将是国内同学的数倍，心中别提多舒畅了。

上班第一天，主管要求他写一份程序。他花了半个小时，就写出100行程序代码，自我感觉很是良好。没想到正洋洋得意时，报告却被主管丢在一旁。小强不明白这是为什么只见主管在短短几分钟内，就写出了30行的程序，而且操作性比他的更强。这件事让小强很受震撼。当他把此事告诉一个要好的同事后，才得知，自己的水平在公司1800名工程师中，只能算C级。他这才明白什么是"天外有天，人外有人"。本来以为自己打败天下无敌手了，没想到在这个公司，自己只是浅水中的小虾米，连游到大海的本领都不具备。从此，他对自己的要求比以往高出了许多。

几年后，等他回到国内，立刻发现情况不同。光是做个电路板，工程师和模具厂便来回修改20次。于是，小强决心把在国外学到的先进经验带入公司，慢慢地，从修改20次进步到5次。虽然离国际标准还有距离，但毕竟在慢慢靠拢。当厂领导感谢小强时，小强想到了自己曾工作的国外大公司，他感谢大公司给了自己一个高起点的平台。否则，自己的水平怎么

能在国内领先呢？

视野影响着追求的高度，高度反过来影响视野，循环往复。不论从事什么职业，我们都应培养"欲得其上，必求上上"的心志，以更高的目标要求自己。只有向更高更远的目标看齐，才能变得更优秀。如果只是朝着阻力最小的方向行事，那样只会使你成为多数的普通人，而不是第一流的人物。

如今，我们的社会发展到了一个关键的关口，如何提升自己的竞争力成了当务之急。首先要做的是开阔自己的视野。所以，我们要以开放、审慎的态度了解、接纳新事物，不断提升自己的思想高度，拓宽视野，不断努力、不断攀登，才看得见美丽的景观，而视野开阔了，就能看得更高、更远。

（3）拓宽眼界，放眼全局

大局意识，首先改变的是我们的视野。只有具备长远的眼光，有全局观念，你才会不断地发展，你的生活才会充实、轻松、快乐。

一位安保人员面对屡屡被盗的糟糕情形，愤愤地说："我要是当上保卫处处长，我会把所有的保安队员集中起来值夜班，看谁还敢来偷东西？"

听他大发感慨的办公室人员回答说："我要是办公室主任，我会把所有进出的人员、车辆、物品统统做好详细登记，保准丢不了。"

殊不知，失窃的根源不仅仅在于日常管理混乱，更重要的是后勤保卫设施不牢固，真正解决的办法是优化警报系统、增加防护措施，同时强化管理，而不是简单的量化、表面化处理。

组织中的不少我们也会像故事中的保安和办公室人员那样，用自己个人的经验观点判断事物，而不是站在全局的角度。当然，这些认识有不少是肤浅的、低层次的，不能引领个人及团体走向更高的高度。这就是我们认知的局限性。

因此，不论是对于管理者还是对于我们来说，技术或者专业都不是第一位的，拥有全局性的战略眼光才是最重要的。

可是，在不少组织中，都有这样的我们。他们认为，公司如何发展与自己没有任何关系。哪一天公司衰落了，我换一个公司就可以了。持这种观念的人实在可悲。在当前的市场经济和全球经济一体化的形势下，打工心态是非常消级的，已经侵蚀着很多人的热情和才华，侵蚀着他们的事业成就，也在侵蚀着组织的效率和效益，更严重的破坏了我们的国家竞争力和民族竞争力！如果只局限于个体的利益得失上，无疑于自己束缚了自己的发展，断送了自己的美好前程。结果，一辈子只能做个打工的人。

要改变这种状况，需要提升自己的思想，扩大自己的视野，把组织的发展装进自己的心中。

一家运转良好的房地产公司突然被银行告知因有一大笔贷款没能及时偿付，银行经过仔细研究决定不再给予支持。公司正在谈其他地方的开发事宜，前期需要投入大笔资金。在这个关键时刻，没有银行这个财神爷的支持，用不了一个月，公司就要宣布破产。于是，老板立刻召开了紧急会议。

当人们听到这种情况后，几名销售主管在会议上就向老板提出了辞呈，几个部门的主管也有要离开的意向，其他部门心思也都乱了。

就在这时，办公室主任走进来，他很坚毅地说："我们的公司并没有破产，多年以来一直运作很好，现在只是把资金用到前期项目的开发中没有收回来。这并不代表着我们的组织就已经完了。我详细地看了银行的报告，我认为我们有能力偿还银行的贷款。我们的工程可以采取分期付款的办法赢得供应商支持。我们前期楼房可以预先发售。老总已经决定把自己的房产证抵押出来，帮助公司度过危机。这种时刻，我们大家最关键的是要齐心合力度过危机。"

说完，他明确表态自己也可以抵押房产证。其他人被他坚定不移的决心打动了，也纷纷给自己的亲朋好友打电话借钱，找关系，与老板一起想让公司起死回生的好办法。

值得庆幸的是，三个月后，他们在其他城市的贷款就到位了。前期项目得以正常进行，组织度过了危机。那个很有魄力的办公室主任后来成为了这家组织的副总。

我们在维护公司利益的时候，如果能有全局意识，做事的着眼点就会不同，就不会计较个人的得失。全局观可以使一个普通人脱胎换骨，进入更高的层次。

我们的大局观不仅是爱组织，也需要上升到爱祖国、爱客户，特别是对于那些在海外工作的人们来说。因为他们代表的不仅是组织自身的形象，也是祖国的形象。

(4) 开放你的眼界

眼界是指我们视野所能到达的范围，也就是见识的广度和深度。一般有两个解释：其一，视觉，眼睛所能看到的范围，也就是人们通常所谓的见和识，这是它的基本义。其二，视野，我们能够观察或认识到的领域和范围，包括我们各方面的认知范围，这是延伸义。中国有句古话："见多才能识广。"心态的开放，需要眼界的开放。佛教哲学说：我们不仅要用肉眼看世界，还须用心眼看世界。反过来也一样成立，有肉眼才有心眼，心眼又反过来指挥肉眼，两者相辅相成。

开放眼界，有如下三个要点：

其一，首先需要超越自身的盲点，善于跳出"不识庐山真面目，只缘身在此山中"的局限，尽可能正确地认识自己和世界。换位思考是种典型的摆脱自我视角的方法。而在商业策划当中，要善于"设身处地"，把自己当成消费者，才能了解目标市场的潜在心理，"量身打造"产品和促销方案。

其二，开放眼界还要善于把握时代的发展趋势、国家政策改革的脉络、行业的动态热点，拥有超前的眼光。任何时代，实时务者为俊杰，应时而动，与时俱进，审时度势，都有个"时"字，把握好时机通常能取得长远的胜利。

其三，我们还要习惯审视，不要在眼界开阔中迷失了自己。换句话说，习惯审视，就是要让眼睛发出大脑独立思考后的光芒。这其中的核心支撑，其实也就是我在上文中说的要有独立之人格，自由之思想。

赛伯乐投资公司的董事长朱敏曾用"反骨理论"来形容创业家的与众不同：有些人天生不喜欢"当趋势的跟屁虫"，而喜欢"反抗趋势"，如"世上大多数人对'三个内角的度数加起来是180度'深信不疑，但偏偏就有人想去证明三个内角之和不一定是180度。真有一个法国人证实它可以大于180度，一位俄国人证实它可以小于180度，创业家就是这么与众不同。"

"高山仰止，景行行止。虽不能至，心向往之。"《诗经》里这句话很美，也许西方人讲不出这样的话，因为这其中包含着过度的谦逊顺从的韵味。反过来，西方人总是赞美敢于攀登和征服的"勇士"。

习惯俯视则是一种自闭的心态，总认为自己高人一等，也总使我们盲目地排外和过于自负，不问形势，不看情况。

21世纪，人类已经进入了全球化的时代，很多事情的依赖程度愈来愈深，互动关系愈来愈强。从实践来看，我国组织更需要的是参与全球化的竞争。因此，必须运用全球化的大格局思维，来适应全球经济一体化的发展趋势。

2．方法二：拓宽脑界

人类有六类狭窄思维模式，即点型、线型、面型、梯型、网型及球型等。

以点型思维模式为主的人，往往把所接触的事物都看成孤立的、分割的、散状的、跳跃的，故而缺乏逻辑性、归纳性和整合性。这类人有时会迸发出某些惊人甚至天才的火花，但很难持久，也很难有大手笔的作为。

线型思维的人具有很强的逻辑一贯性、专业规范性，尤其注重因果关系和时间过程的一维性，但他们常常过于拘泥、死板、僵化，而墨守成规、落于俗套。

面型思维的人将点和线关联起来，善于归纳和一定的整合，但可能限于平板，面面俱到，而失去重点和主要线索，重要的是不善考虑其他有关的更多维的综合条件、立体环境和背景。

梯型思维模式使人不但有了点、线、面的思维特征，而且有一定的立体感及时空感，但过于棱角突出而显得生硬，故缺乏某种曲线般的圆融和变通。

网型思维模式的人可以以柔克刚，做到纲举目张，既注意普遍的联系，又重视特殊的效应，甚至可以在日理万机中，有选择地捕捉多元多维多层面的重点、线索和进取方向。不过，这种思维的人有时会产生计划秩序的混乱，或因大而化之忽略了某些细节。

球型思维模式的人注意在自我体系中整体大而化之地关系和布局，自觉或不自觉地奉行某种潜规则，待人处世一般会相当练达和周全；在既定的圈子中和一定的条件下，可游刃有余做到某种随意性的圆融、变通、自我调整和留有充分的弹性度；但容易自成一体，缠绕在周而复始的循环中而固步自封，甚至作茧自缚，很难有外放的张力。

与西方人不同，中国人的思维特征是在球型包裹下，所表现的非概念和非逻辑推理的方式，充满了宏观性、直觉性、体验性、描述性、联想性、隐喻性、玄秘性、随意性、转化性、模糊性、守柔性、象征性和自调性。

上述每一种思维模式都有各自的特点和缺陷。除了人的某些生理心理原因外，不同的文化背景、学科专长及职业训练都可以带来思维模式的差异。每个人或多或少都会受到某种既定思维模式的制约。只有突破这种思维模式的缺陷，才能有更多的机会和发展。

也许有所谓多维混合型思维模式，即将上述诸模式按特定的比例、条件、时空、状况、关系以及需求来交替、混合和换位运用。

文化的不同，最根本在于思维方式的不同。

大脑的开放，将决定我们能否将外部视野转化为内在视野，进而传递到内心。能够促使我们大脑开放的莫过于思维开放。

(1) 换个角度看问题

我们理解的世界是一个偏见的世界，我们只可能从一个角度看到世界。世界的一切存在都是有角度的，都是某个角度的表达。大师是一个角度的大师，专家是一个角度的专家，名牌汽车是一个角度的汽车，每种车表达的概念都不同，知名洗发水是一个角度的洗发水，每种洗发水表达的主题都不同。总之，世界万象都是以角度来表达的。

当然，角度不同，自然价值就会大不相同。因此，我们从什么角度看待问题和处理问题就成了创造价值大小的源头。为此，我大致总结成了如下定律。

角度普适定律：角度越出人意料，价值就越大。

英国曾经举办过一次有奖征答活动，题目是这样的：在一只热气球上载着三位关系到人类生存和命运的科学家。一位是环保专家，如果没有他，地球在不久之后就会变成一个到处散发着恶臭的太空垃圾场。另一位是生物专家，他能使不毛之地变成良田，解决数以亿计人的生存问题，还能够用基因技术使人类的寿命延长到 200 岁。还有一位是国际事务调解专家，没有他的存在，各军事大国的矛盾也许一触即发，地球将面临毁于核战争的阴影。

但不幸的是，三位专家所乘坐的热气球发生了故障，它正在急速地下落，除非把其中一个扔出去，也许还有脱离危险的可能。可问题在于，把谁扔下去呢？

把谁扔下去呢？你可能会想："环保专家很重要，没有他人类将会灭亡。可是生物专家解决的可是吃饭问题，没有粮食人类也会饿死。国际事务调解专家也很重要，如果发生核战争，人类依然会死。"

你想知道最后获奖的是怎样一个答案吗？获奖的是一个小男孩，他的答案是：把最胖的一个扔下去。

这时，你是不是又恍然大悟：噢，原来如此。有些时候我们策划人会面临这样的抉择——选择任何一方都意味着放弃了同等重要的另外一方，但我们只能得到一个。结果在我们犹豫不定时，机会已经悄然离去。如果我们可以像这个小男孩一样，跳出常规，从另外一个角度去考虑，可能就会有豁然开朗的感觉。

要想跳出常规，就不能把抉择的内容看得太重。这个小男孩之所以会用一种意想不到的方式解决问题，就是因为他不知道太空垃圾场、粮食问题以及核战争对于人类的意义，他也不知道这三个人对于未来具有怎样的意义。在一个孩子看来，一名环保专家与一名医生或者卡车司机又有什么不同呢？正是因为没有被抉择的内容所误导，所以他给出了一个与众不同的答案。

从另一个角度来讲，小男孩的答案其实是最合理的答案，因为我们抉择的目的是减轻热气球的重量，只有把最胖的一个扔下去才可能达到这个目的。

所以我们我们策化人也一样，即使你面临的是一个对于公司的生死存亡或者个人的职业生涯具有重大意义的抉择（或是在写策划方案遇到困难时），也要尽可能把它当作一下很普通的问题来考虑，从抉择的目的而不是内容出发，你可能更容易打破常规，取得更加令人满意的结果。

当然，用思维模式造冠军时，无论是选择高，还是选择宽，还是选择深，都存在着一个角度问题，角度没选好，你是很难组合到冠军要素的。

(2) 克服自我思维盲点

晚清时，马戛尔尼归国后，曾得出如此结论："清政府的政策跟自负有关，它很想凌驾各国，但目光如豆，只知道防止人民智力进步……当我们每天都在艺术和科学领域前进时，他们实际上正在变成半野蛮人。"因此，清帝国"不过是一个泥足巨人，只要轻轻一抵就可以把它打倒在地"。

事实上，正如马戛尔尼所说，清政府并不缺乏雄心，但关键在于它"目光如豆"，视野中有一顶"内置的帽子"——自我的盲点。所以，盲点也决定了统治者不可能拥有开拓型的国际视野，也不可能有开放的国策。因此，就算见到了先进的地球仪、战舰、火炮，他们也一样无动于衷。

对于任何一个人的视野来说，自我的盲点总是非常致命的。

一个人在视野上的自我盲点，通常源于各方面的误区。第一种盲点是被先天的客观环境主导所造成的盲点，譬如传统文明、体制文化、出生环境、生活地域等所造成的视野盲点。第二种盲点则是主观因素所造成的盲点，如思维方法、个性品格、知识技能、自身利益等。"先天"的盲点，我们还可以找点借口，说这是"非战之罪"，这是"时代的局限"，这是"体制的原因"。主观的"盲点"则完全是个人原因。而这正是卓越者们需要着力下工夫的地方。

克服思维盲点的方法是：

审慎思考。没有思考就没有发现。没有审慎周密的思考也难以弄清问题的实质，甚至还会得出错误的结论。只有全神贯注，深思熟虑，在静静的思索中寻求解决之道，才可以避免由于轻率决策而造成的严重后果。

控制思维质量。思维质量越高，越容易接近事物的本来面目。高质量思维总是要求有勇气、诚实和意志坚定。敏锐型思想者总是自问：是否清晰，是否准确，是否全面，是否有意义，是否理智。这是监督、提高自己思维质量的五个标准。

系统地思考。任何事件都不是孤立存在的，都与周围其他事物有着千丝万缕的联系。思维不应该仅仅拘泥于狭小的范围之中，应该进行综合、系统地思考，按照正确的顺序采取正确的思维步骤，由此及彼、由表及里进行合理的推断，在每一步都自觉地控制思维的质量，最终找出事物之间错综复杂的内在联系。

大胆发挥想象力。萧伯纳说：创造始于想象。爱因斯坦说：想象力比知识更加重要。在所有天才级的创造性思维中，想象力都扮演着至关重要的角色。想象时必须超越传统智慧。

(3) 善于主动学习和借鉴他人经验

我记得有本书中有一句很有意思的话："别人流血，自己得到教训，这是代价最小的教训；自己流血，自己得到教训，这是代价最大的教训；自己流血，别人得到了教训，自己还没有得到教训，这是最可悲的教训。"

心态开放者是善于积极主动学习和借鉴成功者，能够与优秀者为伍，就如同与鹰共翱翔，避开失败者验证过的教训。独辟蹊径，走前人没有走过的路，同时也需要借鉴和移植别人的成功经验。不只是需要借鉴本系统、本行业的成功经验，也需要借鉴其他系统、行业的成功经验。隔行如隔山，但是隔行不隔理，各行各业改革的思路都不无相通之处。

(4) 读万卷书

金庸曾说过一句话："我宁愿做一个囚犯有读不完的书，也不愿做个衣食无忧但没有读书自由的人。"开卷有益，多学博知，这是自古不变之理。世人都喜欢夸耀自己见多识广，但对于一个志在成功的人来说，需要的不是夸耀，而是真正的见多识广。

(5) 行万里路，打破空间限制

随着知识和阅历的增加，我发现，不论是孔子周游列国，玄奘西天取经，容闳留学耶鲁，还是诺贝尔游历俄美，达尔文环球考察，都是古人"读万卷书，行万里路"迎开放之人生的范例。

(6) 上网

网络的行为和精神，核心本质就是两个字——开放。如果没有开放，也就只有个人电脑，无所谓宽带和网络，当然也没有"互联网"这一事物。并且，这种开放是真正彻底的开放，体现了平等、自由、共享、免费等精神，尽可能地抹去了从族群的文明、文化、体制、国界到个人的年龄、身份、知识、性格、思维等各种差异所带来的阻力因素，使世界成为一个整体。

(7) 主动与人沟通合作

在处理人际关系，与人沟通方面，我始终信奉儒家。《论语》里，子贡问孔子："有一言而可以终身行之者乎？"孔子曰："其恕乎。己所不欲，勿施于人。"这话真正说到了与人沟通、合作的大智慧和根本原则。将自己接受和不接受的都"推己及人"，而非以自己一时的狭隘心态与人相处。以开放的心态体会他人内心，替他人先想到，别人自然也会从心底接受你。

一个真正心态开放的人，必然拥有远大、兼容、开放、宽阔的胸怀。卓越的天才不屑于走别人走过的路，他寻找迄今未开拓的地区。

(8) 打破专业和技能限制

专业，只是学校培养大学生为自己和社会服务的一种技能，它只是"技"和"术"；文凭也仅仅只是个认证，一个敲门砖。我们不应该把"物"高于"人"，把"术"当成"道"，把文凭看得比能力重要，又把技能看得比人还重要，最终使自己成为专业和技能的奴隶。

许多人常把专业当成终生奋斗的理想，无论是现实原因还是内心意愿，个人选择固然无可厚非，但把这种"忘我"强加给别人，变成了"忘人"——忘记了家人和朋友，忽视"做人"的根本，就非常荒谬。在现代社会缺乏情商，也就很难拥有成功。成为某领域的"专家"，就像只拥有金钱一样，拥有的只是单项的成绩和成就，这不等同于成功。就像人们肯定不会承认第二次世界大战中那些帮助希特勒制造"杀人武器"、帮助日本人研究化学武器的科学家们是成功人士，因为他们只问科学不问人学。

3. 方法三：拓宽胸界

(1) 心有多大，舞台就有多大

互相宽容的朋友，一定百年同舟；

互相宽容的夫妻，一定百年共枕；

互相宽容的世界，一定和平美好。

容人是一种美德，是一种思想修为，更是一种高尚的品德。一个人越能够容人之攻——对别人不妥的讥讽之辞不计较；容人之长——对别人的优点虚心学习；容人之短——对别人的缺点正确看待；容人之过——对别人的错误不记旧账，他的包容心就越大，成就的事业也就越大。所以，要想成为一个伟大的人，就必须有容人的雅量。反过来讲，只有自己能容人，别人才能容自己。

看两则故事：

其一，大画家齐白石一次在北平街头看到几幅署着自己名字的假画，他仔细观看那些赝品，居然画得很有章法，于是他就收了这个小贩做了徒弟。

其二，有一个师父对于徒弟不停地抱怨这抱怨那感到非常厌烦。于是，有一天早晨，他叫徒弟去取一些盐回来。当徒弟很不情愿地把盐取回来后，师父让徒弟把盐倒进水杯里，然后让他喝下去，并问他味道如何。

徒弟说："很咸。"

师父笑着让徒弟带着一些盐，跟着他一起去湖边。

他们一路上没有说话。来到湖边后，师父让徒弟把盐撒进湖水里，然后对徒弟说："现在你喝点儿湖水。"

徒弟喝了口湖水。师父问："有什么味道？"

徒弟回答："很清凉。"

师父问："尝到咸味了吗？"

徒弟说："没有。"

然后，师父坐在这个总爱怨天尤人的徒弟身边，握着他的手说："人生的痛苦如同这些盐，有一定数量，既不会多也不会少。我们承受痛苦的

容量大小决定了痛苦的程度。所以，当你感到痛苦的时候，就把你承受的容量放大些，不是一杯水，而是一个湖。"

现实是狭窄的，现代都市生活是一种紧迫式的生活方式。高楼让人失去抬头的意义，狭巷让人心情压抑，工作使人感到压力重重……因此，外出是一种迫切的需要。如果能于节假日与闲云野鹤共舞，与绿林清泉相会，把魂儿交给自然界清洗一下，实在是诗化情感，优化灵智的聪慧之举。人生应时常来一次心灵放牧，给心灵洗一洗澡。

笔者曾游历过许多大山名川，无不对大海高山的博大佩服得五体投地。我想，人生智慧也一样，一个人的财富和命运绝不会超过他的思维宽度。一个没有宽度的人，必然是一个冲突不断、心烦意乱的人。大海之所以博大，就是因为它从不拒绝四面八方奔流而来的各种水流，这些水流有的浑浊，有的肮脏，有的臭不可闻，有的还有剧毒，但这对大海来说，都不要紧，都来吧，它都能宽容。如此博大的胸襟，自然造就的就是大海，而绝不是小沟、小溪，更不是清水澡堂。水至清则无鱼，人至察则无徒。一个人只有宽容一切，他才会博大，才会丰富多彩。高山之所以高大，是因它从不拒绝小草的低矮，泥土的肮脏，丛林的杂乱，顽石的丑陋。如果我们将石头搬走了，泥土冲刷了，丛林砍掉了，那么，高山还会成其为高山吗？

人生如海，一个人若真能做到"大肚能容，容天下难容之事"，则必然会"笑口常开，笑天下可笑之人。"对此，我十分赞同。

我常对学生们讲，千人千面，人各有不同。其中，的确有的人会陷害你，有的人会打击你，有的人对你阳奉阴违，各种不利的手段可能会全杀向你，叫你防不胜防。你若没有大海的宽容，高山的博大，你是很难撑得过来的。

其实，人活着，聪明也好，愚蠢也罢；有才也好，无才也罢，重要的是要有一颗"宽心"，人生自然就多了很多快乐。

落英在晚春凋零，来年又灿烂一片；黄叶在秋风中飘落，春天又焕发出勃勃生机。在漫漫的人生旅途中，对于一个心宽且有才华的人来说，一切的困境、险阻、失败，都不过是人生对自己的另一种形式的馈赠。

能够欣然接受，则是一种达观，一种洒脱，一种人生的成熟，一种人情的练达。

懂得了这一点，我们才不致苛求生活；懂得了这一点，我们才能挺起刚劲的脊梁。一般认为，心宽是一种人生的态度，但从更深的层次看，心宽即是一种待人处世的思维方式。

常言道，不如意之事常八九。所有的痛苦，所有的烦恼，所有的闷闷不乐，往往都是由于我们看不开，想不开造成的。一个人若被眼前的美景所吸引，则难见山外青山楼外楼；一个人若被蝇头小利所困扰，则难成人生大业。人生短短几个秋，琐事何必缠不休。常人的目光只关注眼前，只有杰出人士才会目光远大。所谓放眼寰球、气吞山河、指点江山，粪土名利之辈又岂是鼠目寸光之人。

看开、看透不是消极懈怠，更不是破罐子破摔的无所谓，它是一种"世事洞明，人情练达"的明悟，是对人生世事变化规律的通透理解。苏轼说："人有悲欢离合，月有阴晴圆缺，此事古难全"。这是一种慨叹，但更是一种看透人生后的宁静。

总之，一个人不能在"看"字上修炼心境，他是必然苦恼一生的。有人总结了"人生七看"——烦恼要看开，名利要看轻，得失要看淡，恩怨要看破，是非要看清，世事要看透，明天要看好！很值得大家认真思考。

人生有八苦，有些苦难是无法回避和改变的，唯一能改变就是心境。整个20世纪的心理学其实就说了一句话——改变心境，改变命运。佛家说，你的绝大多数痛苦皆来源于太执著。世界是一个动态的世界，一切都会改变的。老子说：暴雨不可能下一整天。人生若在低潮中，自然很快就会回升。

人生是个难解的谜。有的人，潇洒度人生；有的人，消极混人生。其间的差异无非是能否看开、看淡、看透。

人生一世，荣与辱、得与失在所难免。有的人将得失荣辱深藏于心，有的人则因受宠而得意忘形，因受辱而愁眉不展。只有保持一颗平常心，才有可能看得开，才能做到宠辱不惊。宠辱不惊是看得开的高层次境界，它不是消极的回避，也不是看破红尘，而是远离名利、远离喧嚣的一种坦然，一种从容。

"看得开"是心理平衡的杠杆，而非消极看透人生。如果把人看得太透，从生到死，一览无余，生命就会变得毫无意义，甚至生和死都可以画等号了。

"看得开"有更深的含义，它决不以无所事事、无所作为为雅致，以自甘堕落，满不在乎为清高。无论在什么境况下，在什么痛苦面前，既不把名利作为唯一的精神支柱，也决不失去对理想的执著追求，对事业的满腔热忱，对生活的真挚热爱，对身边的美的细心品味。苏东坡光照千古的前后《赤壁赋》写于最失意的黄州，而"日啖荔枝三百颗，不辞长作岭南人"的豪迈也出自不毛之地。正是这种始终不渝地热爱生活、关爱生命的"看得开"，才成就了一位集诗、词、散文于一体的文学史上的大家。

(2) 如何拓宽胸界

一是从心态开始人生的变化。

心态开放者，通常先有问题再有答案，有证据才有事实，就事论事，就人论人。心态保守者则常常先有立场和结论，先有思维和方法，常常以一元化的价值、一成不变的方法处理事情，犯教条主义和经验主义的错误。

梅菲特（北京）公司董事长喻恒曾这样形容心态带给人生的变化："世上有四种不同的人：第一种人是口袋里没钱，心里也没钱，他可以比较轻松地过一辈子；第二种人是口袋里没钱，心里有钱，他会痛苦地过一辈子；第三种人是口袋里有钱，心里也有钱，他会累一辈子；第四种人是口袋里有钱，但心里没钱，他就可以快乐地过一辈子。因此，面对金钱要有理智开放的心态，要学会支配金钱而不能被金钱所支配。"

只有开放的社会，才能为个人的奋斗提供多元化而非零和竞争的成功渠道。但是，也只有心态开放的人，才能善于把握时代和社会所提供的机会。

二是兼容和"开放式交流"。

微软的组织文化很著名，他们的组织文化当中就有一条叫"开放式交流"。它要求所有我们在任何交流或沟通的场合里，都能敞开心扉，完整地表达自己的观点，就算大家意见不统一，也一定要表达出来。否则，公司可能会犯错误。

不排斥交流，能正确地对待自己、他人、社会和周围的一切，并且能够理解甚至认同不同人、不同地区、不同社会的差异性，这就是一种心态的开放。

三是在妥协中前进。

商界名流严介指出：我们常讲组织家小成靠苦难，大成靠灾难；小成靠朋友，大成靠敌人；小成靠赏识，大成靠谴责。一个真正的组织家既感恩赏识的群体，同样又要感恩谴责的群体，既要感恩朋友又感恩敌人，既要感恩苦难又要感恩灾难，才有这样的大成，这就叫伟大都是熬出来的，当然不等于熬出的人都能伟大。

怎么样在赏识中成长，又怎么样在谴责中成熟呢？赏识是给我们阳光雨露的，有利于我们成长，谴责、诽谤、重伤、打击、报复都属于谴责的范畴，谴责给我们寒风冰霜，有利于我们成熟，红薯、马铃薯如果没通过寒霜，从泥土里刨上来口感能那么好吗？作为一个真实的组织家既能够在赏识中成长，又能够在谴责中成熟，又要感恩赏识的群体，又要感恩谴责的群体，委屈中平衡，妥协中前行，虚怀中充实，放弃中收获，谦卑中完善。

生活就像爬大山，人生就像趟大河，未来还不知多少个坎坎坷坷，多少个万丈深渊在等着我们，为什么不能谦卑一点呢。

四是判断一个人是否成熟的七大标准。

看他是不是有穷根究底的锐气；

看他是不是有海纳百川的胸怀；

看他是不是有为而不争的淡定；

看他是不是有温暖别人的情怀；

看他是不是有启发他人的柔情；

看他是不是有百折不烦的耐心；

看他是不是有心平气和的从容。

六、拓展产品宽度的三大方法

"人走我不走，杀出新血路。"这是叶茂中想提醒公司的一句话。

如今纵向营销极限运用已是十分普遍，诸如市场细分、目标锁定，定位这些能产生竞争优势因而转化成商业机遇和新产品的机制，已经为国内营销人员所掌握。比如：在牛奶市场，就有原味的、果味的、低糖的、无糖的、低脂的、脱脂的，等等。在啤酒市场，品味上有普通啤酒、冰啤、黑啤，包装上有瓶装的、罐装的、散装的等等。在洗发水市场，有去屑的、营养的、防脱发的、让头发更有韧性的等等。牙膏也有美白的、坚固牙齿防蛀牙的、防过敏的、预防上火的、清新口气的，甚至还有竹盐咸口味的等等。化妆品就更多了，论功能，有美白的、祛斑的、防皱的；论用途，有面霜、眼霜，手霜、足霜、全身用的护肤霜；论形态，又有精华液、乳液、膏体、还有膜的，等等。

如此这般将市场进行深耕再深耕地细分，从而为产品和品牌找到一个相对独一无二的市场空间的营销方式，被称为纵向营销。在利润空间足够充分的初级市场，纵向营销所向无敌，建立了一个又一个成功的类别及亚类别市场。

但是菲利浦科特勒的话应引起我们的注意。他在《横向营销》一书中指出，市场细分与定位策略的不断运用尽管扩大规模，最终会导致市场的饱和与极度细分。从长远看，市场细分弊大于利。而且会降低产品的成功率。因为市场的过度零碎化与饱和状态使得利润来源越来越小，几乎不足以支撑一个产品和品牌的成长。

而与此同时，由于市场的极度细分，各细分市场之间的差异性越来越模糊。导致产品与产品、品牌与品牌之间愈来愈相似。创新能力在下降。没有根本的质的变化，只是同一体系内的微调。感冒药货架上有 100 多个长的方的盒子可供选择，消费者能记得的又有多少？一方面，消费者的选择越来越多，选择的时间却越来越少；另一方面，新的媒体不断涌现，资讯泛滥。传播成本越来越高，传播效果却急剧下降。没有让人眼睛一亮的创新，根本不可能让消费者注意到你，更毋须谈什么现代营销竞争。市场对创新的要求从未像现今这么迫切又关键。

然而新产品新品牌仍然在 10 倍速地增加，同时又在 10 倍速甚至更快地消亡。快速更新和尝试新奇的社会习惯开始出现，产品的生命周期日益缩短。拥挤不堪的细分市场已经不胜负荷，新品牌机会越来越少。

接下来怎么办呢？横向营销的主张：打破界限。

木头椅跟皮球有什么关系？不会跑的汽车卖给谁？如何将花卖给不会养花的消费者？免费爆米花会带来利润吗？全部商品让消费者自己定价，可能吗？

如果你的答案是：没有！不可能！那么你需要听听横向营销的答案——

木头椅+皮球=沙发。不会跑的汽车可以卖给驾驶培训中心，也可以卖给游乐场，因为那可以是模拟驾驶装置，也可以是驾驶游戏软件。既然顾客喜欢花又担心不会养，何不租花给他们？在迪厅提供免费爆米花会让消费者越吃越渴而购买饮料，利润就来了。拍卖场上的商品创下天价的何止一二？

现在我们来试试打破。打破产品类别界限。如果木头椅永远跟木头椅竞争，顶多在款式、颜色、制作工艺、选材上做文章，即使用了檀香木，描了金画了银，它也只是个硬梆梆的最高级的木头椅，可能吸引最有消费能力最有品位的木头椅消费群，那显然是一个极其狭窄的人群。反转过来想：为什么木头椅一定要是硬梆梆的呢？可不可以有个柔软舒适的木头椅呢？如果把皮球的柔软弹性添加到木头椅上会怎么样呢？于是木头椅就变成了沙发，变成了另一种家具。变成了人人都可能需要的产品。市场空间开阔了，消费群扩大了，这是横向营销的结果。

总之，当行业从迅速发展逐步走向比较缓慢的增长时，行业就进入了成熟期。在成熟期内，需求量增长缓慢，行业内的各组织要保持自身的增长率就必须努力扩大市场占有率，从而使竞争加剧。而如果有新的竞争者的强势进入，则由于生产能力扩大，竞争将更加激烈。由于产品技术趋于成熟，各主要竞争对手的产品差异化减少，同质化严重，竞争的焦点主要集中在价格和服务等方面，价格战将成为各主要竞争对手之间应用最为普遍的手段。作为新进入者在资源、渠道、技术等方面均不占优势，此时需要跨界，嫁接其他行业的优势获得竞争优势，跳出价格竞争。

下面我们从许多跨界的优秀方法中提炼出了三种最优秀最有效地方法，现一一介绍如下：

1. 方法一：借卖点

(1) 借的几种方法

古人曰："天下之事物，无所不可借也。""借"字含意广泛，绝非局限于钱物，可以是借智、借技、借脑、借名、借资源、借势。凡是聪明人都是通过别人的力量，去达成自己的目标的。的确，富豪发家离不开"借"，大组织的发展也离不开"借"。即便是对于我们个人来说，单枪匹马也是很难登上成功巅峰的。因此，对于成长阶段的我们来说，从优秀到卓越的跨越，同样也离不开"借"。

有些人受传统教育和传统思维的影响，无论做什么事都强调"自力更生"。他们总是试图通过自己的努力来改变自己的命运。结果，把太多宝贵的时间、资源与精力白白浪费在了那些没必要的试错过程中，不仅不能"更生"，甚至可能造成更大的损失，导致实现心愿的机会一次次被错过。

这些人之所以没有获得成功，就在于他们不懂得有效地利用他人的资源与条件，进而更大限度地发挥自己的能力来获得成功。因此，要想成功必须要懂得利用一切资源，只有懂得利用资源的人，才有可能最大限度地占有资源。

成功建立在拿来基础上。任何人的成功都必须在拿来前人或别人的资源基础之上，才能得以实现。有人计算过，即便是自己的专业知识，我们也需花上一生 1/4 的时间来学习，然后再在工作岗位上继续加强完善，前提还得是专业完全对口。而且，社会发展到今天，有 80% 的行业发展都差不多到了一个比较完善的程度。换句话说，你想到的，别人早已想到；你想不到的，别人也已经想到。所以很多经验，很多技能，很多成果都是可以"拿来"利用的，而根本不必劳您大驾、大费周折地去亲自试错。正如你要吃饭，并不代表你就必须要亲自下田耕作；你要吃肉，也不一定就得必须养猪一样。

更何况，许多现实的竞争本身就不公平。有机会、有条件你不利用，可以"拿来"你不"拿来"，这不是犯傻还会是什么？换言之，在这样一个谋求成功"短、平、快"的年代，有现成的资源不利用，不仅是一种浪费，更是一种愚蠢。因此，聪明的人会借助他人的才智为自己的成功添力，这是捷径，更是超越的起点。

借脑

有本畅销书叫《全球借脑》，就是讲的这个问题。钢铁大王卡耐基曾经亲自预先写好自己的墓志铭："长眠于此地的人懂得在他的事业过程中起用比他自己更优秀的人。"

在中国，过去成功靠机会，未来成功靠智慧！借脑就是借智慧。别人已经研发出来的东西、别人提供的资讯、别人创造的知识……

你可以将它们整合在一起，应用于你的事业，开阔自己的视野，从而创造出最大的财富，而且这是不需要成本的财富。借脑永远胜于用自己的脑。

那么，怎样才能达到借脑的目的呢？

主要是引智。在知识经济时代，知识就是一种资源。在经济社会快速发展的今天，对人才的渴望和需求量前所未有，多种形式的引智活动异彩纷呈。可口可乐公司曾在冬奥会期间付费招募分别来自中国、德国、意大利、加拿大、澳大利亚和美国的 6 名大学生作为博客写手，从冬奥会观众的角度，以博客的形式实时报道冬奥会，并宣传可口可乐产品。

在我们本人本身实力有限的情况下，利用第三方的智力与自己的智力进行整合也是一种可行的选择。当然，这种第三方可以是本组织本部门之外；也可以是其他单位同行；更可以是不同行业的外脑。另外，你还可以向科研机构、大专院校借；你可以借别人的脑袋和智慧来为己所用，跟他们搞联盟、搞合作。这都是借脑的形式。总之，可以根据自身工作的需要，适当引进不同的外脑智慧。

最聪明的合作者不是出体力，而是出脑力。如果你想要跟别人合作的话，要记住，有个说法是即便你是借别人的脑，也要让别人心甘情愿帮助你。

借力

借的第二种方式，可以是借力。

开学季节，有个高等院校的图书馆在报上登了一个广告：从即日起，每个学生不需押金和借书证，可以免费借1本书。这无异于为学生节约了开学的花费。

结果，不但新生，就是许多大二大三的学生也蜂拥而至，没几天，就把图书馆的书借光了。书借出去了，怎么还呢？图书馆又贴出告示：请大家还到新馆来。

原来，图书馆新馆要如期开业，但是，人手有限。就这样，借用学生的力量搬了一次家。

借力也是一门学问，要抱着双赢的原则，既有利于他人也有利于自己。而事先不能把自己的目的说穿，否则人们会感到被利用。比如，你对邻居说："我家有一盆花，你帮我修剪一下吧！"对方认为你是让他给你白卖体力，肯定没门。但如果你换一种说法："我发现你家的花修剪得特别漂亮，你在这方面造诣很高。能不能教教我，看怎么剪才漂亮？"对方一定就会高高兴兴地帮你剪花了。那么，你只能没事偷着乐了。

一个借字，天地广阔。因此，你不必担心自己没有技术，没有人才，没有经验，比不上同事，比不上朋友。只要你学会运用整合思维的方式，就可以大大缩短你奋斗的距离。

借资源

整合也是发现机会。身边的资源千万不可放过。

在太湖岛上，有一个捉鳖的老人，他每天能挣50多块钱，远近闻名，人们都很羡慕他。太湖边芦苇茂密，沼泽地连绵不绝，捕鳖本来就很不方便，就是身手轻捷的小伙子也无法如愿，一个年迈的老人是怎样做到的呢？

原来，老人在太湖边生活了近半个世纪，他经过对鳖进行长期的观察，找到了老鳖的生活规律：每逢产卵或骄阳如炽时，鳖便爬上岸来，在阴凉处吹风、纳凉，甚至，有时为争一块"风水宝地"，众鳖便会纷纷出洞，甚至拥挤在一起，叠起罗汉来。如果能够趁这个机会捉鳖一定会收获不少。但是，老鳖感觉灵敏，稍有动静，便立即逃之夭夭，老人动作又迟缓，无法得手，怎么办呢？

于是，老人训练了一只小狗，把狗养在离老鳖不远的一个地洞中。小狗进洞后，每日三次于洞口进风处熏鳖壳鳖骨，再以鳖汤拌饭供食。如此反复进行三四次，小狗便对鳖有了兴趣。当那些老鳖来晾晒时，小狗闻到鳖的气味就会立即扑上去。这样，小狗就成了捕鳖能手。

借势

势，就是一种趋势。势的发展是事物运动的必然结果，是不可阻挡的。中国古代法家治天下，讲的就是"法、术、势"三者的结合，把借势、造势归纳为了治理天下的三大要点之一。借势、顺势，是人生之要领。

我们要认清时代发展的趋势，组织发展的趋势，把自己融入大趋势中。顺势而为，才能因势功成，腾飞添翼。

我们都知道龟兔赛跑的故事，龟在人们眼中是行动超慢的，于是在为兔子打抱不平的同时也付之一笑，毕竟是故事。可是，现实中却有这样真实的情况。在大海中，一名潜水者的游泳速度居然追不上一只行动迟缓的海龟。这是为什么？

一名潜水者在海里看到一只大海龟，便尾随其后。在潜水者看来，凭自己的速度跟上海龟是毫无疑问的。然而事情远不是他所想的那样简单。过了一会儿，海龟居然把前游的潜水者远远抛在了后面。

凭海龟的速度是赢不了潜水者的。但是，海龟是聪明的，它是利用了海浪的力量。

当浪潮冲向海岸打向海龟时，它会随着浪花浮起来，稍微拍动四肢以维持身体平衡。当波浪往后退回大海时，海龟就会拍动得快一些，充分利用海浪的律动力量，来加快游向大海的速度。而潜水者却不顾水流的方向，只顾向大海游去，自然就越来越疲惫。这正是潜水者跟不上海龟的原因。

在人生中，迎面而来的浪潮就是许许多多会影响我们的人、事、物。如果逆流而上，无疑会花费许多时间和代价；如果像海龟那样顺从大海的浪潮，不就缩短了奋斗的距离了吗？

在当今时代，中国制造向中国创造转变，就是经济发展的大趋势。因此，许多制造型组织也在转型换代。如果你是从事制造业的一名工人，就应该看到转型是组织发展的需要，没必要抱怨或者感叹。反而可以趁此机会多学习一下创造的本领。借势可以大大提升你发展的脚步。

借名

我们在电视节目或者日常生活中，经常看到有些人在谈话中常会提起一些身份很高的人的名字，马上在别人眼里就身价不菲；有些小饭馆请社会名流题词、请明星签名；有新出道的作者请专家教授为书作序，等等。这些都是提高身份的资本。

每个人都希望得到领导、同事和社会的承认，这种借名的方式也是一种正当的追求，因为人类杜会是由"人际关系"组成的。因此，只要这种关系存在，"互借关系"就不会消亡。因此，对于一个没有什么知名度和影响度的普通的人们来说，也可以使用巧借名人的方式，提高自身形象，扩大自己的影响。虽然，你不可能去认识一些明星大腕，但是，在你的身边，肯定也有一些比较有影响的人物。比如，你的师傅，你的领导，你的比较有知名度的朋友或者邻居等。只要你善于把自己的品牌和他们所拥有的进行整合，在他们耀眼的光坏下，就可以大大节约自己的奋斗成本。

在北美洲，生活着一种动物——牛蛙。这是一种独居的水栖蛙，因其鸣叫声宏亮酷似牛叫，故名牛蛙。成蛙体长20厘米，重达1公斤，体大粗壮而且肉肥，是世界著名的肉用型蛙类。

体形大的牛蛙的长成和他们的遗传基因有关。因为它们在繁殖季节，雄性通常用叫声吸引雌性，而且越是体型大的，叫声越响亮，吸引力越强。

可是，出乎人们意料的是，并非所有繁殖的后代都是大体型，也有小体型的牛蛙出生。这是为什么呢？

原来，当大个体雄性牛蛙高声鸣叫的时候，总有一些小个体雄性牛蛙偷偷藏在它们附近的水草中，当雌性牛蛙被吸引过来的时候，躲在一旁的小个体牛蛙就抢先跳出来和雌性牛蛙相会，而且交配成功率达到30%。

因为，小个体牛蛙如果和大个体牛蛙站在一起发声叫不过它们，无法获得雌性牛蛙的青睐，为了完成繁衍后代的任务，只能借用大哥们远扬的名声了。小牛蛙就这样悄悄地利用大牛蛙的吸引力达到了交配的目的。

动物们都懂得借名，我们不得不佩服牛蛙善借的能力。

值得注意的是：即使是借名也要有信誉。有知名度的人最担心别人打着他的旗号招摇撞骗，因此，你一定要牢记做人的准则，不要做出因小失大、牵连别人的事情，最好是让对方感到你所借的对他也没有什么损害为好。

当然，这种借是一种整合能力的表现。不但需要有鉴别人才的眼光，而且要把自身所拥有的和别人进行适当的对接或置换、嫁接等，在自己的事业道路上利用他们的优点，那样，就可以使自己期望的梦想凭借好风，直上青云。

惟有善借者赢。在现代这个社会中，借已经被政治、经济、文化以及外交等领域广泛运用，并且大有日趋扩展之势。任何人想在某项事业上获得巨大的成功，首要的条件是要善借。能借善借表现了一个人整合内外部资源能力的强与弱。通过整合可以让你站在一个高起点的平台上，不但可以凸显个人的价值，也可以达到双赢或多赢的目的。

借创新

传统的创新观念通常意味着组织在一个封闭的实体中创新并设法将其商业化，他们很少关注来自组织外部的创新和思想，甚至有人会辩解说组织根本不需要关注外部东西。现在，科技进步如此之快，即使是最大的组织也无法研究和生产相关的所有的基础学科。他们也无法控制终端对终端产品流程，无法将大多数智力人才网罗到自己的组织中来。

随着知识产权市场的增长，竞争优势将依赖于对知识的创造、转移、收集、融合以及利用的综合能力。先进技术本身并不能创造竞争优势，组织应当将创新意识从"什么东西都在这里发明"转变为"这里不发明任何东西"，重新考虑其创新模式，在人力资本和创意自由流动性的基础上建立一个新模式——把整个世界当成你的研发部。

聪明的组织能够将世界作为其研发部门，充分利用世界各地各种人才优势，收集各种创新的观点，寻找好的创意及独特的智力资源来达到自己的目的。

举个例子，当宝洁公司计划开发品客薯片时，马上发现每分钟在几万个薯片上印上鲜明的图案可是一件非常复杂的事情。

过去，宝洁公司可能会为之投入大量的内部资源，甚至与一家打印组织合作来帮助其设计一个合适的流程。但是，创意集市的出现能让宝洁公司做得更好。宝洁公司列出了自己的技术需求并通过全球网络寻找独特的、符合要求的解决方案。最后，意大利博洛尼亚地区的一位大学教授贡献了他的成果。他发明了一种喷墨打印方法，能够在蛋糕上打出可食用的花色图案。结果，宝洁公司不费吹灰之力现成拿来就用，利用这一技术生产了品客薯片，使销售额提高了两位数字。

正如宝洁公司总裁 A．G．拉夫利所说："组织外部也许恰好有人知道如何解决你的组织所面临的特殊问题，或者能够比你更好地把握你现在面临的机遇。你必须找到他们，找到一种和他们合作的方式。"

这种类似创意集市类的合作不仅使宝洁公司获得了超越内部的创新能力，而且还有助于其提高价值增值能力，避免重复投资。

虽然，成功的公司需要从内部智囊团获得应对国内外市场竞争所需要的管理和营销技巧。但是，随着全球创意集市的出现，公司能够追求更加广泛的战略渠道。公司可以选择从外部获得创意和技术来代替内部开发，或者公司可以选择技术许可的方式来代替商品的交易。

当从外部购入创意或技术的时候，组织不能想当然地认为现成的技术就是适用的技术，也需要根据自己的实际情况进行选择，有的放矢地进行整合，将现有知识与过去已经掌握的知识联系起来。内部研发和外部获取是相互补充而不是相互替代。

2. 方法二：搞"杂交"

跨界先破界。先前已经说过，没有跨界的纵向营销运用到极限，往往是死路一条。活路只有一条：跨界限，跨行业杂交，以创新手段，制造新的卖点和新的机会。

(1) 跨界"杂交"的六种工具

进行创新链接的六种工具是：

一是替代。例如，除了牙膏还有什么其他东西可以清洁牙齿吗？口香糖。

二是反转。例如，门一定要从外面锁吗？也可以从里面锁。

三是组合。例如，房子可以移动吗？房子跟车组合，就变成了房车。

四是夸张。例如，谁可以帮助消费者实现星际旅游的梦想？网络。

五是去除。例如，不逛街可以购物吗？网购。

六是换序。例如，有什么办法可以让消费者在使用服务前预付费用？电话卡、电费卡、会员卡。

跨界就是让内外信息结婚，产出个最优的下一代来。当然，并不一定一次杂交就能产出最优下一代，这就得你要有不断地杂交能力了。我把这种能力称之为——错位链接虚构。

人类的进步必须依靠第三步才能完成，人类的一切新价值都得靠第三步才能完成。这是一种特殊的能力，这种伟大的力量就是"无中生有"的能力，就是"虚构力"，就是"想象力"。人最有存在价值的能力，就是这种虚构的想象能力。

在内部信息和外部信息交合时，你可以天马行空的虚构，人爱怎么想就怎么想，越离奇越好，越古怪越好，那样就能产生出新、奇、特、怪、悬、叛的全新产品或服务。虚构力，是人类最伟大的力量。凡是我们人类的文明，都是凭虚构力来完成的。

美国哈佛大学校长说：我们在 21 世纪仍然要保持世界一流大学的名誉。一流的大学当然要造就出一流的人才，那么什么才是一流的人才呢？

他自问自答道：只有拥有神奇虚构力的人才才能称得上一流人才。

虚构力是我国人才培养的薄弱点。我们大多数人都是只会做那些按部就班的事，只会做出体力的事，这是显然不适应新世纪新市场经济的需要的。

你打开报纸，有一个游戏学院经常打广告，他们招生培训什么内容？核心内容就是培养他们的虚构力。

作家、艺术家是最古老的虚构大师，如今，绝大多数时尚的行业，能创造暴利的行业，都少不了虚构力。

这种方法中还提到了"错位"两个字，在此，我作点解释。在刚才由旧自行车到外界新卖点的连接，我把这种落差相当大，表面上几乎搭不上界的两件事物硬扯到一起叫错位。下面我们一起来训练一下这六种基本虚构方法。

一是替代虚构法训练。

大自然生生灭灭，海水潮起潮落，海浪一浪高过一浪；人类社会一代推进一代，社会产品一件胜过一件。最早的电风扇是芭蕉叶，后来被棕叶替代，又被纸扇替代，被三叶吊扇替代，还被各种带筐的电扇替代，而今又被空调替代。替代，就是自然界、人类社会和思维的运动基本规律。旧的不去，新的不来，那这个社会就是静止的，静止就是死亡。因此，替代是运动变化的必然规律。作为有智力的人，在替代上更是自然界的替代无法比拟的。如今社会上的各种产品，从无到有，从有到新，少的已替代了三五次，多的已替代了几十次，上百次了。

真可谓替代无止境。在此，我要讲的替代虚构法，主要是想活跃我们的思维，加大加快替代的力度。正如电脑从进入我国才不到20年，从286发展到386、486、586等，我想还会继续被新的电脑软件替代。还是举一些例子来训练替代法吧！

电风扇被空调替代，下一个又将被什么替代？

空调有可能被空调墙壁替代；空调有可能被空调衬衣替代；空调有可能不被需要。

广播被电视替代，被随身听替代，被录音机替代……

早餐被油条替代，被豆浆替代，被牛奶替代，被面包替代，被热狗替代，被小笼包子替代，被稀饭替代，被营养品替代，被不吃东西替代……

钢笔、电话、皮鞋、图书、私家车、汽油、流行歌曲等又会被什么替代？

二是反转虚构法训练。

真理总在背叛成熟，人生总在峰回路转时别有洞天。反转就是一切反过来，你要正，我一定要负；你要东，我偏要西；你要我来，我偏要去，你要我扩大，我偏要缩小。总之，一切都倒着干。

比如：我喊小刘为刘老师。反转之后，我叫小刘为学生、徒弟。又如：我今年只有半个月时间回家过年。反转之后，我只在外面待半个月，其余时间都在家中。再如：少数服从多数。反转之后，就变成多数服从少数。

下面请大家将这些列举点反转着想一想：人多力量大；知识就是力量；路是走出来的；强扭的瓜不甜；太阳从东边出来；夫妻就是一男一女；火车真好等又用什么替代？

三是组合虚构法训练。

信息重组是宇宙的创造大法，天地间的一切几乎都是组事而成的，水由氢氧组合而成，家庭由夫妻子女组合而成，公司由人力、财力和物力组合而成，彩霞电七色光组合而成，人生由幼年、少年、青年、中年、老年组合而成，人由炭、氢、氧等化学元素组合而成。合纵连横是中外成大的重要手段之一。

天地万物皆由组合而产生。在此，我们不是练习万物的分解，而是练习强行将不同的信息强加给另一存在物。如：卖洗衣机搭三袋洗衣粉。卖七送一。第一个购物者另送牙膏两支。给你10个好消息，再补三句骂你的话。

请依此组合法将下列试题组合出全新的内容来：送一只狗；送一只玫瑰花；回家；帮你购电扇一台；购红萝卜三斤；发二条短信等又用什么替代？

四是夸张虚构法训练。

夸张在喜剧中运用得相当多。你只要到书店或上网找到世界吉尼斯大全，你就知道什么叫夸张了。那里面一根筷子都有 20 米高，几吨重，一只皮鞋可以站三个人在里面，一个蛋糕要 200 人才能吃完，一个酒瓶要 10 个人才能合抱，最小的自行车只有 1.2 公斤，最高的自行车有 19 米，最小的手机要用针拨号……

天下之大，真是无奇不有呀！物为人造，人之所以造出如此不合常理的产品，是因为人有浪漫的一面，也有童心好奇的一面，还有显耀自我的一面。

总之，没有夸张，我们的生活就没有这么丰富多彩。

下面我们来训练一下夸张虚构法：最小的电脑，最短的小说，最大的胸罩，最高的可乐，最亮的包装，最丑的面孔又用什么替代？

五是去除虚构法训练。

淘汰是自然的法则，新的组合产生，旧的组合死去。当然，死亡组合也不是一下就死掉的，它也是先从某个点上开始的。正如人的死去，也许先是左手死了，而后是右腿死了。一个产品也是如此。产品由许多信息组合而成，我们不妨去掉一些次要信息，也许能得到新生。

六是换序虚构法训练。

破界的目的就是打破旧秩序，创造新秩序。天下之物，皆由序组成，没有序就会处于混乱状态。因此，我们要想创造价值，就得创造有价值的新序。田忌赛马，大家都清楚。他只是将旧有比赛的马换了一下顺序，他就导致了胜局。朝三暮四和朝四暮三，就取得猴子的认同。

我们一起来训练一下换序的方法：一星期上五天班，休二天。换序后，可变为星期一、二休息。每次发言都从高到低级别发言。换序后，变成了由低到高，或者乱发言。每次都是先礼有兵。换序后，变成了先兵后礼。每次都是在七色中强调红色。换序后，变成强调绿色或其他色。

下面请你来换一换下面的序：键盘数码秩序；电话机数字秩序；商场货架秩序；女士优先；农村包围城市；各个击破；强强合作等又用什么替代？

现在我已告诉了各位怎样进行"错位虚构跨界"，但知道方法是一回来具体你能不能在实战中运用又是一回事。这中间的区别就是你得在无事时加强这种能力训练。思路决定我们的出路，换一种想法，会换一种心情；多一种思路，会多一个出路。我们一起来看看下面这个替代错位虚构的故事。

一个人走进纽约的一家银行，来到贷款部，大模大样地坐下来。

"请问先生有什么事情吗?"贷款部经理一边问，一边打量着来人的穿着：豪华的西服、高级皮鞋、昂贵的手表，还有镶宝石的领带夹子。

"我想借些钱。""好啊，你要借多少?""1美元。""只需要1美元?""不错，只借1美元。可以吗?""当然可以，只要有担保，再多点也无妨。""好吧，这些担保可以吗?"那人说着，从豪华的皮包里取出一堆股票、国债等，放在经理的写字台上。

"总共50万美元，够了吧?""当然，当然! 不过，你真的只要借1美元吗?""是的。"说着，那人接过了1美元。"年息为6%。只要您付出6%的利息，一年后归还，我们可以把这些东西还给你。""谢谢。"

那人说完，就准备离开银行。

一直在旁边冷眼旁观的分行长，怎么也弄不明白，拥有50万美元的人，怎么会来银行借1美元! 他慌慌张张地追上前去，对那人说："啊，这位先生……""有什么事情吗?"

"我实在弄不清楚，你拥有50万美元，为什么只借1美元? 要是你想借30万、40万美元的话，我们也会很乐意的……"

"请不必为我操心。只是我来贵行之前，问过了几家银行，他们保险箱的租金都很昂贵。所以嘛，我就准备在贵行寄存这些股票和国债。租金实在太便宜了，一年只需要花6美分。"

贵重物品的寄存按常理应放在金库的保险箱里，对许多人来说，这是惟一的选择。但该商人没有囿于常理，而是运用了替代错位虚构法，另辟蹊径，找到让证券等锁进银行保险箱的办法，从可靠、保险的角度来看，两者确实是没有多大区别的，除了收费不同。

通常情况下，人们是为了借款而抵押，总是希望以尽可能少的抵押争取尽可能多的借款。而银行为了保证贷款的安全或有利，从不肯让借款额接近抵押物的实际价值，所以，一般只有关于借款额上限的规定，其下限根本不用规定，因为这是借款者自己就会管好的问题能够钻这个"空子"，转换思路思考问题，这就是该人在思维方式上的"精明"之处。

善于转换思路思考问题，常能获得更多的成功的机会。

如怎样运用替代错位虚构法，来找到你的爱情。现错位虚构替代如下：

两小无猜、青梅竹马，可能产生爱情。友情的进一步深化，可能产生爱情。工作中的频频接触，可能产生爱情。娱乐中的相互默契，可能产生爱情。肉体间的相互依恋，可能产生爱情。意见的相互巧合，可能产生爱情。长期地帮助对方，可能产生爱情。共同陷入绝境之中，可能产生爱情。相互欣赏对方的优点，可能产生爱情。

(2) 产品的各种界限无不可以打破

《哈佛商业评论》上讲了一个典型案例，充分运用了此法：

随着电影、电视、电子游戏，舞台剧的发展，马戏正在越来越多地失去观众，太阳马戏团面临着严峻的生存危机。遵循传统的纵向逻辑思维，要生存要发展，就要做得比竞争对手更好，提供给观众更多刺激和乐趣的马戏。但是这样就可以改变太阳马戏团的命运了吗？不一定。

于是太阳马戏团重新界定了问题本身，提出了解决之道：即在向观众提供马戏表演的刺激和乐趣的同时，加入戏剧的复杂情节和艺术内涵，让马戏表演就像戏剧一样，有自己的主题和故事情节，甚至每次演出都配有自己的原创音乐、灯光和节目。

通过引入戏剧、芭蕾舞等领域的表演元素，太阳马戏团创作出了精美绝伦的娱乐表演形式。它吸引了一个原本不是这个行业的全新顾客群——已经转而光顾戏院、歌剧院和观赏芭蕾舞的成年人与公司客户。这些人愿意为一种前所未有的娱乐体验支付数倍于传统马戏的票价。而且由于上演的剧目多种多样，人们就有理由更频繁地来观看太阳马戏团的表演，从而提高了马戏团的收入。就这样，太阳马戏团仅用 20 年的时间就取得了全球顶尖马戏团——玲玲马戏团经历一个多世纪才取得的成就。但是太阳马戏团并没有跟玲玲马戏团竞争，而是走了另一条介于马戏、戏剧、舞蹈之间的道路，既非马戏，亦非戏剧，更非舞蹈，而是吸收了所有这些艺术形式中的元素并进行了再创造，开创了一个全新的娱乐领域。

太阳马戏团的成功之处在于，打破了产品类别的界限，以原创性产品来革命性地界定一个新市场，从而带来了比细分市场高得多的利润回报。

除了打破类别界限外，产品的其他界限无不可打破，例如：打破产品功能界限、打破目标消费群界限、打破使用方法界限、打破使用场合界限、打破使用时间界限。打破销售渠道界限、打破价格界限、打破促销方法界限、打破营销组合方式界限等等。各种打破有时还可能互相交叉，形成更大的杂交优势。

3. 方法三：促整合

一切都可以整合过来。

每一个我们都有自己的优势和劣势。在一切追求速度和效率的信息化时代，如果完全依靠自身的积累以及固有的成功模式，在发展到一定程度后，势必遭遇瓶颈，受到自身条件和外界环境的限制。在技术上缺少独门绝技，在规模、实力、品牌和管理上又没有足够的优势，怎样突破自己所面临的困境？

卓越的人不一定是在技术上的突破，有的可能是在某一个环节的改进，运用整合思维通过对自身整合和自身与他人、与社会的整合通过与相关资源所有者的合作，可以让你绕过自身的短板。

我们知道，成功源于智商、动力、健康、时机等各种因素的综合作用，而整合思维则增加了成功的砝码。

让整合思维增加你成功砝码。整合就是由两个或两个以上较小的部分的事物、现象、过程、物质、属性、关系，信息、能量等在符合具体客观规律或符合一定条件、要求的前提下，凝聚或汇合成一个较大的整体的发展过程及其结果，类似于我们在数学中学过的交集。

设想一下，我们要从北京到上海去，但不熟悉上海的路，怎么办呢？别担心，车上已经装备了卫星导航设备，一进上海，只要把地图光碟放进去，按一个键，就可以自动导航。你要到上海博物馆，点选之后，车子就会告诉你，好，现在开始出发，前面几百米的地方红灯右转或左转、路口请靠右，等等。

上面所说的导航系统，早已经研制出来了，现在，国内部分地区和城市也开始普及。这就是不同资源的整合。

同样，在公司中，老板和高层管理者作为决策层，不可能事事过问，通常是告诉你一个方向，怎么走才能到达目的地取决于你自己。人并非只是简单执行命令的机器，而是要发挥自己的思维和创造能力。这时，整合思维就能派上用场。你就需要在自己的头脑中按上一台导航系统，相反，如果思维模式错误，绝对无法执行正确。

比如：那家饭店门前围满了人，附近也有新商店正在装修，你可能会认为如果公司在此选址开一家连锁店肯定红火。

在这里，我们就只看到了比较人多、红火等明显的因素，而根本就没有把规划部门对此是怎样规划的纳入考虑范围。或者认为即使考虑了也认为规划不一定都能马上落实，随大流不会吃亏。其实，正在装修的商店也许就是为了多要拆迁的补偿费。可是，作为市场调查人员，如果是在一个陌生的城市，让你去选址，这些你又怎么可能知道呢？

撇开一些外在客观的原因不谈，造成你这种错误判断的是传统思维在作怪。传统思维者多会狭隘或简单地看待事物，考虑问题常常只见树木不见森林。因为这种明显的因素更容易寻找和处理。而且你自己的内心就在强化你的判断，而不肯推翻；否则太麻烦不是自找苦吃吗？殊不知，正是你这种自以为是对工作造成了不可挽回的损失。

整合思维即头脑中同时处理两种相互对立的观点，并从中得出汇集两方优势的解决方案的能力。完全有别于传统思维将问题分解考虑，满足于从现有方案中选择其一的方式。

比如，有两个我们意见不一致，作为领导怎么对待他们的意见冲突呢？按照传统的思维方式，人们总会选择一方而否定另一方，而整合思维不会非此即彼的牺牲一方而选择另一方的意见，而是富有建设性地处理彼此对立的意见，以创新的方式提出一个新的意见，优于对立意见的任何一方，既能消除双方的意见分歧，同时又包含对立意见的某些因素。

不单是组织的领导，整合思维这种方式适用于任何人。我们也可以通过整合思维的方式自我整合或进行自我与外界的整合。自我整合就是把自身的资源进行一定的整合，比如心灵整合、健康整合、知识技能整合等；自我和外界的整合就是自身资源和他人以及社会环境等的整合。让这些独特的自有资源通过某种方式彼此衔接，相互交互，最终形成最具价值和最具效率的一个整体，让它们通过整合发挥价值，目的在于通过寻求整合的最佳结合点，通过巧妙借鉴、融合其他资源、技术、思想、模式和方法，为我所用，提升自己的价值，凸显自己的核心竞争力，从而取得从优秀向卓越的跨越。

整合必须大胆突破各种观念束缚，有勇于颠覆一切传统的勇气和观念，把看起来似乎风马牛不相及的事情进行巧妙地整合，整合出令人意想不到的满意的结果才是整合的目的。

美国纽约地铁里的犯罪曾经十分猖獗，历任市长想尽了各种办法都收效甚微。后来，当朱利安尼被任命为市长后，他仅仅采取了一个小小的举动，只花了一年的时间就将中央地铁站的发案率下降了 33%。人们当然交口称赞这个能干的市长。他是如何做到的呢？出乎人们的意料之外，朱利安没有动用强大的警力，甚至没派一兵一卒，只是把莫扎特的音乐和混乱不堪的地铁及罪犯这些看起来不相干的因素进行了整合，24 小时不间断地播放。

地铁中都是行色匆匆的人们，如果说那些高雅的音乐还可以使他们的情绪少许稳定外，那些罪犯会欣赏吗？

但是，结果证明，这些舒缓、能净化人们心灵的音乐的确起到了作用。那些小偷似乎感觉在这么高雅、引领人追求真善美的氛围中行窃真不合适宜。就连那些强悍斗狠的黑帮老大也感觉在这种平静如流水一样的音乐中自己无论怎么叫喊冲杀也欢快不起来。莫扎特的音乐，彻底摧毁了地铁站原有的昏暗、混乱的"犯罪空气"。

莫扎特恐怕也想不到他的音乐能起到这样的作用。

整合思维并非高深莫测，而是一种明智实用的思维方式。但是，掌握这种思维方式需要我们在日常的经验积累中获得掌控能力和创新能力，而且还要学会反思，因为反思可以避免我们理所当然地接受明显的现实。当你开始质疑自己的思维方式时，有可能就给整合思维创造了最好的机会。

第四章
新思维模式的深度超越——集中

一、深度就是寻找本质规律

1. 深度无处不在

自然界的深度

自然界的深度现象到处都是，如最深的海沟马里亚纳海沟位于太平洋的西部，是太平洋西部海底一系列海沟的一部分。它位于亚洲板块和太平洋板块之间，北起硫黄列岛、西南至雅浦岛附近。其北有阿留申、千岛、日本、小笠原等海沟，南有新不列颠和新赫布里底等海沟。全长 2550 千米，为弧形，平均宽 70 千米，大部分水深在 8000 米以上。最大水深在查林杰海渊，为 11034 米 (各年测得深度不同)，是地球的最深点。

我们平时在山上见到的大树，有一个最坚实的基础就是根深蒂固。我们只看到参天大树的高，只看见大树枝繁叶茂遮盖的面积很宽，但我们一般不太清楚大树的根究竟会扎多深。浅水养不了大鱼，只有深度才会制造高度。

人类社会的深度

人与人之间的关系除了高度、宽度之外，还有一个交往深度问题。而且交往的质量就取决于深度。平时有人问我，你跟郎咸平熟不熟？我说交往很浅，或者说交往不太深。这说明深度是人际交往的直接判别式。另外，我们说某某贪官被揪了出来的评判时会说："他的根基扎得还不够深！"

人的智慧深度

许多朋友说："老苏，你有点儿深度！"这显然是在夸我或鼓励我。这说明深度是判断一个人智慧的重要依据。关于深度的词有：专家、学者、研究员、权威、大师等，尤其是"专家"一词最能直接反映深度。专就是集中，就是专注，人一专注自然就有洞察力，就能透过表象发现事物内在的本质，就能挖掘全新的价值来。

深度无处不在，如果你没有深度，就发现不了问题的本质。

一切极值都是深度的表现。

下面我们再来看看这更深所涵盖的主要社会现象。更深大趋势的现象，极值凸显：

负极值表现：极色、极贪、极权、极黑、极左、极右、极狠、极残、极恶、极毒、极坏、极苦、极浪，等等；

正极值的表现：极佳、极美、极善、极爱、极甜、极酷、极正、极义气、极认真、极专注，等等；

中极值的表现：极大、极小、极快、极慢，等等。

深度是反映事物的本质特征。本质特征主要以质变形式表现出来。凡是网页上的热点问题、热点新闻、观点文章，其实都是人事物深度运动的外在质变表现，都是为了整合一切宽度，之后去实现最终的高度。

整个西方物质文明就是要实现差异价值，而差异的实现就需要把事物推到极致，要么是正极致，要么是负极致，否则，就会认为是没有价值的。这与强调人文关怀的东方文明恰好相反，东方文明的目的就是要千方百计消灭极值。西方物质文明实质是极值文明，整个社会都倡导差异性、特殊性，在这种环境下，人自然也追求极值，这必然会给世界带来更大的动荡不安及潜在危机。

2．极值是如何造成的

世界之所以产生如此多极值现象，究竟是由于什么原因呢？我们不妨用一个故事来加以说明：

很久以前，有一个古老而又美丽的村庄，最初只有两男两女4个人在繁衍生息。用今天的生活环境来判断，这个村庄至少可以容纳200人。最初的那4个人中，两个男人就负责耕种、狩猎等体力活，女人就负责做饭、织布等技术活，生活虽然没有结余，但也基本温饱，过着田园诗般的生活。

随着时光流逝，村庄里的人越来越多，很快就增加到30人了。人们创造了先进的生产工具，共同劳动已不再是生活所必需的形式，于是有村里高人为领导，他安排8人种地，8人织布，5人养殖，5人建房，4人用本村生产的东西到外村去交换其人物品。由于分工的细化，效率大大提高，村庄里的人日益富裕。

时光依然流失，一百年后，这个村庄里已有200人。而且掌握的各项生产技术越来越先进，生产效率大大提高，此时为了满足200人的吃饭问题仅需要30个人从事生产，因此，失业的忧患开始出现，并威胁着人们的生活。于是，这中间有些人就开始找需求，于是就出现了铁匠、木匠、皮匠等最原始的工业生产者。由于分工越来越细，生活的内涵越来越丰富，生活要素越来越多，交换的东西也越来越多，其中有些人就变成了富人，有些人就变成了穷人。

时间还在延伸，今天这个村庄已有1000人了，这么多人，仅住房就是个大问题，于是就出现了高楼，从平房到高楼是在走极端，生产技术日益发达，如今生产1000人生理需要所需的所有物品却只要10个人。那么，剩下的那么多人干什么去？他们如何生存？这就出现了严重的社会问题，为了解决这个问题，人们纷纷想办法在产品的深加工、增加花色品种等方面下工夫，终于又可以容纳50人就业。以此类推，村庄里每出现一个新行业就会有许多人跟进，于是，所有产品都在向高、精、尖方向发展，无论是唱歌的、说相声的，都有许多人参与，竞争都十分激烈。

总之，纯粹的新行业十分稀少，因为绝对创新太难，所以绝大多数人都挤在许多人从事的行业，如此一来，就把生产的产品推到了极致。这就是今天我们的社会生活的方方面面都在向极端发展的根本原因。

深度经济已成为主流经济。

人口越来越多，全新的行业十分难开发，因此，几乎所有的人都挤在大众行业里，只能朝着分工越来越细的方向深化，于是，全世界所有的产品都在向艺术品的方向发展，这是人类智力拥挤的特征之一。如果人类的智力没有飞跃发展，那么，就只能推动经济向纵深发展。

深度经济并不与上一章的宽度经济相对立，正因为有宽度，才会使深度更加深入。

当然，导致世界向更深方向发展的逻辑动力和内在动力依然是更高，更高是人生是一切组织追求的总目的总目标。更宽只是实现更高的方法，更深是在更宽完成后实现更高的策略而已。同更高、更宽一样，导致更深的世界驱动的原因有如下三个：

原因一：经济驱动。经济刺激对于人类向深度和时空挖掘深度是十分有效的，绝大多数人都能被利益驱动，人人都是俗人。

原因二：精神驱动。人是可以为了认同、权力、名誉、面子、尊严等因素驱动的。一个人之所以失去了动力，那其中最主要的是失去了追求目标，是没有激活更高的欲望。人都是有野心的动物，只是有的被激活，而有些人没被激活而已。

原因三：兴趣驱动。这是讲内因，讲人的历史。人人有历史环境不同，因此其个性自然也会不同，其兴趣爱好自然也不同。常言道：兴趣是最好的老师，因此，兴趣在哪里，注意力就在哪里；注意力在哪里，成功就在哪里。兴趣是制造深度的第一推动力。

总之，因为超级流动性导致世界更宽，因为驱动力导致世界向纵深方向发展。更高是"比"造成的；更宽是"流"造成的；更深是"驱"造成的。

到此，我们已基本上说清了"世界大趋势更深"的主要直接原因和内在原因。

3. 挖掘深度就是向极限挑战

人类的极限竞争一方面十分可敬，它反映了人类面对困境的勇气、胆量，另一方面也显示了人类的无奈和弱智。如今，各行各业都在向深度进军，都在向极限挑战。我们不妨看看下面这个可敬又可悲的英雄。

1994 年 5 月 1 日下午，圣马力诺伊莫拉赛车场正在进行 1994 年度一级方程式世界汽车大赛第三站比赛，跑在最前面的是巴西赛车名将，三度世界冠军获得者阿依顿·塞纳，他已经跑完了六圈，开始第七圈，正以每小时 310 公里的高速飞驰。突然，在进入坦布雷略弯道处，赛车像是脱离了向心力，沿切线冲出跑道，箭一样射向赛场护墙。眨眼间车体四分五裂，车轮在烟尘中飞上天空，载着塞纳的残留车体在接连打了几个旋儿以后歪在跑道边……此时正是罗马时间下午 2 时 12 分。

一级方程式汽车大赛是当今世界上规模最大、刺激性最强的竞速运动，它同奥运会、世界杯足球赛一同被列为收视率最高的国际体坛三大盛事。不同的是，奥运会和世界杯足球赛每四年才举办一次，而一级方程式大奖赛年年进行，而且一年内要经过 16 个国家的 16 站角逐才见分晓。

一级方程式车赛的特点，是它在风驰电掣中完成对汽车制造业的高科技、车手的勇气和技能的完美结合。这是一项令人惊心动魄的竞技运动，充满了危险和向极限挑战的魅力。塞纳的体能教练科布拉回忆说，塞纳来到世上就是为了实验突破极限的可能性——机器的极限、速度的极限和人体忍耐力的极限。塞纳本人生前也多次说过："我所面临的最大挑战是寻求新的极限。"

从 1984 年到 1994 年的 10 年间，塞纳共参加了 161 次比赛，在 41 站获胜，65 次排位领先，累计积分 614 分，三次荣登世界冠军奖台。塞纳以他的天才、智慧和勇气改写了一级方程式的历史，迄今为止还没有任何一位车手在如此短的时间里以如此快的速度创造如此多的纪录、摘取如此多的桂冠。

塞纳自己曾经说过："当车在跑道上飞驰时，成与败的关键取决于千分之一秒的瞬间，必须在千分之一秒内作出决定。我要战胜时间，跑道 2000 年，成为历史上最伟大的车手。"可惜，伊莫拉的事故使巨星过早地陨落了。

塞纳常说："我竭尽全力跑好每一圈，因为我追求的是完美。"虽然塞纳的生命已经到了终点，但他的赛程并未跑完，正如在赛场上一样，他在生活的跑道上也同样追求完美。

挑战极限，无处不在。

在运动场上，百米纪录一再被破，刚刚在去年被打破的百米世界纪录在今年再次被打破，这项以挑战人类极限为宗旨的比赛，始终会以纪录一次又一次被打破而宣告人类的运动极限一次又一次地被验证得到提高。极限这个东西，本身就是没有终点的，什么时候出现极限的尽头，那将是数学这门科学被彻底否定的时候，当然，这个时候是永远不存在的。

2008 年纽约锐步田径大奖赛的男子百米飞人大战里，牙买加选手博尔特以 9 秒 72 的成绩打破同胞鲍威尔保持的 9 秒 74 的世界纪录，将人类百米极限速度又提高了 0.02 秒！

看了这则报道，我不禁产生了喜悦的感觉，不知道其他人读到这段时有什么样的感觉，我想，和我差不多吧，虽然破纪录的不是中国人，也不是亚洲人，虽然这不是我国选手刘翔参加的项目，但是这样一个成绩，以挑战人类运动极限为性质出现在人们面前，而且是继去年之后再次创造记录，短短的一年时间，这足以让人们欢呼雀跃。

是的，纪录再一次被打破了，人类的极限再一次被验证它永无终点，这已经成为事实，并不再是上次极限被验证以后的一个新的梦想。梦想总是会成为新的梦想，等纪录再次被打破时，回顾今天，也许这只是极限运动发展过程中的小小一步，但是对于今天来说，它已经足够让全世界的人民高兴一阵子了。博尔特，他是英雄，他一个该让全世界人记住的英雄！

值得肯定的是，挑战人类运动极限的行为，很多人在尝试，而出现的结果，只是极限一次又一次的被验证没有尽头，纪录一次又一次的被打破。我们应该为这种现象感到欣喜，就像我们为自己的飞人刘翔感到自豪一样，自从全世界人民开始重视体育运动，人类就远离了战争，这是可喜可贺的，从这点上说，挑战运动极限，是光荣之举！

总之，今天无论你在从事什么行业，你都不得不向极限挑战，不得不发出生命的吼声，全力以赴地拼搏。面对最强大的对手，你要敢于亮出你的剑，一切伟大都是拼出来的。

4. 挖掘深度就是寻找本质

300 多年前，一位奥地利医生给一个胸腔有疾的人看病，由于当时还没有发明出听诊器和 X 射线光透视技术，医生无法发现病在哪里，病人不治而亡，后来经尸体解剖，才知道死者的胸腔已经发炎化脓，而且胸腔内积了不少水。结果这位医生非常自责，决心要研究判断胸腔积水的方法，但百思不得其解。恰巧，这位医生的父亲是个精明的卖酒商，父亲不仅能识别酒的好坏，而且不用开桶，只要用手指敲敲酒桶，就能估量出桶里面酒的数量。医生在他父亲敲酒桶举动的启发下想到，人的胸腔不是和酒桶有相似之处吗？父亲既然通过敲酒桶发出的声响可以判断桶里有多少酒，那么，如果人的胸腔内积了水，敲起来的声音也一定和正常人不一样。此后，这个医生再给病人检查胸部时，就用手敲敲听听；他通过对许多病人和正常人的胸部的敲击比较，终于能从几个部位的敲击声中，诊断出胸腔是否有病。这种诊断方法就是现在医学上所称的"叩诊法"。

如果说高度的本质是寻找差异，宽度的本质是寻找关联，那么，深度的本质则是寻找本质。

那么，本质又是个什么东西？

本质可以是规律。事物的一切运动都是有规律的，都是个看不见的存在操纵的。苹果落地是万有引力在操控；人为了某个中心点转，也符合宇宙万物做圆周运动的规律。所有的学者都在寻找这个规律，政治、经济、科学、文化、艺术等等，都无不在努力寻找各专业的规模。看得见的都是假相，都是泡沫都不重要，重要的是那个幕后操纵的神秘力量。

树林里有一只乌鸦，很喜欢唱歌，可是它的嗓子不好，唱出来的歌真是让人不敢恭维。

这一天，乌鸦收拾家当准备搬家，这时遇到了它的新邻居喜鹊。

喜鹊问："乌鸦小弟，你要到哪里去？"

乌鸦答："我要搬到东边的树林里去。"

喜鹊很奇怪："这里住得不是蛮好的吗，为什么要搬呢？"

乌鸦答道："喜鹊大哥，你真是有所不知啊！这里的人都讨厌我的歌声，说我唱得太难听，所以我必须搬家。"

喜鹊听完，意味深长地说："其实需要改变的不是你的住处，而是你唱歌的声音。如果你不改变唱歌的声音，就算你搬到东边的树林里，那里的人也一样会讨厌你。"

这个故事就是讲发现本质的重要性。

几千年前老子就说过："知人者智，自知者明；胜人者力，自胜者强。"用今天的话来说，就是能正确认识别人的人是很有智慧的，而能正确认识自己的人才是个聪明人；能战胜别人的人，只能算是有力气，而能战胜自己缺点的人，才算是真正的强人。

本质可以是真相。在些本质并没有普遍性，但也会有它的生命环节。比如张三把王小姐甩了，王小姐又漂亮又有钱还有高学历，而小张只是个十分普通的大学毕业生，一无所有。这就令人费解，基本不符合大众婚姻逻辑。小张是不是脑子里灌水了呢？没有，他正常得很。于是我们外人就有必要进一步弄清小张为什么要甩掉那么优秀的女朋友呢？好事者就开始了真相揭示之旅，也就是要开始挖掘出事件的本质。原来是这样：小王有许多优点是不错，但她有一个最大的缺点——性虐待狂、同性恋。这就是真相和本质。本质可以是最后那个存在。也就是说，我们全力以赴想去挖掘事物运行的本质，实质上是想探底。是想把那个导致表面现象出现了的最初的存在导出来，好让我们看得清清楚楚，明明白白，好满足人的征服欲，好为失败提供新的思路和警示。

比如我们说某某湖里有个水怪，于是我们就会产生把湖弄干后，发现真相。这就是探底。老子发现"道"，这是他对万物动作的探底；爱迪生发明电灯泡，这是他对梦想的探底；

总之，本质就是道，就是规律，就是真相！

二、发现本质要修炼洞察力

1. 一叶知秋的洞察力

所谓"洞察",就是能够透彻、深入地察觉事物任何细微的发展变化,对事物发展的内部原因洞若观火,即具备洞幽烛微的慧眼,能够从细微处准确判断事物发展变化的大趋势。下面是一则令人惊叹而又值得回味的轶事:

1966年7月,《中国画报》刊登了王铁人的照片。日本人从王铁人头戴皮帽及周围的景象中推断出,大庆地处零下30度左右的东北地区,大致在哈尔滨和齐齐哈尔之间。1966年10月《人民中国》杂志在介绍王铁人的文章中,提到了马家窑,还提到了钻机是人推、肩扛弄到现场的。日本人据此推断出油田与车站距离不远,并从地图上找到了这个地方。接着,又一篇报道王铁人1959年国庆在天安门上观礼的消息中分析出,1959年9月王铁人还在玉门,以后便消失了,这表明大庆油田开发的时间是1959年9月以后。1966年7月,日本人对《中国画报》上刊登的一张炼油厂照片进行了研究。照片上没有尺寸,但有一个扶手栏杆。按常规,扶手栏杆高一米左右,他们依比例推算出炼油塔的内径、炼油能力,并估算出年产量。由此日本人得到了当时我们还极为保密的商业情报,开始与我们进行出卖炼油设备的谈判。

聪明的日本人能从几乎没有前提的情况下,看出确确实实的"有"来,这实在是一种超人的智慧,更是一种非凡的洞察力。画报上的一顶皮帽子、一个扶手栏杆、一篇国庆观礼的消息，这与当时中国的炼油能力有什么关系呢？简直是风马牛不相及，但是，日本人从这些在别人看来根本没有联系的事物中找到了必然的联系，从而作为谈判的依据，其洞察力令人叫绝。一叶知秋，这并不是说这种人眼力特别好，而是说他们有着非凡的洞察力，只望见一片叶子飘然而下，便知道整个大自然正在改变时节。管中窥豹，可见一斑。战败后的日本，之所以在不长的时间内，一跃成为世界一流的经济强国，毫无疑问，与他们这种敏锐的洞察力是密不可分的。

如今，谁都知道创意如此重要，创意是人类创造财富的主要道具。那么做出创意点子的能力来自哪里呢？怎么发挥呢？

创意可以通过教育和训练来提高，而训练的方法是提高洞察力。

所有知识和创造物都始于观察，是观察的产物。在创意思维中观察所占的比重最大。画家、诗人都是靠观察创造艺术，而组织的核心竞争力来自于想象力和创造力的结合，而且不一定要观察多了不起的大事件，大部分的创意都来自观察日常的、琐屑的事物。

认真观察就能看透世界运转的原理，马尔科姆·格莱德威在其著作《眨眼》中展示了两秒间的无意识状态下执行瞬间判断的过程，讲述我们应如何组织思考体系，提高决策能力。根据时代需求，他重新提出了观察的方法论。企业需要全力培养职员的创意，因为创意完全取决于个人的观察能力。提出的点子可以在企业内部共享，并被补充完善成为更具创意的点子，但点子都是从个人观察开始的。很多组织都在努力拷贝那些创意人才集团3M、谷歌、苹果等公司的产品，但他们无法靠拷贝取得领先。

现在是超竞争时代，竞争已经进入了白热化阶段。以前的那些标准都丧失了作用，到了真正无法预测的时代。所以过去能够创造财富的知识信息、方法论都成了无用之物，现在只有最新登场的才有效。没有第二个谷歌，第二个迪拜，只有第一个生存。任何人想要生存都需要创造新。

在任何领域都只有具有创新的人才能生存，这将让很多人背负巨大的压力。利用他人遗漏的机会或比别人先到一步就能享受成果的时代已经过去了，为了创新我们需要观察。

"机会和真理一直在那儿，等待人们去发现"。当你的对手在看得见的市场中调查分析的时候，你应该深入看不见的市场，寻找"机会和真理"。

卓越者或成功人士都善于创造新事物，因为他们有着洞察新事物的卓越能力，所以马克思·韦博把洞察力选为一个卓越者必备的第一素质。能发挥卓越者观察影响力的不仅在业务方面，在办公室政治中洞察力也是非常重要的。选拔组织需要的人才，并把他们安排到合适的位置，这些都需要洞察力。个人也需要洞察力来了解自己的核心力量和业务范围，发现市场机会。从与竞争对手争夺市场的商人，到开发自己潜能的大学生，几乎在所有领域都需要洞察力。

不过成功的卓越者和天才也不老是瞪着眼到处观察，反而是半睁半闭地观察世界，并洞察他人无法看到的部分，再复杂的事物也能被他们轻易把握。他们可以在他人容易忽略的细节中发现线索，发现机会，甚至天气、事故和一些国家政策，也能成为暗示他们的某种线索。他们看得更远，更透彻。

长期观察和准备让偶然变成了机会。用准备好的眼睛仔细观察偶然事件，并把握其中转瞬即逝的机会，这就是观察。想观察的好就应该作好准备。把握偶然机会的代表人物路易·帕斯托说："幸运只向那些准备好的人微笑。"

总之，你如果拥有了深入的洞察力，你才会善于发现问题、分析问题及解决问题。

2. 提升发现问题的洞察力

发现问题是我们成大事的一项重要的技能。

发现问题的方法，不论怎样总结，几乎没有人能穷举究竟有多少种方法，有的方法已经成为理论，有的方法是人家的经验，还有的方法来自于有心人的独创。因此，没有必要去穷其数量，方法本身具有很强的功利性、实用性、创造性甚至情境性，关键在于使用它能够看出问题。

发现的问题可能表现为：规律、机遇、威胁、不足、薄弱环节、经验、教训等方面。有人总结了如下方法，或许会对您有所帮助：

学习法：基本方法，不能直接使用，但通过学习提高自己的理论横向和认识横向。大学生发现问题的能力要比中学生强。

锻炼法：基本方法，不能直接使用，通过实践获得丰富的经验，也有助于发现问题。一个经验丰富的修车工只要听听声音就能知道问题出在哪里。做人做事都要善于总结。

询问法：询问自己的下属、内外的专业人员、顾客，您往往会了解到您忽略的问题。

统计资料分析法：各类统计资源蕴涵大量的信息，要学会使用统计资料。

听取报告、汇报：定期或不定期听取报告或汇报，通过您的判断，您可能会发现问题。

会议法：特别是工作协调会、总结交流会、座谈会，是我们发现问题的重要途径。假设有一天，您把部门经理召集起来，让大家把最近的工作详细介绍，您可能会发现很多问题。

现场观察、考察、检查法：这一方法我们都用，但如果您不够细心，有的问题还是会漏掉。

实验法：当您在对采取的措施事先没有把握，也没有先例时，可以小范围实验，看看会出什么问题——我们的试点、试制、试销，都是出于这一思路。

对比法：跟好的组织比，很容易发现自己的不足。

随机法：随意发现的问题背后可能存在重大问题。

典型调查法：选取典型的客户、产品、市场、部门，仔细分析。假如长虹是您的客户，它的销售占总量的60%，您实在是有必要对它进行解剖。

专题法：针对某具体问题，从深入的角度剖析，例如要尽可能地把用户情况摸清楚。

假设法：假设某种条件出现，会带来什么问题，例如假设资金不到位的话，项目会怎么样？这样的思路有助于您采取补救措施。

薄弱环节探求法：自己的痛处自己知道，您也应该能知道它给您带来什么后果。例如：您的产品成本太高，那您应该知道在市场上会有什么问题。

排除法：产品销路不好是怎样造成的？质量？价格？成本？技术？款式？竞争？一个一个排除下来，您会找到问题所在。

投票法：比如，您认为我们意见最集中的是什么问题？让我们投个票就知道了。

3. 提升分析问题的洞察力

实际上，发现问题和分析问题不能割裂开来。分析问题的主要目的是要寻找问题的原因、解决问题的依据、事物发展的方向和规律的总结归纳，以及寻找经验、不足和差距、问题的关键、重点、突破口等，为解决问题打下基础。

与发现问题的性质一样，分析问题的方法很多，可以说您想得到有多少就有多少。问题要把握两点：一是您要有营销人员的知觉和感觉，二是要有清晰的思维方式和头脑。不要去追求方法的多寡，关键在于您清晰的思路、潜心的创造和日积月累。

在此我们也只进行个别枚举：

分类法。分类法的基本思路是：我们面临的事务杂乱无章，通过类别的区分使之有序化，其特征和规律就会更加明显，解决问题也更有针对性。我们至少可以从以下四个方面应用分类方法：

——通过分类可以让我们更容易把握每一类事务的特点和规律（例如大客户与小客户、国内市场与国外市场）。

——有助于我们解决问题、采取针对性措施。例如营销中的市场细分（针对穷人和富人的营销手段是有差别的）。

——有助于我们工作的细化——分类之后，您可以对重点类别花重点的时间和精力，又不致在次要的问题上浪费。

——有助于开拓创新——就拿性别分类，自行车、牛仔裤、摩托车、手表……以前只有男式没有女式，您分分看，是不是又有新市场？

对比法。横向对比——与他人，可以找到差距、不足，也可以发现人家的规律、经验和教训加以借鉴；纵向对比——与自己，容易发现趋势和规律，总结经验教训。既要善于横比，又要善于纵比，全方位分析问题推理法。推理包括哲学和逻辑演绎，这里我们不深入探讨。介绍几种使用思路：

——惯性原则——事物发展有在一定时间内保持原有状态的属性，这有助于我们在短期内把握方向和采取措施。

——相关原则：利用事物的相互影响推理：例如国家取消福利分房与房地产行业的发展、居民收入提高与消费档次和横向、家长和社会对孩子的重视引起儿童用品的发展、生活节奏加快引起方便食品的风行。

——概率推断原则：根据预计的可能性决定您将采用的措施：例如我估计今天有80%的可能要下雨，所以出门带雨伞；估计对手有60%的可能进行反击，所以我需要有预防措施。

——类推原则：非常有意义的管理思路。

由小见大：从某个现象推知事物发展的大趋势：例如现在有人开始购买私家汽车，您预见到什么？运用这一思路要防止以点代面、以偏赅全。

由表及里：从表面现象推实质：例如统一食品在昆山兴建，无锡的中萃面应意识到什么？海利尔洗衣粉到苏南大做促销，加佳洗衣粉意识到可能是来抢市场的。换个最简单的例子说：一次性液体打火机的出现，真的就有火柴厂没有意识到威胁的例子。

由此及彼：引进国外先进的管理和技术也可以由这一思路解释。你记住一句话：上海做的，四川人可能还没有想到。发达地区被淘汰的东西，落后地区可能有市场。

由过去、现在推以后。历史的东西对以后的发展是极有指导性的。换句话说：10年以前，谁敢想象自己家有空调、电脑、电话？那么站在现在，我们问：您能不能想想10年后您会拥有自己的汽车？这种推理对商家是颇具启发的。您能总结一下中国家庭电视机的发展规律吗？也许，您从中就能找到商机！

会议法。值得推荐的集体分析讨论，有两种会议也是管理者工作的有效方式：

——务实会：对分析目前的情况，总结工作，发现问题及其原因，协调工作都非常有帮助。

——务虚会：在设计行动方案，对未来的情况进行估计和分析，很有益处。

关键因素和问题确定法：我们一般不会碰到什么问题马上就解决什么问题，通常要对解决的问题进行排队，以明确是非、轻重、缓急、主次。在一般情况下，以下问题可以作为您工作的关键。

影响全局的问题；根源性或源头性的问题；带动性的问题；典型的问题；预期后果严重的问题。

ABC分析法。通过数据分析得到关键和重点问题，这个方法本身来自于数理统计，在质量控制中有广泛应用。实际上，它在管理的很多方面也不失为一种好的思路：一个组织出了问题，哪个部门最关键？这个部门的问题，哪个班组（科室）是罪魁祸首？这个班组的问题，哪几个人负有主要责任？这样才能找到问题的实质所在，而不致一刀切。或者我组织有几十个产品，哪些产品在为我抢市场？哪些产品带来主要的利润？哪些产品占用着关键的成本？相信您能从其中获得重要工作思路。

因果分析法——顾名思义，这是寻找问题原因的工具，也是先在质量控制中得到使用。但是其思路在任何管理方面都可以使用，比如从我们的销量逐步下降这个问题反溯至产品、技术、服务、价格、竞争、分销体系、宏观环境等可能引起这个结果的因素。您还可以用同样的方法分析"为什么我们积极性不高？""为什么我们的利润率很低？"我个人认为，这种方法几乎无所不能，也可以把它作为诊断、上下级交流的主线。

4. 如何才能透过现象看本质

理性认识只有在第二次飞跃中才能实现其目的，并得到检验和发展，正是第二次飞跃更加伟大的意义之所在。

发现事物的本质，我们要加强抽象力的学习与训练。

抽象要科学，一定要抓住要点或特点。所谓科学，就是必须根据和符合于客观实际，而不是想象的、主观幻想的、随意的。

科学的抽象需要详细地占有材料。科学就是实事求是，"而要这样做，就须不凭主观想象，不凭一时的热情，不凭死的书本，而凭客观存在的事实，详细地占有材料，在马克思列宁主义一般原理的指导下，从这些材料中引出正确的结论。"

这是因为现象是本质、规律的显现，我们掌握的感觉材料越丰富，越真实，就越能全面地深入地认识事物的本质、规律。仅仅根据一些零碎不全的材料，抓住"一鳞半爪"，就进行抽象概括，非得出错误结论不可。为此他极力提倡进行社会调查，把所研究的问题的"来源"找到手，把"现状"弄明白。

分析要达到"科学的抽象"，必须对感性材料进行"去粗取精、去伪存真、由此及彼，由表及里"的制作加工。这个抽象思维操作过程深刻而通俗地阐明了进行科学抽象的思维的步骤和方法，也是我们进行任何科学抽象时所必须遵循的。

三、挖掘本质要修炼逻辑力

1. 逻辑分析力是成大事必备的工具

逻辑是人们思考问题，从某种已知条件出发，可推出合理结论的规律。逻辑是跟直觉、非理性、蛮干、疯狂相对立的一个词。我们说1加1等于2才符合数学逻辑，而生活中说一个男人加一个女人等于3个人是生理的逻辑：因为女人可以怀孕，但它不符合数学逻辑。下面讲一个逻辑故事：树上有几只鸟？

某日，老师在课堂上想看看一学生智商有没有问题，便问他："树上有 10 只鸟,开枪打死 1 只,还剩几只?" 学生反问道:"是无声手枪或别的无声的枪吗?"

"不是。"

"枪声有多大?"

"80～100 分贝。"

"那就是说会震得耳朵痛?"

"不会。"

"在这个城市里打鸟犯不犯法?"

"不犯。"

"您确定那只鸟真的被打死啦?"

"确定。" 老师已经不耐烦了, "拜托,你告诉我还剩几只就行了,OK?"

"OK,树上的鸟里有没有聋子?"

"没有。"

"有没有关在笼子里的?"

"没有。"

"边上还有没有其他的树,树上还有没有其他鸟?"

"没有。"

"有没有残疾的或饿得飞不动的鸟?"

"没有。"

"算不算怀孕在肚子里的小鸟?"

"不算。"

"打鸟的人眼有没有花?保证是 10 只?"

"没有花,就 10 只。" 老师已经满头大汗,且下课铃响起,但学生继续问道:"有没有傻得不怕死的?"

"都怕死。"

"会不会一枪打死 2 只?"

"不会。"

"所有的鸟都可以自由活动吗?"

"完全可以。"

"如果您的回答没有骗人,"学生满怀信心地说,"打死的鸟要是挂在树上没掉下来,那么就剩1只,如果掉下来,就1只不剩。"老师当即晕倒!

也许你会觉得这个学生非常烦琐,竟然问了那么多无聊的问题。但你不得不承认,这个学生确实是一个思路缜密的人。在战略决策中,我们中就是要这样不停地追问、弄清各种可能性,以便把握事物的本质。

优秀卓越者应该具备这种能力:无论什么事都能从根本开始应用逻辑思考,回归原则,找到通路,找到答案。

逻辑思考的基础就是亚里士多德的理论学说。亚里士多德的理论中使用了 A=B,B=C,那么 A=C 的逻辑(理论)。另外还有一种理论,如果把整体看成 T,那么它就是由 A 和 B 组成的,没有遗漏或重复。也就是,不是 A 就是 B,不是 B 就是 A,这种"二律悖反"的理论。这两个理论是逻辑思考的精髓,和语言本身无关,而是整个世界不变的真理。

因此,无论走到世界哪个角落,逻辑思考都是通用的。逻辑是世界通用的语言,全世界所有人都能理解。正是因为我使用了这个工具,所以无论是作为经营顾问在世界各国研讨或演讲,还是出书,都能得到理解。

卓越者固然需要想象力和直觉力,但运用逻辑解决问题的能力也不可或缺。

2. 运用逻辑解决问题的三个原则

原则一:要有所有问题都能解决的强烈信心。

英语中有一句话叫做"Self fullfilling prophecy",乐观一点讲就是"正如我所说的",悲观一点说就是"自掘坟墓"式的自我暗示。有的人遇到问题时总是很快就会说"没办法"。可是,说了"没办法",就意味着承认问题无法解决。想到"没办法"那一刻,思维就停止了,能解决的问题也变得无法解决了。

所有问题都有解决的办法。有了这种信念,就会相信事情会变得比现在更好,然后思考、行动。这是问题解决者最应该具备的重要态度。

199

原则二：经常考虑"what、if……"

试着考虑一下："如果有答案的话，那么答案在哪个范围呢？是什么样的感觉呢？"也就是说，要设定"what、if……"这样的问题，就是"如果情况是这样的话，怎么考虑（或者行动、反应）好呢？"换言之，形成思考的习惯是解决问题的基础。

原则三：不要把原因和现象弄混。

以我的经验来看，通常五成以上的问题原因只有一个，可能你会觉得原因很多，可那只不过是一个原因以不同形态出现而已。抓不住原因和现象区别的人，就会说"问题太多，没办法解决"。而且，针对现象一个一个解决还是没有办法。不找到原因是绝对解决不了问题的。

例如，某个工厂面临这样一个问题：无论检查多么严格，都会有5%的残次产品出现。彻底调查原因就会发现，是生产线上方有一个排气口，从那里有灰尘落下，因此把排气口移到别的地方就简单地解决了问题。

像这样，原因一般都集中在一点上，而现象却辐射在各个方面，弄错现象和原因，最终拿出的解决对策却针对错误的目标。，如果不修正原因，问题又会以别的形式出现，对此又实施对症疗法。这样下去就会陷入无止境重复弄错对象的对症疗法的窘境里，只是增加成本罢了。

3. 发现问题的三个步骤

第一步：问够100个问题，问题的原因就会显现出来。

A和B加起来成为整体，而且没有其他遗漏或重复，这种理论结构叫做"自相不矛盾"。若说人类是由男人和女人组成的话，加起来变成100，问题就不矛盾。可是，要是说人类是由男人和年轻人组成的话，由于年轻人中男女混合存在，就变得自相矛盾。要说哺乳类由人和人以外的哺乳类组成的话，这也是不矛盾的。

但是，这100个问题必须按照非常严密的理论构成。为什么呢？那是因为原因可能就在你提出问题的相反一面。

因此，在最初为找到问题而做的提问中，理论上要求绝对保证这些问题以外再也没有任何问题。

例如，如果结论是"缺乏干劲儿的都是男人"的话，那么找到男人缺乏干劲儿的原因就可以了。是东部地区还是西部地区，是学文科的还是学工科的？设定这种问题也可以。但是，营业成绩不好的是女人还是年轻人？如果设定这种问题的话，因为有遗漏和重复，即使说出答案，原因也不是这个，很可能弄错对策。

第二步：看到问题本质的话，就建立假设。

初期不厌其烦地反复进行提问，"整体是100，那么是A还是B呢"，按照这个流程，不是这个，也不是那个，一个个排除，产生问题的原因的范围就会变窄。然后，"应该就是这个吧"，当发现这样的问题时，假设就成立。

第三步：收集能够证明假设的数据，并证实它。

四、深度的实现需要高度集中

1. 天下大事必起于点

每一件事都是从点上开始的。如一本书有没有看点，一个人说话有没有观点，一个话题有没有侃点……这都说明了点的重要。

麦当劳只卖快餐一个点，可口可乐只卖可乐一个点，娃哈哈只卖饮料一个点，同仁堂只卖药一个点，全聚德只卖鸭一个点，蒙牛只卖牛奶一个点，迪尼斯只卖儿童乐园一个点。孔子只讲"仁"这个点，老子只讲"道"这个点，佛陀只解决"苦"这个点……

千仞高山，起于垒土；无边汪洋，积于点滴。参天巨松，始于种子。

自然界的一切一切，都无不是从点上开始。家庭始于单个的人，组织始于老总。人类社会的一切一切，都无不是从点上开始的。没有这个原始的点，没有这个起点，那么，人生的一切成就都是扯淡，都是无源之水，无本之木。

由此看来，天下大事，无不起于点。

人，都是在点上一步一步卓越起来的；组织，也同样是在点上日积月累而铸就出辉煌的。总之，一切的成就都只可能从点上开始。这天下研究卓越之道的人不计其数，我也是其中一位。许多人告诉你某个人的成功经验，过分地宣扬个人力量的伟大，我则不同，我是用批量筛选法，在超大时空背景中去研究人卓越的核心规律。

我经常对他们说，许多大师都是先在点上创造出卓越的。国内有许多只写好一篇文章的大作家，只讲得好一堂课的顶级演讲家，只演得好一场戏的大演员，只知道一点的大学者，只唱得好一首歌的大歌唱家，只做过一件事的无数成功卓越人士……

这说明什么？说明一个人只要能集中一次，能集中在某个点上干出点成绩，你就能迅速出名，迅速功成名就，就这么简单。

天下的好事那么多，你不可能全做完；天上的麻雀那么多，你一手也抓不了两只。你只有选择一个属于你的点，开始集中力量进攻，把那个点打造成为一流，你不就成了吗？

许多歌星只唱好一首歌就红遍了大江南北，许多作家只写好一本书，便红遍全球；许多演讲家只能讲好三个小时之课，就名振江湖……

组织也一样。许多组织只生产一种剃须刀刀片，就享誉全球，许多组织只推出一种小小的服务，就将店子开遍了全球……

心的深度修炼对肤浅者、浅薄者、平庸者、意志薄弱者、浮光掠影者等，最能帮助其改善人格的缺失。

2. 集中才能做透一个点

成功的最大秘诀是把你的能量、力量、资本集中在你目前经营的业务上。从一条产品线开始，决心在那里冲出重围，取得领导地位。愿意接受每一项改善，拥有最好的机器，并且了解最详细的信息。失败者是那些分散资本的人，意味着脑力也过度分散。他们投资这个，投资那个，到处投资。'把鸡蛋放在不同的篮子里'是错的！我告诉你，'把所有的鸡蛋放在同一个篮子里，然后看好那个篮子……'看好一个篮子，是容易做到的，一次带太多的篮子反而会打破最多的鸡蛋！

纵观古今，又有哪一位卓越人士不是深谙集中之道的？

世界 500 强除了极个别的组织（GE 公司）之外，几乎都是靠集中而在短时间内取得成功的。作为一个老总来说，战略要集中，管理要集中，投资要集中，研究要集中，生产要集中，品牌要集中，宣传要集中，否则，就有可能战线太长，力不从心，最终导致后劲儿不足。作为个人，若要想尽快出人头地，也得启用集中之道。否则，也会因力量分散而一事无成，劳而无功。目前流行的定位主义、专业主义、抓大放小、目标致上、速度制胜、焦聚原理等，都在说同一个意识——集中。不集中，不足以成就任何大事。许多有能力的人不成功不卓越，主要是因为他们还不够集中。许多人有学历，有资历，也勤奋，可就是没有什么大的突破，我想给他们的建议是"集中，再集中"。

其实，集中是大地上最直白的真理。江河是因为雨水的集中，高山是因为泥土的集中，高楼是因为钢筋水泥的集中，专业是因为知识的集中，生命是因为能量的集中，团队是因为个体的集中……

集中可谓无处不在，谁不集中，谁将一事难成；谁能集中，谁就能创造出更大的辉煌！

下面让我们来看看万科集团董事长王石运用集中战略变相对弱势为相对优势的一个故事，它来自《今日女报》中的一篇报道：

几年前，一支由 7 名业余队员组成的登山队攀登珠穆朗玛峰，中央电视台首次全程直播，中国移动公司专门为此做了一个网站。在媒体的推波助澜下，此次攀登珠峰，引起了人们广泛的关注。

在 7 名队员中，有两个人最引人注目，一个是深圳万科集团董事长王石，鼎鼎大名的地产大王。在房地产界，没人怀疑他的能力，但对于登山，他充其量是个业余爱好者，何况已五十多岁，想征服世界第一高峰，谈何容易？人们不禁为他捏了一把汗。

另一个是比王石小 10 岁的队友，身体素质和状态特别好，在北京怀柔登山基地训练时，一般人登山负重最多只有 20 公斤，他负重 40 公斤仍然行走自如；别人走两趟，他能走三趟。人们纷纷预测，这名队员应该能第一个登顶。

整个登山过程中，那名呼声最高的队员身兼数职，一路上，他要接受记者采访，每天还要抽空上网，关注网友发的帖子，回复人们的关心和祝福。他还要全程拍摄登山过程，并把一些相关图片按时发给家乡的电视台。

王石原本就是财富名人，加上年龄较大，按常理说，他是最受媒体和人们关注的队员。但恰恰相反，他表现得极为低调，事先约定不接受记者采访，不面对摄像机，专心登山。

在海拔 8000 米营地宿营时，金色的夕阳倾泻在白雪皑皑的珠峰上，风景异常绮丽，队友们兴奋异常，纷纷跑出去欣赏美景，只有王石不为所动。有人招呼他："王总，快出来看看，风景多么壮观啊。"他躲在帐篷里没吱声。几分钟后，又有队友提醒他："王总，你再不出来会后悔的，我们登了这么多山，从没见过这么美的风景。"

会当凌绝顶，一览众山小。站在那样的高度看世界，能不美吗？王石依然闭门不出。

第二天，登山队到达海拔 8300 米的高度。越是接近顶峰，危险和挑战就越大。当晚，大家开始慎重选择是否登顶，那名呼声最高的队友，不得不放弃登顶，此时，他的体力已消耗殆尽。最终，只有 4 人成功登顶，其中包括王石，自始至终，全队只有他一人没受伤，近乎完美地登上了世界第一高峰。最具实力的队员没有登上顶峰，最不被看好的王石，竟然一举登顶，这样的结局，大大出乎人们意料。

下山后，王石欣然接受采访，记者的第一句话是："真没想到，难道你有什么登顶的秘诀吗？"他笑了："自从第一脚踏上珠峰，我只有一个目标，就是登顶，与此无关的事情，我一概不做。"

王石一语道破天机，就是两个字——集中。集中全部精力于一个目标使王石变相对弱势为相对优势。

再来看这样一个故事：

主人的两头牛走失了，就吩咐他的仆人出去找。可是等了半天也不见仆人回来，主人只得自己出去寻找，并看个究竟。在野地里，主人看到他的仆人正在那里来回瞎跑，就问他："你到底在干什么？"仆人回答："刚才我发现两头鹿，您知道，鹿茸非常值钱，所以不必找什么牛了。"

主人说："那么你捉到鹿了吗？"

仆人说："我去追朝东跑的那头鹿，谁知它跑得比我快。不过请放心，我记得朝西的那头鹿脚有点瘸，所以转过来再追它，相信我会捉到的。"

叫他找牛他去捉鹿，捉东边那只时却惦记着西边那只，念头反复无常，最终落得个牛没找着、鹿没捉到的结局。

其实，如仆人这样的例子在生活中并不少见。无论是在生活、工作，还是在感情上，最忌讳的就是朝三暮四、朝秦暮楚。像这样无法专注于手头正在做的事情上的人，想取得成功或达到目的真可谓天方夜谭。无论是个人和组织，只要是已成功的，你都可以从中看到集中智慧的运用。不集中是很危险的，尤其是创业初期，你本来就弱小，还分散了那些仅有的一点点资源，能比得过别人吗？

由此看来，我们缺少的不是什么其他的东西，只缺集中。只要能集中，弱者也能翻身。

3. 只做 20%最有价值的事

在某一时刻，你可能已经碰到过 80/20 原则，也就是众所周知的"帕累托原理"，即只用 20%的努力获得 80%的利润。

普通的办公室工作人员很容易能证实这个现象。在每天工作的 8 小时中，也许只有 1.5 小时的工作有回报，这就是那个 20%，它可能包括开发一个新产品或提供一项新服务、建立新的优先顺序或目标、指导他人工作等。另外 80%的时间可能包括一些低价值的工作如整理邮件。参加一些事不关己只是出于礼貌去参加的会议，做一些微不足道但很着急的事情，拒绝推销员向你提供不适合你的服务和产品，或是接听一些与工作关系不大的闲聊电话。

同样的规则也适用于产品。许多公司的产品范围很广，但如果算一下利润的来源，就会发现利润只来自相对少量的产品。造成这种情况的原因可能是那些产品的销售量最大或价格最高。

服务业的客户很多，但大部分利益来自于相对少数的几个客户。组织发现，20%的客户占据了他们80%的时间来回答疑问、处理小的抱怨和最紧急的修改。而且，提供20%的最大价值的人通常不是制造最多麻烦的那20%的人，所以，放弃最难缠的客户会使他们解脱出来赚更多的钱，而不必考虑怎样减少压力和愤怒。

这个原理甚至还可以应用于家庭生活的某些方面。很可能你在80%的时间里穿衣橱里20%的衣服，地毯的20%承受着80%的磨耗。你与配偶或伴侣80%的争吵可能是因为20%的事情（对于大多数配偶来说，这些问题一般是金钱、谁来做家务及抚养孩子等问题）造成的，而你们对这些事情的处理办法并不一致。

现在，你需要改变的是以前眉毛胡子一把抓的习惯，发现哪些事属于最有价值的"20%"，然后集中精力去做它们。

五、挖掘人生深度的三大方法

1. 方法一：止的修炼

(1) 处方就一个"止"字

大学之道，在明明德，在亲民，在止于至善。知止而后有定，定而后能静，静而后能安，安而后能虑，虑而后能得！人生的一切追求都得从"止"这个字开始。

知止而后能定。组织的企字，就是人止，这就企的解字。组织，就是一群天马行空的人停止下来了，停在某一个地方，停在某一件事上，停在某一个项目上。人不停，就不会有组织。试想，一个人居然静都静不下来，还谈什么成功呢，这正如一个人背着一袋子种子，到处游走，不知道要把种子撒在何处，那么，他又怎能指望秋天的收获呢？

如果不止下来，整天游走在大地上，能开花结果吗？能吸收大地的能量吗？只有止下来后，才有可能膨胀自己的渴求，展示自己的生命力，根开始向大地延伸，身子开始向蓝天生长，空气才对你有用，阳光才能对你有用，大地的化学元素才能为你所用，才算得上铺开了你全新的动态人生。

游走在大街上行色匆匆的人，他们中间绝大多数都是没有止下来的，他们心比天高，总认为自己将来会怎样怎样，他们总相信某个机遇在远方，他们总在赶路，总在搜寻着一个又一个目标。

其中有一种人，总认为自己应该干点大事，不应该止于身边的小事。其实拥有这种想法是完全错误的，他不明白一个人在任何环境下都是能有所作为的。一个人错过了现在，其实他就错过了一生。许多人后悔二十几岁或三十几岁没有止于一事，终致老时万事蹉跎，一事无成。

一切都可以从手头的事开始，因为条条大路通罗马，人生的道路也是如此。有的道路看起来是小道，但走着走着就上了大道。许多人总是干一行，恨一行，总瞧不起手头的工作，从来就没有想过要在手头的小事上有所成就。殊不知，世上只有小的人物，没有小的事业。有人卖快餐卖遍了全球，大家最熟悉的麦当劳、肯德基就是；有人卖卫生用品卖向了全球，宝洁公司大家都听说过；有人卖领带卖向了全世界，金利来大家都不陌生……这样的实例不胜枚举。

当今社会如此发达，每个行业的起点都很高，我们每个人都只能在某一个小环节上干出点成绩，说白了都只是一个大机器的零件而已。因此我们每个人都应首先找到自已的位置，而后做出成绩。

说到底，人生要想有点成就，就得先止下来，只有止下来了，你才能安定。

定，一是心定，二是身定，三是神定。若只有身定，而心神不定，那么，你是痛苦的，烦恼总在你左右。有人身在曹营心在汉，有人朝秦暮楚，有人六神无主，是一个身心分裂的人。正如一个漂亮的女子若没有嫁人之前是很难安定的，因为追求她的人太多太多，只有选定了一个男人，她才算安定下来，否则她永远处在情感的纠缠之中。

定后才与万物有关。不止不定，世界与你全无关系。你止于教育，那么古今中外的教育方法就与你有关；你止于军事，那么全球所有发生的战事你都会关心；你止于发明，那么全球关于发明的信息都与你有关；你止于制造汽车，那么全世界关于代步的工具都是你研究的对象；你止于管理，那么所有关于人类行为思考领域都是你的分析范围……

定而后能安。不定下来，你的心永远在奔走。到一个单位工作，你可能发现手头的事也不是那么好干的，于是你开始顾虑起来，又在为下一个更适合自己的工作而寻找更好的机会。如此一来，你整天都在牵挂中，所以，你活得很累。你若定下来了，你就不再为无关的事情而烦恼。犯人在未判刑之前是心神不定的，量刑一旦宣布了，那么他也就安定下来了。

心不安定是世界上最残酷的事。一个母亲在家等待着上学的儿子回家，儿子不回来她的心是定不下来的。一场谈判只有结果定了下来了，双方才会安心；，一项大型活动只有尘埃落定，举办方才能放下心来。一件事如果没有定下来，我们就总会充满着担忧与期待，一旦定下来，我们才会坦然，心才能平稳。

生活中，那些目光柔和的人，他们肯定是心定下来的人；那些做事有条不紊的人，他们肯定也是心定下来的人。相反，那些目光游移不定的人，一定是还没心定下来的人；那些愁容满面、凶险邪恶的人，也一定是还没心定下来的人；那些一年四季找工作、一年搬三次家的人，更是还没有定下来的人。不止不定，不定不安，这是人生的必然经历。

安而后能虑。人在烦乱中是不可能有清晰的思路并作出正确决策的，只有止下来，只有安定下来，才可能为所止的事业而谋划。心不安的人，考虑的问题必然肤浅；心不安的人，做事必然很毛躁；心不安的人，无论干什么，都不可能有深入的思考。

虑而后能得。思路决定出路，脑袋决定口袋。你有怎样的脑袋，你就会有怎样的命运和人生。有人说，我也考虑问题，而且可能比一些成功者考虑得还多，但为何还是不成功呢？这很正常，虽然都有考虑，但两者的心理基础不同，一个是安定后的思考，一个是杂乱的思路，两者基点不同，导致的结果自然大不相同。

不止不受。你不止于一处，就不能接受一切。你想发达，那么，你就得听听成功者的传道授业，你就得分析穷人为什么穷，你就得接受许许多多有关致富的知识。你加入一个团队，想要在团队中待下来，那么，你就得接受这个团队已有的一切，无论是办公条件、工作环境，还是管理制度、领导作风你都得接受。你不仅要接受每个人的优点，同时还得要接受每个人的缺点。

不止不在。不止于一点，就不可能很好地生存发展。浮萍不会止于一个地方，所以到处漂泊。劲松止于一点，咬定青山不放松，所以能傲立悬崖，郁郁葱葱。

总之，人只有止了，才能定，才能静，才能安，才能虑，才能得。止为源头，止不下来，一切都没有基础。不止，是一种无果人生；不止，是一种虚幻人生；不止，是一种失败人生！

止虽一个字，但却是当今时代寻求真正快乐的前提和基石。一个不能止于当下的人，一个心不在焉的人，一个身心分裂的人，一个有口无心的人，又怎么会爱上自己手头的工作呢？又怎么会爱上别人呢？又怎么会讲出发自内心的话呢？又怎么会活在无限的喜悦之中呢？

（2）心的深度修炼

旅行不在乎远近和终点，而在于历程；

探索不在乎长度和宽度，而在于深度。

什么是专家？所谓专家就是在某个领域钻研得很深的人。他们是某个领域的大成者，他们一般能透彻了解一个行业的"水"有多深。

打井之所以成功，主要凭的是钻头向下的钻劲。常言道，艺多不养生。一个人一生要想弄出点名堂来，没有坐三年冷板凳的毅力，是不可能成功的。

中国人多，但专业人员并不多，究其原因，主要是都太浮躁，都静不下心来，都止不下来。一个人，面对诱惑止不下来，就别妄谈出成就了。

西方有一句名言："与其花许多时间和精力去凿许多浅井，不如花同样多的时间和精力去凿一口深井。"中国古代的大成功者多是一辈子只专心致志地做一件事，或治水、或造桥、或做学问、或写史书、或为百工技艺，数十年如一日，终成大器。今人欲望太多，什么都想得到，什么都不肯放弃，学历、文凭、官位、职称、名声、钱财，十个指头按二十只跳蚤，一双眼睛盯着满河滩卵石，乱花迷眼，急火攻心，终一无所成。

大成功者是"伏久飞必高"的沉静者。若是没有见过伏久飞高的大鸟，也没有见过"凿一口深井"的人，一定见过"水滴石穿"和"狗啃骨头"的现象，那道理是一样的。

"水滴石穿"，屋檐上的雨水软绵绵地往下滴，一滴，一滴，又一滴，长年累月，恒久不移，总滴在同一个点上，久而久之，无论多么坚硬的磐石也被那柔弱的雨水滴出一个洞来。

"狗啃骨头"，一只狗守着一根大骨头，翻腾来翻腾去，不啃掉不走开，有时把骨头吐出来一下，并不是为了放弃，而是为了换个便于着力的方向再啃。终于，那块大骨头被它干净彻底地吃到肚子里面去了。

第二次世界大战后日本的崛起，靠的就是这样一种"伏久飞必高""凿一口深井""水滴石穿""狗啃骨头"的坚韧图强精神。我们看见日本人不断地鞠躬，以为他们很好打交道，殊不知那正是礼貌地进攻；我们看到他们因战败而剖腹、跳崖，以为很傻，殊不知那正是一种"身可灭，志不灭；形可毁，神不毁"的狼性；我们看到他们一日三餐简简单单，着装粗朴随便，以为那是小气，殊不知那正是恪守着忧患生、安乐死的古训；我们看到他们一天上班之前、下班之后一群群埋头读书，孩子不读书，父母便遭人白眼，以为那是太过迂痴，殊不知那正是一个民族尚智图存的定力和恒毅。岛国的日本以其强盛而跻身世界列强行列，强在其一贯始终的民族之心。

多元化和专业化是一个世界争论的话题。事实证明，这两个概念是各有侧重点的。正如博与专这对概念一样，学习的初期可以博一点，但是到了一定的阶段，就得走向专的阶段。不然你就不可能有自己的核心竞争力，就没有时间关上门去完成拳头产品。

小的时候看女孩子第一眼是看她的头部，大一些的时候看女孩子第一眼是看她的胸部，再大一些的时候看女人第一眼是看她的臀部，老了看女人第一眼是看她的脚部，从头到脚，有了空间上的延伸，也就有了人生的深度。小的时候喜欢成熟的少妇，大一些的时候喜欢年轻的女人，更大些觉得脸上长满青春痘的女孩子也蛮可爱，不知道是不是老的时候什么样的女人都会喜欢，从少妇到小女孩，有了年龄的跨越，也就有了宽度，所谓的深度和宽度不过是人生的长度而已，随着年龄的增长，欣赏事物的角度有所改变，也就有了深度和宽度了。努力活着，并尝试改变对事物的看法和兴趣，或者会有所收获。

笔者曾经在《读者》上读到过这样一篇短文，说的是在南极大陆的水陆交界处全是滑溜的冰层和尖锐的冰凌，身体笨重的企鹅既没有可用来攀爬的前臂也没有可以飞翔的翅膀，如何从水中上岸？原来，在将要上岸时，企鹅猛地低头，从海面扎入海中，拼力沉潜。潜得越深，海水所产生的浮力越大，企鹅一直潜到适当的深度，再摆动双足，迅猛向上，犹如离弦之箭蹿出水面，腾空而起，落于陆地之上，划出一道完美的弧线。这种沉潜是为了蓄势，看似笨拙，却富有成效。

我们的人生何尝不是如此？企鹅腾空的力量来自沉潜的深度，甘于沉下去，才可浮上来。而我们人生的力量也同样是来源于我们人生沉潜的深度啊！这种沉潜不是消极等待，而是蓄积力量；不是贪图安逸，而是默默地磨砺自强；不是忍气吞声，而是像企鹅一样奋力地下潜做腾飞前的蓄势。它虽然充满寂寞与痛苦，却能让养分变得充足，力量变得强大，人生变得精彩。反之，如果没有深潜的功夫，一个人就只能永远漂浮在人生的长河中随波逐流，或者怨天尤人，永远无法登上属于自己的陆地，直至精疲力竭。

古之成大事者，又有谁没有走过人生的封闭期。佛学大师每年都要闭关参禅，歌唱家又有谁没有在台下将每一首歌唱上千万遍呢？而且许多歌唱家都是一生只唱几首歌。这都说明了在点上修炼到极致的重要性。

人生的深度决定了人生的高度。一个不能在点上创造卓越的人，更不可能在面上去创造辉煌。

(3) 正定，八风吹不动

定力就是自己忠贞不渝，矢志不移的执著追求，是磨难面前的坚持与永不放弃。有定力，方可耐得住寂寞，经得起挫折；无定力，便会为浮名近利所诱惑，被本能欲望所驱使，或心神旁骛或半途而废。

有些我们刚参加工作时干劲冲天，可是没多久，就感到不新鲜了，厌倦了，于是感觉无法再坚持下去了。在这种情况下，他们的工作就会出现走形式、走过场现象，忙于应付、短期化倾向突出。不能持之以恒，他们的工作质量和工作效率肯定会大打折扣，在一定程度上也会影响组织的发展。

组织中，多数我们从事着普通平凡的工作，甚至是日复一日，年复一年地干着看似简单的工作。如果没有定力，就会朝三暮四、见异思迁、急功近利、急于求成。但是，这样的结果是什么呢？

俗话说"心急吃不了热豆腐，"就像初学滑雪的人，如果你一开始就急着滑到山下去，很容易，滚下去就行。但是，能学到滑雪的知识吗？

我们承认机会与时间都是不等人的，但是，现在的机会是一些深度机会、战略机会，因此，人对机会必须用心、用智慧去把握，通过差异化和价值创新确立自己的机会优势，而不是以投机的心态去窥视机会。

因此，凡事急不得。如果急功近利，急于出名，急于出成效，自然会出现越轨行为，这对自身长远的形象来说也是极大的损害。因此，如无定力，必输无疑。

我们有定力，就会珍惜普通的工作岗位，把岗位当成自己开拓事业的平台；干一行，爱一行，并且从中体会到工作的快乐。不仅自己的价值得到实现，而且也可以对组织作出贡献。像青岛港务局工人许振超、上海市疏通工人徐虎、北京公交系统的李素丽等，不但走向全国，甚至让世界同行注目。因此，有无定力也是优秀我们和平庸我们的区别。

有无定力是优秀和平庸的分水岭。任何人，要想在工作中崭露头角，要想成大事，坚毅、刚强的意志是我们应该具备的。这种坚定沉着的意志力不仅是自己在工作中遇到困难时继续坚持下去的坚强心态，同时也是别人信任的基础。每一个普通的我们要想取得超出常人的优异成绩更需要有可贵的定力。

20世纪90年代，一向顺风顺水的微软受到市场的严重冲击，需要一套真正能与主流规格接轨的操作系统，盖茨把这项新技术命名为NT。

NT的开发需要多久？专家认为，以微软当时的技术横向及软件开发管理能力，NT的生日遥遥无期。部分我们人心浮动。

盖茨请来了一位Unix大师，任务是以最快的速度开发出以Unix技术为核心的NT，不但要最快，还要最好。

面对这项不可能完成的任务，这位临危受命的NT大师把所有正在开发NT的主要人物召集起来，命令他们把电脑中所有微软的工具都卸下来。他要自己重新开发的工具来开发NT。

公司中充满了紧张的工作氛围。每隔一段时间的"碰头会"，逐渐缩短为每天一次。而且技术人员分成两班，白天黑夜轮流转，不休息。

这种技术关系着微软发展的关键，在如此高压下，有些意志脆弱的人开始无法承受，离职者不计其数。在职的情绪也开始发生变化。有人搬进了办公室，有人上班时必须把家里的狗带来，以安抚自己的神经，甚至还有八位员工因为几个月顾不上回家而离婚。

结果是，微软渡过了它历史上的第一次惊涛骇浪。而那些为开发NT作出贡献的人们，人们无不佩服他们的定力。连他们自己也没想到自己居然有如此坚忍不拔的承受能力。

从优秀到卓越，是一个过程，不但需要付出超出常人的勤奋和汗水，更需要有坚定不移的信念和坚忍不拔的毅力；有一种知难而进，百折不挠、坚持不懈、不达目的决不罢休的坚强意志。

有了这种定力，才能步步为营，循序渐进、稳扎稳打地往前走。也能带动团队超越自我、寻求突破，挑战未来！

中国对"定力"深浅的描述的词句很多，如"滴水穿石"、"铁杵磨针"、"板凳要坐十年冷"、"两眼不闻窗外事，一心只读圣贤书"等等都是在强调人的意志力和耐力。

当年苏东坡反对王安石变法，被贬到地方出任闲职。据说当年他在瓜州的时候，经常和长江对面金山寺的佛印禅师参禅论道，甚是得益。

有一天，苏东坡觉得灵光闪现，得诗一首："稽首天中天，毫光照大千。八风吹不动，端坐紫金莲。"（作者注：所谓的八风，是指"称、讥、毁、誉、利、衰、苦、乐"等8种境遇，人在这些境遇之前，往往不能稳守心道，情由所动。）

当时东坡居士很得意自己这首诗，于是满心欢喜地派人送到佛印处求印证。

佛印看到诗后，只批了两个字"放屁"就叫人将诗送了回去。

苏大学士一看这两个字的评语，火起无名，立马过江到金山寺，要当面和佛印禅师论道。

于是佛印就问苏东坡，既然八风吹不动，为什么一个屁字就让你渡江而来？

这就是"八风吹不动，一屁过江来"的禅门公案。

杰出卓越者都有一种"泰山崩于前而色不变"、"瘁然临之而不惊，无故加之而不怒"的定力。定力来自何处？简单说，来自不动心。

那么，怎么样才能够静观人世间万物流变而不动心呢？

什么使我心动？无非是万物使我心动。什么叫做不动心？就是不会被小小的东西牵引过去。有你自己的眼界，有你自己的胸怀，有你自己的判断，这个才叫做真的不动心。

(4) 静心才有真知灼见

人生只能独行。人生要承受住寂寞。在人生的道路上，有些黑暗，只能自己穿越；有些痛苦，只能自己品尝；有些孤独，只能自己承受。寂寞是人生的必修课。要耐得住寂寞，因为寂寞离成功最近。

要耐得住寂寞，就要有意志力。意志力是一种心理力量，它是支撑生命强度的最坚固的心理力量。我们的心理不但对失败要有一种超强的承受能力，同时对成功也要有一种超然的把持能力，做到宠辱不惊的从容和镇静。

那么，如何才能通过意志力的修炼来把握自我呢？

炒股大师巴菲特的高超手段令多少人叹为观止，那么，他有什么锦囊妙计呢？谈到巴菲特的成功，郎咸平教授有非常直白而经典的解释：

"其实，巴菲特懂的这些有关投资的东西，美国每一个商学院出来的人都懂。……他所聘用的金融分析师横向也是跟我的学生一模一样的。他所以能赚钱，和我们一般人的不一样之处，在于这个人耐得住寂寞。估算出真实价值后，他一定等到股市大跌他才进场，等到这家公司股价大跌才会进场。"巴菲特的甘于寂寞就是静心。

我们熟悉的多少炒股者都是选股票精挑细选，盼望选到好的股票。可是，每次不是才涨一点儿就卖了；就是人家洗盘的时候，把自己给洗下去了。究其原因是因为他们定力不够，急于出手。因此，他们哀叹："哎，我还是定力不够啊！"因此，静心是首选之道。

不只是炒股，就是干其他工作我们也需要先静心，这也是对我们意志力的考验；不只是普通人需要静心，就是功成名就者也需要淡泊心境，对成功有把持能力。许多人困惑：宇宙在流变，日月交替，红尘滚滚，人事纷纭，人怎样才能有一颗不惑之心、不动之心呢？

成名成家，曾是多少人梦寐以求的愿望，但成名后会带来什么烦恼，人们却很少想到。著名作家二月河，就曾为名所困。他曾经一个月内接待过400多名记者，用他的话来说"整个屋子活像一个闹市"，这使他很难静下心来搞创作。他说："希望社会上的干扰少一点，我不想汹涌澎湃，我只想静静地流淌。"

"静静地"就需要远离诱惑、不闻车马喧，不显山露水、默默无闻奋斗。这种定力对于那些想炒作自己快速成名的人来说确实不容易做到。

静心就是不动心，凡事有自己的眼界，有自己的胸怀，有自己的判断。这需要读圣贤之书，听圣哲之言，去思考，去倾听万方的言语，才能有一颗真心，有一颗镇定的心，一颗淡定的心。

文学大家老舍先生曾写过一篇文章《要甘于寂寞》，他说古今中外，大凡有所成就的人，都能够忍受住寂寞，忍受住平淡无味。特别是对于研制发明等研究工作来说，本来就枯燥、单调而又孤独、寂寞。因此，只有甘于寂寞，才能成就一番事业。

而且，静心不仅是在功成名就时，当我们遇到挫折和失败时，更需要冷静反思，作出客观的判断。这时的静心不是消极处世、自暴自弃的代名词，是一种心无旁骛、积极进取的姿态。只有甘受寂寞，远离物欲，才能在生活中拥有一颗明智的慧眼、清澈的心灵，不因循守旧，不做一名人云亦云的追随者，才能不断获得智慧的启迪。

这时，他的心灵一定是立在磐石上面，而不是立在流沙上面；他的心里一定有尺度，心中一定有坚守，心中一定有向往。所以，不怕热，不怕寒，不怕惊雷，不怕飘风。因此，即使你在努力奋斗的时候，也一定要把你的心灵从纯粹的物质世界里超脱出来，从世俗的眼光和旁人的评价中超脱出来，终止感情和思想对我们心的干扰。

一个人唯有静下心来，才能心地空澄，在大起大落的心灵起伏中的怡然自得，才能明察秋毫之末，达到"不以物喜，不以己悲"的旷达境界。之后，才能弥补劣势，积聚力量发力，做到不鸣则已，一鸣惊人。

2. 方法二：专的修炼

(1) 挑三拣四没好处

人生没有最糟糕的事情，只有最糟糕的焦点。当你的焦点在正面时，生命会出现相对应的证据；焦点在你负面时，也会出现相应的事实。只有自己真正地作出改变，生命的一切才有机会转变。

世界上没有不幸的事，当你把焦点集中在最糟糕的角度时，事情才开始变得不幸起来。心累，你的身体就会跟随；心轻，你的身体亦会跟随。累与不累取决于我们所注意的焦点。虽然是同一躯体，但因为关注焦点的不同就会产生截然不同的结果。

如今社会已经发展为一个专业化的年代，专业人才越来越受到组织的青睐，专业能力是职业人士不可或缺的能力，它构成了职业人士的核心竞争优势。保持专业发展路线的不动摇，才能由浅入深，厚积薄发，形成独特的专业知识、技能、经验与资源。

笔者的座右铭是"一生只做一件事"，并将招聘作为终身从事的事业，决心用数十年时间从事招聘工作，不断往高端化、纵深化的方向发展，相信在坚持专一发展路径的过程中能够一路同行的其他人才会越来越少，直至到达会当凌绝顶的境界，这时候个人的职业绝对优势与独特价值就会凸显。许多人之所以没有成功不是因为他们能力不够，而是因为他们不专注。先看看下面这个挑三拣四的苍鹭：

一天，一只苍鹭迈着两条细长腿正向河边走去。天气晴朗，河水清澈见底，苍鹭的心情也格外爽。在这样的日子里，鱼儿们总会来这里游水嬉戏。于是，苍鹭也充满信心。过了一会儿，有一些冬穴鱼都从水底的住处跑到水面上玩耍来了。但是苍鹭不喜欢这道菜。它最喜欢吃的是狗鱼和鲤鱼，于是，苍鹭说道："让我这样英勇高贵的苍鹭，吃这么瘦的冬穴鱼？简直就是笑话！"因此流露出一种不屑一顾的神气。不久又来了一条菊鱼。苍鹭又说道："这么一丁点的东西也值得我张嘴？简直是对我的莫大侮辱！"

不知不觉，中午的太阳已经西斜。这时，苍鹭的胃已经在反抗它了，于是它不甘心地伸着长颈向河中张望。可是，因为天色渐晚，鱼群都潜到水底歇息去了，苍鹭饿得发慌，只能望眼欲穿地等待着。它想，这次不论是什么鱼，我都要吃了。又等了不知多长时间，终于有一只不甘寂寞的小虾米跳出河面，苍鹭急忙捕捉到它，心里感到幸福极了，这一次终于没有白等。

假如苍鹭一开始就不放弃冬穴鱼和菊鱼，至于饥不择食去选择看不上眼的一只小虾米吗？都是因为它过高估计了自己，挑三拣四的结果。幸亏有这只小虾米，否则它只能吃泥巴了。

（2）专注才能专业

专注就是全神贯注、专心致志，把注意力集中到目标上来。注意力就是具有注意的能力。俄罗斯教育家乌申斯基曾形象地比喻："注意"是我们心灵的唯一门户，意识中的一切，必然都要经过它才能进来。由于注意，人们才能集中精力去清晰地感知一定的事物，深入地思考一定的问题，而不被其他事物所干扰。集中注意力这就是专注。只有集中自己的精力在一件事或者一项工作上，你才能精通，有所成就。

成功的跑道由专注铺就。任何人，要完成人生的跨越都必须先选准自己的跑道。要想在事业上有所建树，也应尽早明确自己的定位，专心向着目标跑，这样的跨越才会接近成功的终点。

在苏州工业园区，明基公司是当年第一家人驻中国的台资组织。当时，大陆的房地产市如火如茶，一夜之间就能成就许多亿万富翁。明基也感受到了挣钱的机会，不少管理者确实也有过想挣大钱的冲动。我们也提出过这样的疑问：为什么不做房地产呢？众所周知，制造业的利润只有5%—8%，远远不及房地产。以明基当时的条件，完全可以进军房地产市场。但是，明基班子却作了一个决定，坚决不做！

这是为什么呢？组织不都是以盈利为目的吗？那些条件不具备的公司不都在千方百计要转向房地产开发吗？

对于这个令人困惑的选择，明基的老总这样解释说："如果我们来钱这么快，我们就再也没有心思能专注地做薄利的制造业了，我们的武功就将废掉！"足可见明基对成功机会的远见卓识！

明基来大陆是来寻找可以安身立命、让组织百年长青的根本之道的。要发展，就要树立好自己的长久根本，这个根本，就是专业。

美国一句谚语说得好："当一个人知道自己想要什么时，整个世界将为之让路。"这就是专注的力量。正因为明基没有被房地产的暴利所诱惑，他们只专注地做自己的制造业，才有了他们今日的长远发展。可当时，许多在本专业已经很有成就的公司改行做房地产后楼盘就趴在那里，不是半截子工程就是成了卖不出去的烂尾楼。他们就是因为急功近利而自废了武功。

有时，因为难以抗拒的诱惑，我们往往会误以为眼前的利益就是最大、最多和最好的，而当我们冷静下来，会发现我们因此失去了长远的更大、更多和更好的东西。因此，要想立足社会，在每做一件事之前，一定要想一想：我现在所做的一切，从长远利益看值吗？

也许有些家庭条件贫困的年轻人会说，我们当然有长远打算，但是，现在只能先找个能解决生存问题的工作，还谈不上为长远的发展考虑。可即便是这样，也应该先明白自己的优势和特长，好让用人单位作出选择。而且，在自己喜欢或擅长的专业上努力，才是安身立命的根本。可是，这样的道理许多人并不明白。

只要有了这种专注的态度，你曾经的短板不知不觉就会变成长板，甚至可以成为某一方面的专家。

通用汽车历史上最伟大的掌门人艾尔弗雷德·斯隆就是这样转变过来的。

当年，他从麻省理工学院毕业后找工作时屡屡碰壁，他十分焦虑和苦闷，不知道哪个位置适合自己，自己应该怎么办。最后，他好不容易通过关系才找到一份在汽车厂做制图员的工作。可是，这恰恰是他的短板。因为绘图课是他在麻省理工学院成绩最差的一门功课，更不用说汽车设计，那时的他对于汽车只是个门外汉。

但是，他在全面分析自己的优势、劣势和外在环境后，认为随着美国经济的发展，汽车作为重要行业必将迎来发展的大好时机。而且经过自己在工作中的实践，他认识到汽车设计对于车型及其功能的作用后，他很快就调整了自己的认识，热爱上了自己的工作。

一旦进入状态，斯隆就把自己全部的精力和时间都投入到工作中，凭着这种专注的工作态度，他不但精通了制图，而且对汽车生产的相关专业都进行了解和钻研，他的专业横向得到了很大的提升，很快就显得与众不同，令人刮目相看。以至于在后来，不论是汽车设计还是制造，他在很多方面都甚至超过大名鼎鼎的杜兰特。最后，通用汽车的掌门人是他而不是杜兰特或者杜邦。

我们不否认，一个人的能力有大小，工作效率有高低，但是，如果没有专注的精神和态度，不是注意力分散无法坚持长久或者边干工作边聊天，甚至玩忽职守，即便是拿手的工作也会做砸，何谈工作质量的完善和提升？

专注就要集中自己的注意力。注意力的集中作为一种特殊的素质和能力，需要通过训练来获得。那么，训练自己注意力、提高自己专心致志素质的方法有哪些呢？

方法一：运用积极目标的力量。当你给自己设定了一个要自觉提高自己注意力和专心能力的目标时，你就会发现，在非常短的时间内，你的注意力就会有迅速的发展和变化。比如通用汽车的掌门人艾尔弗雷德·斯隆，当他发现生产汽车的重要性时，就是给自己设定了一个积极的目标。

方法二：善于排除外界干扰。要在排除干扰中训练排除干扰的能力。毛泽东年轻的时候为了训练自己的抗干扰能力，曾经专门到城门洞里、车水马龙之处读书。因此，这种抗拒环境干扰的能力，通过训练也是可以成功的。

方法三：善于排除内心的干扰。往往内心的干扰比环境的干扰更严重。比如开会或者学习的场合，环境可能很安静，其他人都在专心学习，但是，自己内心可能有一种骚动，有一种干扰自己的情绪活动。这时，要善于将它们予以排除。比如，将身体坐端正，在内心命令自己专心，目光专注于大会主持人，或者培训老师，将内心各种情绪的干扰都放到一边。

彼得·德鲁克这样说道：商业世界不需要面面俱到的人，商业世界里最缺的是专家。不但组织发展需要专业，我们自己要发展和跨越，也需要专业。一专才能多能。没有专做根本，就谈不上其他。只有专业，才能在某一方面特别出色，才能获得更大的竞争优势。

专业，简单地说就是干一行，懂一行。在一个人的一生中，无论什么学历的人，都有他从事的专门行业。不专业就无法担负起自己的责任，更谈不上给客户提供满意的服务。现在的组织竞争激烈，组织要想给客户提供满意的服务，也需要有专业我们的支持。只有专业我们才能有专业品质。

有一家核电厂遇到了严重的技术问题：发电量下降，整个电厂的运行效率大受影响。

工程师们尽了最大的努力，但还是没能找到问题所在。于是，请来了一位全国顶尖的核电厂建设与工程技术顾问。

顾问在两天的时间里，四处走动，查看了数百个仪表、仪器。第二天，顾问从衣兜里掏出笔，爬上梯子，在其中一个仪表上画了一个大大的"X"。

"这就是问题所在，"他解释说："把连接这个仪表的设备修理好，问题就解决了。"故障排除后，电厂恢复了原来的发电能力。

大约一周之后，电厂经理收到了顾问寄来的一张10000美元的服务报酬账单。经理感到十分吃惊。顾问真是狮子大开口，画了一个"X"，就要10000美元？于是，他给顾问回信：我们已经收了您有趣的账单。能否请您将收费明细详细地解释一下？好像您所做的全部工作只是画了一个"X"。

过了几天，经理收到顾问寄来的信，上面写道：在仪表上画"X"价值 1 美元；查找在哪一个仪表上画，价值 9999 美元。

经理想了想，确实是这样，如果换成一个不专业的人，怎么能在短时间内就检查出是一只仪表的问题呢？如果从设备到生产流程来个全部大检查，那自己的损失岂不是更大吗？他终于佩服这位顾问的能力了，也心甘情愿地付了钱。

专业是职业生命的灵魂和基础，只有专业才能说明自己的价值，也是你超越自我、真正给你自信的力量和武器。现代组织最需要的是专业人才，而不是全才。随着社会分工的细化，组织内部职位的划分和对人才的要求也越来越趋向专业化，"专才"越来越受到大公司、大组织的青睐。没有专业的人，随时都有可能被别人所代替。要想在一些优秀组织高素质、高竞争力的人中成为众人瞩目的明星，即使有超出常人的天赋和努力，也需要一个法宝，那就是掌握一门专业知识，成为专业人才。

在微软公司，有一位并不精通电脑的人物史蒂夫，但是他的身价是一年数百万的美金。这样一个不特别精通电脑的人，却在微软公司举足轻重，很多人对此表示不理解。

当记者也提出这样的疑问时，比尔·盖茨回答说：史蒂夫确实不是特别精通电脑，但他的外交语言和风度无与伦比。微软的很多商务谈判都离不开他。

的确，谈判是史蒂夫最拿手的。他为微软的软件销售、法律谈判作出了巨大的贡献，这一点是那些精通编程的工程师们望尘莫及的。因此，至今为止，仍然无人能取代史蒂夫在微软的位置。

专业就是自己的核心能力，是职场的护身符。因此，不论在什么工作岗位上，你都必须有一样出色的技能。在工作中独当一面，就拥有了一种脱颖而出的秘密武器。

德国有家电视台高酬征集"10秒钟险镜头"活动，在诸多参赛作品中，有一组叫"卧倒"的镜头，以绝对优势夺得冠军。许多在电视机前观看了这组镜头的人，足足肃静了 10 分钟。

镜头是这样的：在一个小火车站，一个扳道工走向自己的岗位，为一列徐徐而来的火车扳道岔。在铁轨的另一头，还有一列火车从相反方向驶进车站。

假如他不及时扳道岔，两列火车肯定相撞，造成的损失是不可估量的。这时，扳道工无意中回过头发现自己的儿子正在铁轨那边玩耍，那列开始进站的火车就行驶在这条铁轨上。是抢救儿子，还是避免一场灾难。

那一刻，扳道工威严地朝儿子喊了一声："卧倒！"同时冲过去扳动了道岔。一眨眼的工夫，这列火车进入了预定的轨道，那边火车也呼啸而过。车上的旅客丝毫不知，他们的生命曾经千钧一发，他们也丝毫不知，一个小生命卧倒在铁轨边上，没受一点伤。

事后得知，这个扳道工就只会搬道岔，其他工作什么都不会做。如果他对自己的专业都不精通，肯定会酿成一场大祸。

专业才能优秀。特别是在面对新的机会和挑战时，不必急功近利、不必追求立竿见影，只要能专注于自己的专业，哪怕每天只有一点突破、一点改善，只要在自己的专业中能持续做下去，你就会掌握许多技能和知识，在这些积累中抓住机会，迎来事业的超越。

3. 方法三：挺的修炼

(1) 《挺经》说挺

第一，什么是"挺"？

"挺"，有三层含义。

"挺"的最直接含义就是发一谋，举一事的咬牙坚挺决心。

要做成一件事就得横下一条心，不达目的不罢休，不抛弃，不放弃。这个"挺"字的意思就同今天人们所说的："给我顶住"、"坚持最后五分钟"。

再深入一层说"挺"，就到了为天下大事挺身而出，承担责任的含义了。

李鸿章一次在与同僚闲谈《挺经》时说，我老师的秘传心法有十八条挺经，真是精通造化、守身用世的宝诀。我试讲一条与你们听：

"一户人家，老翁请了贵客，一早就吩咐儿子前往市上备办肴蔬果品，但时已过巳，儿子尚未还家。老翁心慌意急，亲至村口看望，见离家不远，儿子正挑着菜担，在田垄上与一个挑京货担子的人对峙着，彼此皆不肯让。老翁赶上前婉言曰：'老哥，我家中有客，待此就餐。请你往水田里稍避一步，待他过来，你老哥也可以过去，岂不是两便吗？'其人曰：'你叫我下水，怎么他下不得呢？'老翁曰：'他身子矮小，站在水田里，恐怕担子会浸湿，坏了食物；你老哥身子高大些，可以不至于沾水。因为这个理由，所以请你避让的。'其人曰：'你这担内，不过是蔬菜果品，就是浸湿，也还可将就用的；但我担中是京广贵货，万一进水，便是一文不值，安能叫我让避？'老翁见劝让不过，乃挺近就曰：'来来，然则如此办理：待我老头儿下了水田，你老哥将货担交付于我，我顶在头上，请你空身从我儿旁边岔过，再将担子奉还，如何？'当即俯身解袜脱履。其人见老翁如此，过意不去，曰：'既老丈如此费事，我就下了水田，让尔担过去。'当即下田避让。老翁只挺了一挺，一场争执就此消解。这便是《挺经》中开宗明义第一条"。

李鸿章说完这段话，看到曾国藩也在听他说，就想倾耳恭听老师发话，而曾国藩竟一言不发。李鸿章的僚属吴永也回忆说："予当时听之，意用何在，亦殊不甚明白；仔细推敲，还是曾公说得好，大抵谓天下事在局外呐喊议论，总是无益，必须躬自入局，挺肩负责，乃有成事之可冀。"

这段公案掌故，通过两个人的阐述及追忆，已将"发一谋，举一事"的"挺"外延至察天下之势，担天下之责的躬自入局，挺肩负责——参与进去，不尚空谈，注重实干，承担责任。此时的"挺"，其含义为"铁肩担道义"，即承担天下兴亡的责任。

更深入一层说"挺"，那就是"内挺"了。

古人云："成大事功，全仗着赤心斗胆，有真气节，才算得铁面铜头。"又曰："人心一真，便霜可飞，诚可损，金石可镂。"而虚伪狡诈之人，不可能承担天下兴亡的大任，至多是"欺世之豪杰"，又如何能"挺膺负责"？曾国藩的《挺经》十八卷，专讲"内挺"大法的竟有十一卷之多，占比例六成以上。读完全书，我们才明白为什么他听了李鸿章啰里巴嗦地讲《挺经》"竟不复语"。李鸿章按曾国藩的戏谑，是那种"拼命做官"的人，他注重的是如何成就事功，他当了40年大官还没有读懂自己的老师原来注重的并不是外修成事，而是内修成人。

曾国藩的"内挺"心法，归结到一点，就是用仁爱心（仁）、平等心（礼）、清净心（主静）来管住自己。

"管住自己"最难。要经营天下者必先经营好自己，要管理好别人的人必先管理好自己。管住自己乃是百福之门、万业之基。世间之事，惊天祸福皆源于自己方寸以内，绝大学问即在家庭日用之间。能管住自己的孩子必有出息；能管住自己的人必有前途；能管好自己又能够影响他人者便有内圣之象了。

"管住自己"亦是中国文化的精髓所在。中国传统文化中的儒、道、释三大流派，其归依所在无一不是讲管住自己。孔子祖述尧舜、宪章文武，讲修身齐家治国平天下，要点在"管住自己"；老子讲"道法自然""清静无为""自胜胜人"，落脚点在"管住自己"；六祖讲不立文字直指人心，我心即佛、自度度人，更是直言"管住自己"。曾国藩讲自立自强、自立立人、自达达人、内挺内实，他所传承、所弘扬的，不正是中国传统文化"管住自己"的绝学吗？

第二，谁来"挺"？

"天下兴亡，匹夫有责。"每一个炎黄子孙都对民族兴亡负有使命，都可以挺身入局，承担责任。这里没有什么尊卑贵贱之分。《古文观止》中讴歌的曹刿论战，烛之武退敌，鲁仲连义不帝秦，诸葛亮居隆中而纵论天下分合等故事，都真实地记录了在起而承担天下兴亡的责任时，内挺内实的一介平民胜过官高权贵的衮衮诸公的历史事实。

曹刿论战，留下一句千古名言："肉食者鄙，未能远谋。"一旦天下有事，位高权重的人往往因为要保住其既得利益而瞻前顾后、猥琐平庸，不能深谋远虑。只有那些胸怀天下苍生而又内挺内实的普通人，才敢于承担义务，承担牺牲。正因为他们无权无势无所恃仗，所以他们才没有顾忌，敢担风险。而平民出身又有一定地位的人更能获得大的成功。这种人仗着自己的胆识可以在艰难困苦中坚忍自强，每经历一次挫折和打击，他们对外界事物本质的认识便能深入一步。步步深入，其内挺内实之功底便愈加厚实，终能自成一家、独树一帜形成完善的人格。古人云："平民肯种德修行，便是无位的将相。"

第三，怎样才能"挺"得住？

从 1852 年咸丰皇帝降旨办团练，到 1864 年攻破金陵，整整十二年，曾国藩实现了精练一旅以取代绿营的初衷，名副其实地成为清廷"国之藩篱"。其成功的因素固然很多，但从成功人格学的角度看，曾国藩自己的人格完善是其成就大业的根本原因。

曾国藩在做京官期间，给自己规定的人格范式是"立志以植基、居敬以养德、穷理以致知、成物以致用。"曾国藩靠名师指点，承袭了中国五千年来的人伦道德传统（道统），内修成人，外修成事，苦练内功，以内主外，形成了自己双向齐鸣的独立人格，继而发散开去，与相同怀抱的读书人、农民交互影响，连成一片，转化为势能和动能，终成浩荡之势。这同喊"挺"而终未"挺住"的洪秀全恰恰形成了鲜明的对比。

曾国藩与一道创业的人平等互尊、以礼相待，从无凌驾众人之上的行为举止，却以兄弟手足情谊而共始终。

曾国藩是真的"挺"住了。如果光从表面看，曾国藩出山前就是二品大员了，文章做得好，对联对得好，奏牍拟得好，书法写得好，有一定名望等，这些似乎就是他成功的基础。但深入研究，才发现这一切都只是为他沟通人际关系有所帮助，为他开拓事业提供便利条件。以下两句话，才是他后来事业经艰难竭蹶却得以挺住，历百折千挠而终能成功的真正原因：内修上德以管好自己，外结善缘以周全他人。

总之，心的硬度修炼对朝三暮四者、游移不定者、生性多变者、意志缺乏者、奴颜媚骨者等，最能帮助其改善人格的缺失。

(2) 用意志打败时间

记得扬州八怪郑板桥曾有一首咏竹诗："咬定青山不放松，立足本在破岩中。千磨万炼仍坚劲，任尔东南西北风。"它形象地为我们描写了竹枝不畏坚韧顽强生长的性格。从这里也使我体会到做任何事情要获得成功就要有竹枝"咬定"目标锲而不舍才能获得成功。

但是，社会上往往有一小部分人特别是刚刚处世的青年人，在他们踏上人生的征途前，总会有美好的愿望，但在实际工作中却不能像竹枝那样"咬定"了钻进去，不懈地努力，而常常是半途而废，结果一事无成。

毅力，它体现为一种承受能力，一种精神气质。一个人是否有毅力，主要是指在承受困难的过程中，这种精神气质得到多大程度的张扬。毅力不是口头上的豪言壮语，而是行动的证明。它的作用远超一个人的才华。

微软中国分公司在招聘我们时发生过这样一件事：

当时，考官出了这样一份考题：一共有12只小球，其中有一个小球与其他11个小球的质量不同，你如何在30分钟内用3种测试方式找出这个质量不同的球。30分钟之后，大多数人没有琢磨出什么结果，遗憾地离开了。但是有一个年轻人依旧在做着实验。几个小时过去了，那个人仍然坐在那里。考官问他有结果了吗？他摇头说还没有。最后，这个年轻人被录用了。原因是他虽然没有出色的智力和能力，但毅力可嘉。

一个人的成功不仅取决于他的智慧，更重要的是毅力。对于我们来说，在我们平凡而又日复一日的工作中，毅力在很大程度上也表现为一种明知不可为而为之、与自己较劲的死磕精神！虽然不起眼，但是却能够把铁杵磨成针，只有杰出的人才能被筛选出来。因此，组织中对于有毅力的我们特别看重。

困难激发刚毅。如果意志力积蓄而发就会产生坚强的毅力，这种毅力就是能量。而且越是在困境时，这种力量爆发的更加强烈。当毅力得到充分发展，并且能够自我控制、自我引导时，只要正确地运用就可以使其威力变得更加强大，

在世界史上，当摩尔人的军队与葡萄牙人之间发生激烈的战争时。摩尔人的领袖莫利·摩洛克病正被不治之症折磨得病入膏盲，卧床不起。

可是，在战争的最紧急关头，当他的国家和人民面临着极大危险的时刻，莫利·摩洛克竟然从病床上一跃而起，再次召集起自己的军队，领导他们取得了战争的最后胜利。然而，战争刚一结束，他早已精疲力竭的身体就再也无法承受，不久就撒手人寰了。

篮球教练努德洛肯说，"当处境困顿多难时，意志刚强者愈挫愈勇。"在坎坷的路途上，坚强勇敢的人抓得住机会，他们战胜了，他们存活下来了，他们就出人头地！

在美国，有一座横跨曼哈顿和布鲁克林之间的大桥。大桥全长1834米，

桥身由上万根钢索吊离水面41里，是当年世界上最长的悬索桥，也是世界上首次以钢材建造的大桥，减少了水泥桥墩的数量。不但方便了行人，而且在桥梁建筑史上也是一个创举。落成时被认为是继世界古代七大奇迹之后的第八大奇迹。可谁知道，这是建筑师用怎样坚强的毅力完成的啊！

桥梁的设计师是约翰·罗布林，当时，他带着在德国学到的桥梁技术雄心勃勃地来到美国创业。然而桥梁专家们却否认他的计划。但是，约翰·罗布林并没有放弃。他力排众议，克服了种种困难，构思着建桥方案，同时也说服了银行家们投资。

可是，大桥开工仅几个月，施工现场就发生了灾难性的事故。约翰·罗布林不幸身亡。此时，儿子华盛顿·罗柏林接替了父亲，任建桥总工程师。

在大桥的施工中，他多次亲临工地，甚至像工人一样到水下勘察现场。他不幸得了一种潜水员病，半身瘫痪，大脑也严重受伤。许多人都以为这项工程会因此而泡汤。

尽管华盛顿·罗柏林丧失了活动和说话的能力，但他的思维还同以往一样灵敏，他决心要把自己与父亲花费了很多心血的大桥建成。于是，他用唯一能动的一个手指敲击妻子的手臂，通过这种密码方式由妻子把他的设计意图转给仍在建桥的工程师们。整整13年，华盛顿·罗柏林就靠这一根手指指挥工程，直到雄伟壮观的布鲁克林大桥最终落成。历经130年，大桥到现在还在使用。而罗柏林父子不畏艰难、百折不挠的坚强的意志更为人们敬佩，他们的名字永垂史册。

学会在逆境中求生存，首先就要拥有顽强的毅力。如果你面对各种各样的挑战都能用果断坚定、毫不动摇的毅力去实施你的计划，始终保持这种昂扬的斗志，用坚韧不拔的意志去战胜挫折。那么你肯定会远离种种诱惑和借口，将来也必定会获得非凡的成功。

羡慕英雄，谈英雄。英雄是怎样出炉的？

"疯狂英语"的创始人李阳曾说：我们的成功只源于"四千精神"——"吃尽千辛万苦，说尽千言万语，走遍千山万水，想尽千方百计"。国学书法大师启功先生说：我们的成功只源于"三不分精神"——"不分白天还是黑夜，不分工作还是休闲，不分在外还是在家"。文学斗士鲁迅说：我的成功只源于"二挤精神"——"挤掉喝咖啡的时间，挤掉一切无聊的闲谈时间"。日本推销之神乔吉·拉德说：我的成功只源于两个字，一个词——坚持。

说到坚持，谈坚持。英雄是怎样坚守的？要想得到快乐，你得先驱赶痛苦；要想取得果子，你得先流下汗水；要想精通一行，你得坚守坚韧坚强。

生命的奖赏远在那头，你要领取还得穿过长长漆黑的走廊，还得穿过莽莽丛林，还得行过千山万水。其间，一旦停滞，前面的付出也如流水，一旦钻入死胡同，你也可能劳而无功。你要到达那人生的坦途，你必将跨过重重阻碍，必将披荆斩棘，才得以达成目标。一个巨大的铁球，你一次次撞击，终将在某个时间它必将转动；一棵参天巨树，你一刀一刀地砍击，终将在某个时间大树必将摆平；

一个坚巨的任务，只要你一次一次地想办法，终将在某个时间必将它铲除。只要坚持，乌龟必将爬行千里；只要坚持，蜗牛必将爬到树梢；只要坚持，蚂蚁必将噬垮金堤；只要坚持，滴水必将击穿坚石；只要坚持，黑夜必将守来光明；只要坚持，梦想必将化为真实；只要坚持，雨后必将守到彩虹；只要坚持，你必将抵达彼岸；只要坚持，你必将会越来越精通熟练；只要坚持，也许比你先倒下的就是你的对手！

(3) 伟大都是熬出来的

比塞尔是西撒哈拉沙漠中的一个小村庄，它位于一块1.5平方公里的绿洲旁，从这儿走出沙漠一般需要三昼夜的时间，可是在肯·莱文1926年发现它之前，这儿的人没有一个走出过大沙漠。据说他们不是不愿意离开这块贫瘠的地方，而是尝试过很多次都没能走出去。

肯·莱文作为英国皇家学院的院士，当然不相信这种说法。他问其原因，结果每个人的回答都是一样的："从这儿无论向哪个方向走，最后都还要转回到这个地方来。"为了证实这种说法的真伪，他做了一次试验，从比塞尔村向北走，结果三天半就走出了沙漠。

比塞尔村的人为什么走不出来呢？肯·莱文非常纳闷，最后他雇了一个比塞尔村的村民，让他带路，看看到底是怎么回事？他们准备了能用半个月的水，牵上两匹骆驼，肯·莱文收起指南针等设备，只挂着一根木棍跟在后面。

10天过去了，他们走了大约800英里的路程，第11天的早晨，一块绿洲出现在眼前，他们果然又回到了比塞尔。这一次，肯·莱文终于明白了，比塞尔村的人之所以走不出大沙漠，是因为他们根本就不认识北极星。

在一望无际的沙漠中，一个人如果凭着感觉往前走，他会走出一个个大小不一的圆圈，最后的足迹十有八九是一把卷尺的形状。比塞尔村处在浩瀚的沙漠中间，方圆上千公里，没有指南针，想走出沙漠，确实是不可能的。

肯·莱文在离开比塞尔村时，带了一个叫阿古特尔的青年，这个青年就是上次和他合作的那个村民，他告诉这个汉子，只要白天休息，夜晚朝着北面那颗最亮的星星走，就能走出沙漠。阿古特尔照着去做，三天之后果然来到了大漠的边缘。

现在比塞尔已是西撒哈拉沙漠中的一颗明珠，每年有数以万计的游客来到这儿，阿古特尔作为比塞尔旅游事业的开拓者，他的铜像被竖在村子的中央，铜像的底座上刻着一行字：新生活是从选定方向开始的。

要记住：现在放弃，就等于永远放弃！

丘吉尔生命中的最后一次演讲是在一所大学的毕业典礼上，这次演讲也许是世界演讲史上最简洁的一次。在整个演讲过程中，他只讲了一句话，只是不停地强调这句话，那就是："永不放弃……决不……决不……决不！"台下的毕业生们都被这句掷地有声的话深深地震撼。在第二次世界大战最惨烈的时候，如果不是丘吉尔凭借着一种永不放弃精神去激励英国人民保家卫国，英国可能会变为纳粹铁蹄下的一片焦土。

丘吉尔用他一生的经验告诉我们：成功本没有秘诀，如果有的话，就是用一颗坚强的心支撑自己，让自己永不放弃。只要我们坚持到底，永不言败，对目标和信念始终执著，那么，成功就离我们不远了。

任何成功都不是一蹴而就的，需要付出坚持不懈的努力。今天在职场中立足已属不易，成功更是难上加难，不仅需要信心，而且也需要有足够的忍耐力，以及面对任何困难都不屈服的坚强的意志，因为"生命的奖赏远在旅途终点，而非起点附近。"半途而废的我们永远与成功无缘。

一位年轻人分配到海上油田钻井队工作。第一天，领班要求他登上几十米高的钻井架，把一个盒子送到顶层的主管手里。他气喘吁吁登上顶层后，主管接过盒子取出来一些东西，然后封好包装就让他送回去。他急忙跑下舷梯，把盒子交给领班。领班同样重复了主管的动作，然后再让他送给主管。

他犹豫了一下，又转身登上舷梯。当他第二次把盒子交给主管时，浑身是汗两腿发软。主管却和上次一样，又让他把盒子再送回去。虽然他不明白这个盒子是干什么用的，让他翻来覆去地爬上爬下，但是，想到自己是上班第一天，他虽然有些不情愿，还是擦擦脸上的汗水，急忙跑下舷梯。谁知领班重复了第一次的动作后又要求他把盒子送给主管。

当他第三次把盒子递给主管时，浑身上下都湿透了。

主管看着他，命令道："把盒子打开。"年轻人打开盒子发现里面居然是一枚小小的螺母，而且还要求他拧到螺丝上。他不明白，一个破螺母值得这样折腾人吗？他抬起头，双眼喷着怒火："这就是我的工作，简直戏弄人，我不干了！"

主管严肃地对他说："你做的这是承受极限训练，我们在海上作业，随时会遇到危险，要求每个队员都要有极强的承受力。可惜，前面三次你都通过了，只差最后一点，你没有把螺母拧到螺丝上。我们的井架就靠这小小的螺母来固定。"

年轻人听后懊悔不已。

一切意志的较量都是坚持的较量，世界上没有什么能够代替坚持。

凡是历史上那些成大功、立大业的人物，都有一个共同的特点：敢于坚持。他们在任何打击面前也不会轻易退却，不达成他们的理想、目标、心愿就绝不罢休。我们知道，肯德基创始人桑德斯上校65岁开始创业，而今，这个名列世界500强的连锁帝国可谓家喻户晓。可是，当年他创业时，当他一家家敲开门推销着他的炸鸡秘方，寻找着自己的合伙人时，那是怎样的艰辛！如果没有坚忍不拔的毅力，中途放弃了，能有今天肯德基的崛起吗？因此，如果你认准了自己所追求的目标是正确的，就要有毅力坚持下去，最不想坚持的时候最不能放弃。不轻易放弃，就能敲开成功的大门。

坚持是对意志的考验，意志力决定坚持的强弱。通常情况下，面对同样的情况，多数人都能够坚持下来；但也有些人志向远大，但坚持不了多久就退缩了；也有些人往往在离目标仅一步之遥的时候，在忍耐力到达极点时，在最后一刻放弃了，而只有持之以恒才能创造奇迹。

(5) 没有信仰，谁都挺不住

信仰是一个人精神的寄托。很多人认为幸福和快乐的唯一源泉是他的感官嗜好，可是，当感官嗜好减退或得不到满足的时候，他们便陷入一种可怕的孤独、自卑与无聊之中，就是因为他们没有梦想，没有信仰。因此，信仰才是人类最珍贵的财富。按照释迦牟尼的说法是幸福人生依靠自己的心性——即一种信仰。

世界上无论任何宗教、政党、社团均有自己的信仰。而且，任何组织以至其领导人的信念信仰越强，其所领导的团队事业生命力就越旺盛。

世界历史上，那些历经风雨而巍然屹立的最卓越的公司，它们唯一最可值得依靠的就是它们的信仰和文化。比如，美国强生公司的信仰是做一个有"义"之理想的公司，波音公司的信仰是永为行业领导者之"名"而奋斗之。因为波音公司相信自己应该站在空运时代的最前列。

1945 年至 1968 年，任波音 CEO 的艾伦曾经谈到波音工作的目的：波音公司总是面向明天。当时波音研制 747 喷气式客机的主要动力就是为了维护波音公司的先驱形象。在波音公司看来，人类的目标应该是有机会达成更大的成就，做出更多的服务；人生所能提供的最大乐趣是参与一种艰苦和重大建设任务而带来的满足、带来成功的名誉。……

的确，人们能够忍受物质的饥饿，却不能忍受没有信仰的生活。有了信仰，人们会自觉自愿、无怨无悔地投入到自己的工作中去。

松下在 31 岁时去参观了一座正在兴建的宗教寺庙。这座寺庙建筑工程庞大。令他没想到的是，正在修建寺庙的居然是从全国来的义工。这些人满身大汗，工作很投入，而且他们还是自带钱财粮食来工作的，全部无怨无悔。并且，这里的老师也大多数是不取报酬的专家义务来兼职的，他们也参加了寺庙的修建。

松下感到很震惊。这些信仰佛教的人可以分文不取、无怨无悔地自觉工作，而自己工厂的工人领着报酬还牢骚满腹。这是为什么呢？他感到十分疑惑。

其实，工人在工厂劳动挣钱，买吃、买穿、买房，只是安顿了他们的身躯，而他们的心，即灵魂还没有找到地方栖息、安放，因此，他们总是烦躁不安，牢骚满腹。而宗教的信仰可以给他们制造一个精神的寓所，让他们的心灵可以栖息于那里，快乐地生活。

松下经过一段时间的思考，决定把宗教精神移植到他的组织中，不但要创造丰富的物质，安顿人们的身躯，他还要创造组织的精神，以安顿他们的心灵。因此，松下幸之助在组织中开始营造一种氛围，经过多年的努力，终于将松下的事业变成一种信仰、一种精神，即——产业报国精神。由此，松下幸之助将他的事业扩大为一个民族、一个国家的兴盛，一个为全体日本人民的幸福而奋斗的精神境界，以使人们忘却低级卑下的自私自利行为。我们在这种崇高境界的引领下努力工作，超越了普通打工者的层次，引领松下事业达到了辉煌。

20世纪最伟大的科学家爱因斯坦在"我的信仰"里明确地指出人是为劳动而生的，只有把自己奉献给工作才是有意义的。要实现自我价值，要实现人生的理想，就应当把工作当成自己的信仰。

如果一个人对工作怀有一种生命的信仰，他会把眼下的工作当做神圣的天职，并且有着有一种非做不可的使命感。他就会把眼前的工作看做是自己一生的事业，就有着源源不断的工作激情，并从中体会到神圣的使命感和成就感。

德国思想家马克思·韦伯认为，有的人之所以愿意为工作献身，是因为他们有一种"使命感"。他们相信自己所从事的工作是神圣事业的一部分。他们明白自己生存的意义，并因此而感受到幸福和自我满足。

使命感是一种促使人们采取行动，实现自我理想和信仰的心理状态。使命就意味着自我荣誉和忘我奋斗。把职业看成使命的我们，一心牵挂在工作上，没有他人的督促，也能出色地完成任务。

北京晚报曾报道过这样一则消息："史上最牛潜水员"一头扎进化粪池捞出别克车。崔教练在京城潜水圈内名声在外，慕名登门拜师的学员络绎不绝，甚至像《英雄》、《赤壁》这样的大片儿，水下摄影的技术保障工作都得托崔教练出手。按说这么大的牌儿，身价也够高了，一般活应该看不上眼的。可崔教练没这么想，而且还接了一个在别人看来都不值得接的特殊活儿。四九天，他接到一个警方的求助电话：一辆别克车不知何故扎到北京西北旺一处化粪池里。车不要紧，大不了走保险，可万一司机还在里面，那可是人命关天。

接到电话，崔教练二话不说带上设备奔赴化粪池。几次沉浮，把池子摸了个遍，最终确认没人遇难后，崔教练绑上吊索把车子捞了出来。劳累的崔教练站在粪池边儿，也不可能抹一把脸上的汗水，因为"面镜旁边飘着卫生纸，潜衣外是冒着泡的臭汤……"

面对这种许多人所不齿的粪池捞车，崔教练没有推三阻四，而是凭着自己不辱潜水行业声誉的使命感，在粪坑里扎起了猛子。这种"我不入粪坑谁入粪坑"的敬业精神，让在场人对崔教练的境界肃然起敬。

强烈的使命感促使人们积极采取行动，为实现自我信仰和人生目标而努力奋斗，这样你的价值才能得以实现，你的人生才真正富有意义。把工作当做生命的信仰，你的生活才会过得更充实，你的人格才会变得更完美，你的生命才会变得更有意义！

六.挖掘产品深度的三大方法

1. 方法一：做减法

(1) 只放一只羊

一群乌鸦想彻底改变自己的坏形象，它们梦想成为鹰。一只乌鸦前去观察鹰生养孩子，回来后告诉大家说："不多不少，老鹰孵卵花了整整30天。毫无疑问，这是老鹰从小就拥有强健体魄的原因。"于是，乌鸦们孵卵也用去整整 30 天。一只乌鸦前去观察老鹰练习飞行的情况，回来告诉大家说："我准确算过，老鹰每次飞到离地 1 万米的高空再停飞。这肯定是它们拥有强大飞翔能力的关键。"于是，大大小小的乌鸦们努力向 1 万米的高空冲去，从不停歇，可直到它们相继累死过去，乌鸦们也没有一只飞到那么高的位置。乌鸦还是乌鸦，它们到死也没改变。

有些组织有时候也犯了和这些乌鸦一样的错误。在看到"通用电气"这只鹰时，都梦想自己能成为那样的巨无霸，从而盲目模仿。有的组织如这个故事中的乌鸦般累死过去，如德隆；有的组织及时收手，安分做优秀的自己，如联想和希望。我以为，与其不切实际地幻想成为一只鹰，倒不如正确认识自己的能力，去做一只优秀的"乌鸦"。

组织发展之初，只有一个目标，那就是如何生存下去。那时心无旁骛，兢兢业业，一条道走下去。可是成功之后，钱一多点，想法就多了，问题就来了。钱是人胆，有了钱就认为自己无所不能，看到什么赚钱就想干什么，看到别人赚了钱就想着自己一定赚得到。于是大做加法，盲目冒进。殊不知在市场竞争越来越恶劣的时代，市场分工只有越来越细，越来越专业化。

世界经济一体化的本质是全球范围内的深度分工，深度分工就要求组织深度专业化。每个组织为全世界做一点点，集中精力做好一种产品，才能做到世界前几名，才有资格参与国际分工。

经济学的开山鼻祖亚当·斯密的首要观点就是分工，讲专业化分工如何发展。市场经济的发展一定是越来越专业化的竞争。国际上许多优秀大组织都是上百年专注于一个领域，把自己的产品做细、做精、做透，然后再涉足相关领域。而不是到处插手，盲目多元化。

在我看来，一个组织最难的不是如何挣钱，而是如何花钱；不是如何进，而是如何退；不是如何做加法，而是如何做减法。我在商海 10 多年，眼看着一些人迅速崛起，又眼看着他们轰然倒下，引用一段话来说就是："眼看它起高楼，眼看它宴宾客，眼看它楼塌了！"

"大智知止，小智惟谋，智有穷而道无尽哉。"中国古人早已用他们的智慧总结出了千古名言。如果我们的组织家都能及时"知止"，在组织经营的进退取舍中，一定能摆脱只有三五年时限的宿命。

在扁平化的世界里，包打天下的神话不可复制。因此，多元化的组织，特别是包打天下的组织要做减法。三个减法：

一个是产业的减法，把多产业减到少产业；一个是环节的减法，把多环节减到少环节；三是产品线的减法，把多产品线减到最有优势的产品线。或许专做某一种产品，甚至产品的某一个环节，更能做出优势。

从起点到终点，可能有多种路径，除了直线回归外，还有不脱离原点的方式，这一点，对组织来说，就是核心生存，专业化生存。正如十个指头不如一个拳头的力量强大一样道理，多元化经营不如专业化经营。

不管组织实施何种形式的多元化，培养和壮大核心竞争力都是第一重要的任务。麦肯锡咨询公司曾经作过一个研究，通过对412家组织进行分析，麦肯锡将其分为专业化经营（67%的营业收入来自于一个业务单位）、适度多元化经营（至少67%的营业收入来自于两个业务单位）、多元化经营（少于67%的营业收入来自于两个业务单位）。结果是：专业化经营方式，股东回报率22%；适度多元化经营方式，股东回报率18%；多元化经营方式，股东回报率16%。

如果仅仅从回报率的角度看，专业化经营的方式要优于多元化的经营方式。

任何一个组织在实现多元化之前，都应该首先在内部实施"归核战略"。集中资源，培育其核心能力，大力发展核心主业，把主业做大、做强、做精，没有实现这个目标，千万不能轻举妄动。

归核战略要做两个方面：

第一要有强大的核心能力。有了核心能力才有核心主业。核心主业就是组织的重心。重心不"重"，组织的根基就不稳；没有核心主业，组织就会在市场竞争的大潮中站不稳脚跟。一个组织要想在变幻莫测的市场竞争中站稳脚跟、不断发展，必须有自己的核心主业。

第二才是实行相关多元化战略。归核战略就是组织实行相关多元化战略的关键或前期工作。组织在没有形成自己的核心能力和核心主业之前，走多元化道路，其结局必然是失败。

那么，如何判定核心业务呢？为了弄清楚组织的核心业务，组织管理者需要弄清以下五个问题：

忠诚度高的、最有可能使你的组织赢利的客户；你的组织独有的和最具战略意义的能力；你的组织最重要的产品；你最重要的销售渠道；具有重要战略意义的资产（如专利、商标权、在网络中控一制地位）。

弄清了以上五个问题，也就弄清了组织的核心业务。

哈佛大学商学院著名教授迈克尔·波特在他的《竞争战略》一书中明确地提出了三种适用的竞争战略：即总成本领先战略、差异化战略和专一化战略。可见专一化战略是一个重要的组织竞争战略。谁也不能否认，这是一个充满诱惑的世界，因此这更是一个需要专注的时代。"术业有专攻"、"水滴能穿石"、"伤其十指不如断其一指"，这些众所周知、耳熟能详的俗语是对专业化的最为经典、简约的肯定。

综上所述，走专业化道路，对于组织来说，有三大最基本的优点：

一是易于树立起品牌形象。专业化往往是以"独"、"特"见长，因而容易引起人们的注意，以鲜明的个性凸显在用户眼前，使组织的品牌与组织产品、服务等有机地结合起来。

二是有助于打造核心竞争力。专注核心业务是组织赢得核心竞争优势、获得持续发展的要义。没有核心竞争力，组织在主营业务领域的竞争优势和发展是不可能的。

三是易于管理。专业化使组织的各个相关部分相互联系并且始终在自己的熟悉的发展方向上拓展，对于各个方面的问题了然于心，可以在原有的管理经验基础上不断完善，形成自己特有的清晰的管理理念、科学的管理制度和高效的运作机制。

(2) 没有限制，永远做不大

我们都知道开放的好处，却少有人知道封闭的好处。开放可以嫁接信息、资源，但只有封闭才能实现价值。整个这一章都是强调封闭的无穷无尽的好处和优势。生活的缺陷就是毫无限制。网上有个购物狂曾经发表感慨：看见便宜或者时尚的商品就按捺不住购物的冲动。等她买回来才发现，许多东西是她所不需要的。现在，孩子四岁了，还有许多尿不湿和奶

瓶奶嘴之类在储藏间放着。老公一气之下都卖了破烂。

在生活中，许多人也像那些购物狂一样无限制，总以为自己精力和时间足以做更多的事情。如果以有限的时间和精力，试图做更多的工作，必定在很多方面削弱我们的能力和效力，在各方面使我们变得脆弱。

生活没有限制会杂乱无章；工作没有限制，即便再努力也找不到正确的方法；心灵如果没有限制，被功名利禄塞满就找不到快乐。人生没有限制，永远都不会完成从平凡到优秀的跨越。

即便是优秀的我们要完成向卓越的跨越也需要限制。如果对自己的追求和欲望不加限制不懂得限制，试图把那些工作成就和功名利禄等那些庞大而繁杂的东西都塞进去身体这个小小的火柴盒中，总有一天，会有撑破的时候。

巴林银行集团是英国声名显赫、信誉良好的公司。但是，1995 年，这个拥有 200 多年历史的银行却因资不抵债而倒闭。是高层管理者经营不善吗？原因来自于一位小小的我们——尼克·里森。

里森原是英国的一位泥瓦匠的儿子，他没有接受过任何高等教育，因此，他在 1989 年受雇于巴林银行时只是从事清算工作的内勤人员。后来随着公司的发展，被派到新加坡分公司从事金融衍生业务。当时，由于人手缺乏，他开始做起金融证券期货交易。之后，因为工作出色，很快被任命为巴林银行新加坡分公司经理。

按说，他奋斗到这一步，应该对公司万分感激了，但是随着职位的升高，他的私欲开始膨胀了，把集团对自己的信任当做自己获取功名利禄的资本，把银行当成了为自己牟利的工具。为了满足自己的私欲，他竟然采取不正当的手段进行交易，设立了错误账户来处理交易中的失误。谁知失误越来越多，损失也越来越大，但里森并没有报告总部及时采取措施。他采取欺上瞒下的手法，饮鸩止渴，结果"糊涂账"越来越多，最后这个失误像"滚雪球"似的增大，使公司遭受 14 亿美元的损失，终于导致巴林银行的破产倒闭。里森也携带妻子踏上流亡的道路。

泰戈尔说过："当鸟儿的翅膀上挂满金子的时候，便再也难以飞翔了。"

心有余物，才能装物。成功自然可以得意，只是别忘了形。即便是组织的优秀我们，通过努力获取了一定的职位，但如果时时处处不加限制，以致无度地追求，就无法在职业道路上保持一份难得的清醒，最后必将在私欲这匹野马的驱使下，干出损公肥私的事情，随之而来的各种不测将把你的成功化为乌有。

传说苏东坡曾向京都相国寺佛印和尚请教修炼之道，佛印和尚以诗作答：

酒色财气四堵墙，

世人都在墙中藏。

谁能跳出墙外去，

不是神仙也命长。

酒、色、财、气乃人生四大乐也。人们正常的食欲、性欲，财欲及气度都是需要的。但是，任何美好的东西超过了一个度，如果刻意地乃至不择手段去追求权力、名誉最大化，追求过分即成了邪恶。酒色财气会变成："酒是穿肠毒药，色是刮骨钢刀，财是惹祸根由，气是下山猛虎。"

因此，越是优秀的我们在荣誉和成功面前越应该警惕自己膨胀的私欲，应该学会限制，以此来增强你的能力。

一个人的生命和精力毕竟是有限的，既然有所为，就必然要有所不为。其实，一个人能成功并不仅仅是因为他从别人那里获取了很多，只有你先帮助别人得到了他们想要的，别人才会给你想要的。因此，从社会责任来说，也应该让别人因为你活着而得到益处，而不是只为了满足自己的欲望。所以，应对自己的生活加以限制，舍弃那些虚名、物欲的诱惑，汲取精华、滋养生命。

既然我们的生命无法负重，就要学会做减法，把生命中不堪负重的东西减去。减去自然就要丢弃、舍弃一些东西。在工作中，也有很多我们不愿意放弃自己已经拥有的东西，比如名誉、地位、高薪等，因为这是自己多年的工作争取到的，而且也曾给自己带来过快乐。但是，时过境迁，如果让那些看似宝贵的、重要的东西陪我们去走更长的路，只会增加自己的负荷。

我们的精力和能力是有限的，不可能得到所有想要得到的东西。因此，放弃一些次要或者不适合自己的，是为完成更重要的、找到更适合自己的，轻装才能前进。只有懂得限制的人，才能得到该得到的更适合自己的东西。

2. 方法二：做精细

(1) 忽视细节必将付出代价

细节，就是细小的环节或情节，是一个整体中极为细小的组成部分或一个系统中平时极易被人们忽略的环节和链接，细节因其细微，往往容易被人忽视。

有些我们一贯认为细节并不重要，自己是干大事的料，做那些琐碎、繁杂、平凡、细小的事务无异于屈才或者浪费时间。于是，他们凡事不作深究，只求大概，不求精确。可就是这些看起来鸡毛蒜皮的细节，做好了、做到位也不容易，如果你不重视，轻则破坏你形象的完美，重则给我们带来意想不到的伤害。

据某媒体报道，有位一心想应聘自己所向往的房地产公司广告策划的小伙子就因为一份简历栽了跟头。参加招聘会的那天早上，小伙子收拾得干净利索。可他不慎碰翻了水杯，将放在桌上的简历浸湿了。为了赶时间，小伙子将简历简单晾了一下，便匆匆塞进背包。在招聘现场，当小伙子看到那家自己所向往的公司时，想抓住这个难得的机会，便不顾一切直奔这个招聘点而来。和主管简单交谈后，小伙子感觉比较满意，于是急忙掏出自己的简历。可是，天啊！简历上不光有一大片水渍，而且和包里其他东西放在一起，不但皱巴巴而且还有划痕，"伤痕累累"了。和其他人那些干净、整齐的简历一比，小伙子的简历最醒目。看到这样的简历，招聘人员皱了皱眉。小伙子的命运也可想而知了。在招聘人员看来，一个连简历都保管不好的人还能做好其他工作吗？

有些人总是很注意自己的形象，特别是年轻人，发型、化妆品等一大堆。可是，影响你形象的，有时不只是你的服装新不新、皮鞋亮不亮，这些固然是你形象的主体，可是一些不太引人注目的"零部件"等，如西服的钮扣、不经意的小动作、无意中说出的一句话等等，这些细节方面"微不足道"的错误，也会引起别人的反感。

有位从事营销的小伙子待人倒是很热情，但就是平时不注意小节。一次他约客户签单时却发现自己的业务资料少拿一张，临走时又顺手把对方的圆珠笔当成自己的装进了公文包。客户看到他丢三落四、毛毛躁躁，很不放心。结果，签单的事也泡了汤。

这种做事毛躁、不重视细节的习惯并非就是天生的，很大程度上和他们头脑中没有把细节提升到高度来重视有关。

一些人做事情总是抱有"差不多"、"过得去"、"凑合"的标准，因此，不但自己的工作中漏洞百出，导致组织的产品也缺乏竞争力。我们的许多组织被拒之门外，我们的产品总是被打上二等货色的标签，虽然与一等品只差一点，就是这一点使组织之间的距离大大拉大。

不重视细节有时会付出生命的代价。细节不但会影响事业的成功，忽视细节，还会让人付出生命的代价。人类历史上，由于疏忽、敷衍、偷懒、轻率而造成的血的教训早已向我们敲响了警钟。

1986年1月28日，美国的"挑战者号"航天飞船刚升空就发生了爆炸事件，七名宇航员在这次事故中罹难。其中两名是人们引以为骄傲的女宇航员。

原因竟是一个小小的O形密封环，在低温下失效所致。尽管在发射前夕有些工程师警告不要在冷天发射，但是由于发射已被推迟了五次，所以警告未能引起重视。结果却造成直接经济损失12亿美元，并使航天飞机停飞近三年。

这个沉痛的教训警示我们：不论在工作还是在生活中，细节都不容忽视。

今后的竞争就是细节的竞争，不论组织还是个人，建立细节优势才是保持竞争力的关键。因此，在工作中如果你能关注细节，一定会避免很多的失误或差错；在社会交往中如果你能关注细节，那一定会和更多的朋友和睦相处，合作愉快……如果你能把对细节的苛求带到工作中，养成习惯，对每一个细节都关注到位，那么，你将受益无穷。

(2) **细节体现品质**

细节不仅是一个人的能力、以及对待工作态度的表现，更是一个人品质的表现。关注细节，就是关注细节背后的品质。注重细节，把握细节，不仅是一种认真对待生活的态度，也是自身素养、品质的外在显现。

细节是品质的反射镜。在工作中，许多我们只重视业绩的提升而忽略品质的培养。比如：办公室的灯想不起随手关掉。生活中，果皮纸屑随手丢在风中，公共场合打闹喧哗也是家常便饭。这些细节虽不伤大雅，但也在潜移默化中构造着一个人的品质。这些一点一滴毫不起眼的习惯积累，必定会影响我们今后的成长与发展。可以说，是否能被领导和同事认可，细节就是最好的反射镜。

苏联卫国战争时期，国内粮食供应特别困难，因为富农把粮食都藏了起来。为了保证城市的粮食供应，苏维埃人民委员会往各地派出了粮食征集队。一名年轻人就是这个征集队的队长。

一天，列宁遇到这名工作人员时，看到他上衣口袋掉了一颗纽扣，列宁没出声走了过去。第二天，列宁又遇见他，见他的上衣口袋上的那颗纽扣还没有缝上。到了第四天，列宁总算看到了那颗缝上的纽扣，列宁很高兴。过了一段时间，列宁接到报告说，那位工作人员不胜任工作，不但没有弄到多少粮食，而且已经收集的粮食也被富农烧了。当人们向列宁汇报时，列宁说道："这本来是可以避免的，是他没有预先提防，漫不经心。"有一些人不理解，辩解说："列宁同志，这是偶然事故。"列宁听着，随手在一张纸上画着什么东西。人们看到纸上画着一颗纽扣。

香港商业巨子李嘉诚说："栽种思想，成就行为；栽种行为，成就习惯；栽种习惯，成就性格；栽种性格，成就命运。"这是很有道理的。细节是生活习惯长期的积累，它体现了一个人的品位，也显示了人与人之间的差异。无论你的志向、理想多么伟大，人生之梦多么绚丽多彩，没有细节做基石，一切皆是空谈。因此，不论在生活还是在工作中，都需要认真做好每个细节。

不论在工作还是在生活中，凡是被人们敬佩的人必定是在细微之处做到位的人。这样的人不仅树立了自身良好的形象，也为组织树立了好的形象，为组织带来意想不到的效益。

1996年，海尔的销售员阿维到黑龙江双城百货公司，和经理去谈供货事宜。当时，另外两个家电厂家的营销员也在经理办公室。

三个销售员出门时，其他两个公司的营销员走在前面，阿维走在后面。

一出门，阿维就发现地上有一块香蕉皮。他顿时觉得很刺眼，想到这块香蕉皮可能会滑倒人，他顺手就将香蕉皮捡起，放进了垃圾桶里。

当天晚上，阿维接到了百货公司经理的电话，说他只多要海尔的货。

很久以后，阿维才明白，那块香蕉皮成了合作成功的重要原因之一。

从某种意义上说，善待细节，等于善待我们自己。一名优秀的我们就是要在每一方面都要高于常人，要保持并使自己不断进步，适应更高的要求。

张瑞敏的逻辑是，要干第一流的事业，就要创办第一流的组织，就要拥有第一流的人才，就要具备第一流的素质。正是基于这样的认识，张瑞敏在创业之初就开始在培育组织文化、提高我们整体素质上下真工夫。阿维就是海尔重视我们素质培养的典型。一块小小的香蕉皮也显示了阿维的品质。时时处处为他人着想。这样的我们自然也能为客户着想。所以，就冲他的人品，客户感觉放心，因此，与他签合同也是情理之中的事了。

许多普通人都想完成从平凡到卓越的转变。可是，从平凡到卓越也需要一个过程。没有过程的优秀、细节的优秀，就不可能有结果的优秀。优秀也需要日复一日的磨炼才会真正形成。因此，我们要着眼大处、着手小处，学习中重视细节，可助你取得优异的成绩；工作中重视细节，可助你创造事业的辉煌，修养中重视细节，可助你成就优秀的品格。

有位在日本工作的中国人，曾经遇到过这样一件事：

一次，他从超市购物出来，看到一个西装革履的日本老人正在给他擦车。擦车有专门的洗车房啊！老人这么大年龄，为什么要给他擦车？即便是为了解除老年的寂寞，可以去公园去旅游，也没必要选择擦车的活干啊！

他对这位老人的举动很不理解，就走上前询问："老人家，您为什么要替我擦车呀？"

谁知那位老人严肃地对他说："我是汽车公司的退休工人，这些车都是我们制造的。我不能容忍在我眼皮底下有如此脏的车。"

原来如此，老人对公司的忠诚和高度敬业的精神让这位中国人很震动，同时，对老人也肃然起敬。

虽然老人只是在从事擦车这个微不足道的小事，但是也体现了他热爱组织、注意维护组织形象的高尚品质。比起那些装样子、走形式的我们，老人这样的行为并不是作秀表现自己，而是优秀品质的体现，是日积月累形成的。因此，唯有重视每一个细节，不断修正、不断改善每一个细节，从细微之处入手，才能让自己的人生更精彩。

(3) 让精致助你腾飞

精致就是精巧细致。大凡豪华汽车、名贵珠宝、高尔夫球具等奢侈品，它们的制作过程、质地和推广活动都和精致二字相连。可是，你可能会问：对于其他生产或者经营普通产品的行业来说，有必要做到精致吗？

我们的视野不能只有几公里，要有前瞻的眼光。随着中国市场的发展和成熟，国际优质产品不断进入，"全球同步上市"的说法已经频频出现。正因为中国的组织和产品比不上发达国家的精致，才更应该在精致上下工夫。我们生产产品不能再是追求短期效益，而是稳步传播组织理念，长期培育顶级品牌，赢得人们信任。而造就精致离不开对细节的精雕细刻。

米开朗基罗在精心做雕塑时，曾有一位朋友到访，发现米开朗基罗的作品已经接近完工。坐了会儿，为了不打扰米开朗基罗的工作，朋友便离开了。不久他返回，发现米开朗基罗仍在同一座雕塑上工作。于是叫道："刚才你一直在雕塑这件作品，是吧？"

"的确是，"米开朗基罗回答。

"可是，我并没有看到有什么明显的变化啊？"朋友问道。

"刚才我将某些部位的表现处理得更柔和一些，加强了眼睛的表现。"

朋友听到不以为然地说"这些琐碎的细节都是无关紧要的。"

"也许是的，"米开朗基罗回答，"但是细节构成完美。"

只有做好不容易引人重视的细节，才能显现出真正的生活本质差别。这也许是米开朗基罗的作品大师风范的一种表现吧。

精致的艺术品不但是人们眼里一道美丽的风景，而且更会保值增值。当我们惊叹一件艺术品竟然价值连城、开出天价时，我们可否想到这一切来源于创造者精致的生活态度、品位和修养。

不但是艺术品，就是其他精致的产品也是一个潜力无穷的绩优股，可以引领组织的其他品牌一路飙升，这对于追求并且创造精致产品的我们而言，也是一种奖赏。从而联想到我们的工作与生活，你的自我管理是不是更细致？

春晚的舞台上，主持人永远是最引人注目的"大腕"，09春晚央视派出朱军、董卿、白岩松、周涛、张泽群、朱迅等三男三女组成的超级阵容，吸引了最多的目光。每一位主持人服装和饰品都经过精心设计和选择，显示出每一位主持人的品位和身份。而穿着带有中国特色黄色绣花旗袍的主持人董卿成为该节目的一大亮点。

细节决定质量，精致成就品牌。一切的卓越都源于精致。

(4) 海恩法则

关于重视细节，我们必须好好学习海恩法则。

海恩法则：任何不安全事故都是可以预防的。海恩法则是德国飞机涡轮机的发明者德国人帕布斯·海恩提出一个在航空界关于飞行安全的法则。海恩法则指出：每一起严重事故的背后，必然有29次轻微事故和300起未遂先兆以及1000起事故隐患。虽然这一分析会随着飞行器的安全系数增加和飞行器的总量变化而发生变化，但它确实说明了飞行安全与事故隐患之间的必然联系。当然，这种联系不仅仅表现在飞行领域，在其他领域也同样发生着潜在的作用。

按照海恩法则分析，当一件重大事故发生后，我们在处理事故本身的同时，还要及时对同类问题的"事故征兆"和"事故苗头"进行排查处理，以此防止类似问题的重复发生，及时解决再次发生重大事故的隐患，把问题解决在萌芽状态。海恩法则强调两点：一是事故的发生是量的积累的结果；二是再好的技术，再完美的规章，在实际操作层面，也无法取代人自身的素质和责任心。

海恩法则的启示：

假如人们在安全事故发生之前，预先防范事故征兆、事故苗头，预先采取积极有效的防范措施，那么，事故苗头、事故征兆、事故本身就会被减少到最低限度，安全工作横向也就提高了。由此推断，要制服事故，重在防范，要保证安全，必须以预防为主。

要在安全工作中做到以预防为主，必须坚持"六要六不要"：

一是要充分准备，不要仓促上阵。充分准备就是不仅熟知工作内容，而且熟悉工作过程的每一细节，特别是对工作中可能发生的异常情况，所有这些都必须在事前搞得清清楚楚。

二是要有应变措施，不要进退失据。应变措施就是针对事故苗头、事故征兆甚至安全事故可能发生所预定的对策与办法。

三是要见微知著，不要掉以轻心。有些微小异常现象是事故苗头、事故征兆的反映，必须及时抓住它，正确加以判断和处理，千万不能视若无睹，置之不理，遗下隐患。

四是要鉴以前车，不要孤行己见。要吸取别人、别单位安全问题上的经验教训，作为本单位本人安全工作的借鉴。传达安全事故通报，进行安全整顿时，要把重点放在查找事故苗头、事故征兆及其原因上，并且提出切实可行的防范措施。

五是要举一反三，不要固步自封。对于本人、本单位安全生产上的事例，不论是正面的还是反面的事例，只要具有典型性，就可以举一反三，推此及彼，进行深刻分析和生动教育，以求安全工作的提高和进步。绝不可以安于现状，不求上进。

六是要亡羊补牢，不要一错再错。发生了安全事故，正确的态度和做法就是要吸取教训，以免重蹈覆辙。绝不能对存在的安全隐患听之任之，以免错上加错。

海恩法则的警示意义：

实践也证明，只要安全工作做得扎实、管理到位，作业者的安全意识、技能和防范能力到位，大多数安全事故是可以有效预防和避免的。"海恩法则"实际上告诉了我们这样一个道理，在安全生产中，哪怕提前防控和治理了999起事故隐患，但只要有一起被忽略，就有可能诱发严重事故。而仅仅只是切割机手柄产生裂纹这样细微的隐患被忽略便命丧黄泉，教训是深刻而惨痛的。"祸之作，不作于作之日，亦必有所由兆。"

在生产一线，不可避免地隐藏着大大小小的安全隐患，稍有松懈，人的生命安全和健康就会受到威胁，就极有可能造成不可挽回的损失。事实反复告诉我们，将安全工作重点从"事后处理"转移到"事前预防"和"事中监督"上来，是堵塞安全生产的"致命漏洞"，防患于未然，遏制安全事故的根本之策。

安全生产，关系到人群众生命财产安全，关系到组织发展和稳定大局，重视安全生产，怎么抓、怎么强调都不过分。"海恩法则"告诉我们，对于生产现场存在的安全隐患任何时候都不能疏忽，安全这根弦任何时候都不能松。

3. 方法三：做感动

(1) 让你的产品会说话

"问世间情为何物？直教人生死相许。"不要看所有的教育都在教人理性，就以为人是理性的动物。这是一个天大的谎言，你不想想，所有的教育为什么要强调理性的重要，就是因为人在绝大多数时候、地点、事件、人生上都是非理性的。人的第一需求就是情感需求，而非理性需求。几乎所有做设计的，做市场的，跟人打交道的领导都知道，情感是通向他人心灵深处的唯一的通道。如果某个人在作传播时还在强调理性，那他就连传播的门都没入。还有人说，人们在高档消费时是理性的，这也是鬼话连篇。

更何况，中国人是一个特别重视情感的民族，这是由中国关系文化基因决定的，谁都无法改变。因此，无论是你或者产品要想畅销，就一定要在情字上大做文章。在本质上，消费者消费产品就是在满足和打点自己情感，一切消费，几乎都是冲动的结果。

如今，人们的消费已由生理消费转向了心理消费，大多数时候都在进行情感消费，情感消费已占消费的80%，如果你的产品在众多的产品设计中不带情感基因，那么，是很难在第一时间跳出来的，是很难抓住消费者的心的。因此，要想畅销，除了产品的高度、宽度之外，还应有产品的深度，深度除了做精细之外，最重要的就是要有情感。没有情感的产品是没有灵魂的，是死的，是冷酷的，谁都不会去和一个无情无义的产品打交道。

产品即人品，什么人生产什么产品。此时，如果你的产品还只具备生理消费功能，那就十分危险，那就得立即进行情感塑造，否则，前途堪忧，行之不远。

数年前，提到"太太乐"，人们的第一反应就是：这是一个鸡精品牌。但是现在，太太乐已经能使人们联想起更多的东西。亲情、温情、家庭、关爱，凡是能促使一个家庭走向和睦的所有元素，都能在太太乐这个品牌上看到或浓或淡的痕迹。这得益于其实施的情感营销塑造品牌形象。

太太乐深知，"家和味乃鲜"，只有家庭和睦亲美、尽情享受家庭生活乐趣的人们，才会真正对太太乐这种注重"口感体验"和"生活情调"，以高品位取胜的调味食品产生青睐。随着当今社会人们生活节奏越来越快，亲情逐渐淡漠、家庭观念变轻日渐成为一个普遍的现象。为此太太乐呼唤家庭价值回归方面作了常人难以想象的努力。为了能够将太太乐所倡导的"亲情"观念传递给每一个人，太太乐不仅一直推行着"亲情中国"等公益活动，也非常大手笔地力邀中国最著名的导演之一——冯小刚来执导2005年的电视广告，同时特别邀请实力派女明星——蒋雯丽担纲太太乐鸡精的代言人。这两位国内一流的导演和演员通过这次首度合作，在短短的60秒内，通过3岁、8岁、15岁和25岁四个人生片段，淋漓尽致地展现了一位中国母亲对儿子无微不至的呵护和至情至深的关爱。

亲情、温情、家庭、关爱，这些对现代人越来越陌生的词语，却为太太乐高度重视并巧妙运用于品牌形象塑造。

曾有营销界专家说，2010年是"情感营销"的时代。在这个情感经济日渐到来的时代，情感元素作为品牌的一笔财富，正在创造一个个商业奇迹。而情感营销作为营销创新的一种形式，也正逐步受到品牌营销人员的重视。

如今，情感营销已被众多的中国品牌积极引入，他们已经从只关注产品功能和价格转变为以情感型为中心，为适应市场竞争，植入情感要素，并制定出情感营销策略，以满足顾客情感需求为目标，通过情感营销保证品牌在顾客心中的美誉度和忠诚度。

中国的消费者太不忠诚了，这是中国营销人士的抱怨，只要一打价格战，消费者立刻转移，有时只是有新的牌子新的概念出现，消费者就会尝试。营销的手段因此变得单一，降价，玩概念。营销的横向似乎很低，市场的次序由此很乱。另一边，消费者抱怨组织短期行为，做表面文章，购买前后两副面孔。究其原因，组织没有感动消费者，消费者也没有被品牌感动。

为什么感动是如此稀缺？

我们很容易知道一个牌子，也容易记住一个品牌，但是，我们不容易对于一个品牌满意，也难以建立对于品牌的忠诚，更不要提对于品牌的感动了。

感动是基于人性中对于真善美的追求。无论物质多么发达，无论科技如何进步，无论中外文化差异多大，人们都渴望感动。但是，在这个物欲横流的社会，人们生活在麻木和理性之中，生活在不满和迷茫之中。不要说商业体验，就是在我们的日常生活体验中，感动也是极其稀缺的。唯其稀缺，人们更加渴望感动。这种渴望感动的需求的存在，是感动营销存在的基础。也是由于这种需求的存在，"感动"频繁地出现，感动营销才有了市场。

感动一次，记忆一辈子。这就是感动营销的功效。一批过了气的歌星在中国开演唱会，一大批过了青春期的歌迷狂热追随，他们追随的不是歌星，是当年青春年少的感动。曾经的感动，将一生都刻在他们记忆的板上。

如果一个品牌，曾经感动过人，那么品牌与人就不是商品与人那么简单的关系了。如果有一个人说，我只用这个牌子，这是我的牌子，那么，他一定曾被这个品牌感动过。但是，他是如何被感动的？又是被什么感动的呢？这就需要将品牌剖析，品牌的价值是如何构成的？又是如何表达的？

如何让消费者心动？

中国的组织家中还有相当多的人单纯地以为品牌就是打广告，做活动，搞宣传，做标志设计。他们以为品牌是市场部的事情，是给客户看的。其实，品牌是与卓越者价值观和组织文化息息相关，是由内而外的。经销商、产品、组织体系，内部机制都体现了品牌，都是品牌的载体，因此，一个在外部可以感动消费者的品牌，在品牌的内部一定有坚实的基础，有相应的组织价值观和组织文化，有匹配的产品设计和市场营销的理念，体现了品牌价值的各个维度。

组织文化：出自诚信，发自良知，坚持原则。

品牌价值有一个被中国组织忽视的要素就是品牌的社会特征，包括公益，回报社会，环保，诚信等。感动营销出自诚信的组织文化，才能感动消费者。古时候商业恪守"童叟无欺"的原则，讲究"君子爱才，取之有道"的信念是感动营销的前提。一个不坚持原则的组织，不讲究商道的组织，根本谈不到感动营销。遵循基本的商道和组织"做人"的原则是感动营销的基础。

《大宅门》中白景琦焚烧了价值七千两白银的不合格中药，如果放在今天就是感动营销的典型案例。相比之下，海尔的砸冰箱事件也就容易理解了。而今，不少组织认为自己可以操纵消费者，制造感动，骗取消费者"廉价"的感情，也许一时"吸引"或者"打动"了消费者，但是，那不是消费者内心的感动，追求目的不同，结果不同，最终消费者会摒弃这些不讲诚信原则的组织。为了感动而去制造感动，得不到感动的回报。就像公司里最看重钱的人反而得不到最高的报酬，反而是那些为了责任心和内心成就感的我们提升的最快，最好的销售员往往不是外貌出众和能说会道的人。

产品设计理念：感动源于产品，细节体现感知价值。品牌价值必须是可被感知的。可感知的价值却往往被中国组织忽视。作为技术专家，作为组织决策者，产品设计技术领先，花费了更高的成本，超过了竞争对手，就是有价值的。但是，对于用户来说，往往并不领情。他们不会为一个自己无法体验和感知的技术和成本而付费，更不会为此感动。感动在于使用中，在于产品的细节中，只有细节才能让消费者感知。从细节中感受体贴，感受关爱。产品同质化以后，细节更加重要，有细节才有差异化。所以说，感动并不是服务业的专利，而是制造业、政府等都适用的。

我经常被诺基亚手机的设计细节感动，每每发现一个细节，正是我需要的，就惊叹于他如何知道我的需要的（其实我是从事市场研究的，我知道一定是市场研究帮助他们挖掘到消费者需求的）。这种天长地久的感动，造就了我的忠诚，作为消费者，我不断地传播它的口碑。我可以忽视它的外形，可以抵抗外界新品牌的诱惑，因为在产品使用中，在我可以感知的细节中，我被感动了。

感动是设计出来的吗？

感动设计之一：抛弃华丽包装，回归人性自然。

个人联系度是品牌价值的情感要素。也就是说一个品牌要和消费者个人建立联系，保持个人的沟通。和消费者建立个人联系，就要回归到人的本源。

现代营销有很多的误区，认为时尚的广告，热闹的活动，华丽的包装就是营销，其实，人性都是朴素的。感动不是华丽的词藻，只是我们最朴素的需求。不要包装，不要矫情，感动营销应该抛弃目前的华丽外表，回归人性的本源，自然的本源。

感动通常和家庭有关，和孩子有关。从来没有听说孩子用华丽的词藻和时尚的包装，相反，就是由于孩子单纯，孩子依赖，其语言表达能力差，更易让人感动。柯达胶卷的广告，从来都有孩子，从来是普通生活的场景，孩子的哭，孩子的笑，孩子的尴尬，孩子的顽皮，感动了一代又一代人。

感动通常和人性有关。人性是崇尚自然的，"立邦漆"在草原上的小屋和泉水一般的音乐那样让人喜悦和感动，就是自然的力量。人性不喜欢虚伪复杂，喜欢单纯和简单的，喜爱温暖和友谊，真诚与和谐。无论科技多么进步，社会如何发展，每个人内心都有对于人性的渴望。现代中国社会，缺乏宗教信仰，缺乏历史传承，因此，诚信匮乏，传统丢弃，社会凝聚力差。为什么艺术又这么热门，为什么知识又重新有价值，都是人性的回归。

感动设计之二：非理性的感动。

　　无论是认知度、记忆度、美誉度，还是满意度、忠诚度，在某种程度上，都是非理性的。对于品牌的追随通常是非理性的，因为感动是非理性的。所谓的理性，只是给自己的非理性寻找一个支持的理由。记忆是一个特别理由，满意是超出你的预期，品牌是情感的联系，忠诚是依恋，都是理性难以度量的。在很多专业领域，组织在技术上是强势的，消费者在心理上是弱势的，消费者需要这样非理性的保护和关爱的感觉。消费心理经常都是非理性的。

　　同样，消费过程也是非理性的。特别是女性消费者，非理性的成分更大。因为被一个新颖可爱的促销产品感动而购买价值高的多的产品，是一个非常普遍的现象。调查表明，93.5%的18~35岁的女性都有过各种各样的非理性消费行为，也就是受打折、朋友、销售人员、情绪、广告等影响而进行的"非必需"的感性消费。非理性消费占女性消费支出的比重达到20%。这种感性消费并非事前计划好的，所购买的商品也非生活所必需的。感动是这些非理性购买行为的动因。

　　感动设计之三：和你一起慢慢变老。

　　品牌内涵持久不变，但是，品牌的外在体现要与时俱进。和你一起慢慢变老，这是令不少女孩子感动的境界，也是组织追求的境界，有没有哪一个品牌可以伴随消费者成长，可以如此深入地根植在消费者的心中。消费者希望有一个牌子和自己一起经历岁月和环境的变化，知道自己的需要，体贴自己的需要，那么，作为组织，就要随时洞察客户的需要及其变化，不断以新的方式，新的产品服务于消费者。

　　与其说感动营销，不如说真诚营销，感动既不是出发点，也不是目的，只是过程之中的一个节点的结果。这个社会人人都功利，所以，内心中，人们其实不会与功利的人做朋友，发生感情，那就更谈不上被感动。如果为了感动而去营销，消费者不是傻瓜，他们有非常强的防卫心理，感动就会更加稀少。感动是可遇不可求的。用心去做，真诚待客，过程之中，消费者就被感动了。

　　总之，感动营销是有利于营销回归到其本质的。被感动的消费者要求高了，对其他的竞争对手是一个促进。因此，感动营销是有利于社会进步的。

(2) 用情感深化品牌

我们从短缺时代走向物质充裕，忽然间，好像"千树万树梨花开"，从生活到工作我们都被消费品牌包围了，可是，在这五彩缤纷的"乱花渐欲迷人眼"中，我们发现，我们的生活本身却缺乏了意义，不论中产还是巨富大款。

虽然生活的意义好像是个很抽象的名词，但是，人们也并不是挣钱的机器，谁都希望能够享受金钱带来的快乐和幸福。特别是经历工业化、机械化折磨的后现代社会的人们更渴求生命的意义，否则生活就没有了动力和乐趣。

在现今信息爆炸、品牌众多的时代，每一次跨界的成功，无疑都是在捕捉消费者的潜在需求方面，获得了成功。未来品牌制胜的两个方向，一是人性化，二是赋予意义。人性化是未来的主要走向；而赋予意义则要求品牌不仅仅提供产品的使用价值，还需要能赋予消费者文化、价值、时尚和生活方式的额外含义。因此，追求人生意义与人文关怀的价值，这就是下一波商业潮流的走向。无论是个人品牌还是组织品牌，要想品牌走得远就必须跳出产品本身——让品牌赋予消费者额外的意义。

其基本法则在于寻找人类共同的情感价值 (普适价值) 并嫁接到组织品牌或产品上，从例如尊重、宽容、爱、忠诚、美、时尚、贡献、欢乐、感动、乐趣等情感价值中去发掘组织或品牌的机会。

诚如一位品牌战略家所言，"你不会发现一个成功的全球品牌，它不表达或不包括一种基本的人类情感"。永恒的品牌是那些能够代表世界视野，让消费者找到自我的品牌，并在购买之后就有一种群体归属感。这种消费者的自我并非一定是占据某种产品品类，而是代表某种人类共通的情感。

第五章
新思维模式的总目的——造冠军

一、思维模式的总目标是造冠军

1. 冠军是当今时代的需要

我们研究、推广思维模式，有一个美好的愿景：造冠军。制造各行各业的冠军。为什么要造冠军呢？因为时代需要冠军。中国经济改革已完成了价格经济，目前正向品牌经济进发，品牌的本质就是做差异，就是做冠军。在英雄的时代，需要英雄；在成功的时代，需要成功者。在卓越时代，就需要冠军。

如何成为冠军？必须同时具备高度、宽度、深度思维，并形成高度、宽度、深度思维复合的思维模式。

冠军的好处太多太多。你知道世界冠军高峰是珠穆朗玛峰，但你知道世界第二高峰吗？你知道冠军个发明蒸汽机的人是瓦特，但你知道第二个制造了蒸汽机的人是谁吗？你知道冠军个发明烈性炸药的人是诺贝尔，但第二个研制出炸药的人是谁呢？人们很容易记住冠军，第二以下却几乎完全忽略。

组织界的情形也一样，你知道世界最棒的软件公司是微软，但你知道世界排名第二的软件公司吗？除非你从事与软件有关的工作，或者正在准备知识问答，否则不太可能知道谁是第二。事实上，许多公司的软件做得不比微软差，一些专业软件甚至是微软不敢问津的，但没有办法，人们只认微软，所以微软占据垄断地位二十余年，至今还没有被推下"王座"。

中国排名冠军的烤鸭店叫什么？叫全聚德。第二名呢？不知道。或许排名第二位的烤鸭店烤的鸭比全聚德烤鸭店烤得更好，那也没有用，我们还是认为全聚德烤鸭店烤的鸭是最好的。

中国最著名的药店是哪一家？同仁堂。第二名是哪一家？不知道。或许排名第二位的药店里卖的药比同仁堂卖的药还要好，那也没有用，我们还是认为同仁堂卖的药是最好的。

中国最著名的毛发再生精叫什么？章光101。第二名呢？不知道。或许排名第二位的毛发再生精更好，那也没有用，我们还是认为章光101是最好的毛发再生精。

最早进入中国的咖啡品牌叫什么？雀巢。第二名呢？不知道。或许排名第二位的咖啡品牌比雀巢好，那也没有用，我们还是认为雀巢是最好的。

这就是冠军效应！亚军比冠军就差那么一丁点儿，但是，冠军往往广为人知，鲜花、掌声、荣誉、机会、金钱向他们涌来，而亚军呢？待遇相差何止百倍。

但是，人们不仅记得可口可乐，也记得百事可乐，为什么呢？因为百事可乐非常聪明地把自己跟可口可乐摆到一起，不离"冠军"左右，人们在记住"冠军"的同时，也记住了它这个第二名。所以，百事可乐的成功，也没有偏离冠军效应。

有时候，冠军和第二名的成就仅仅存在量的差别，有时候，差别却大得多。刘邦是"全国冠军"，项羽是第二名，两人的结局，却是一胜一败，一生一死。在商场中也一样，冠军比尔·盖茨挤死过多少第二名啊！如果把被微软挤竞而导致倒闭的公司列出来，可以列出一个长长的名单。

第一，冠军，具有先入为主的优势。

"冠军"能够在人们头脑中抢占空白点，能够在人们的头脑中扎根，给人留下深刻印象。"冠军"具有先入为主的优势，这是人们认识事物的规律。此外，"冠军"具有新闻轰动效应，能够触动人们的兴奋神经，能够引起人们的关注，吸引人们的眼球，从而节省大量的营销费用，因此，做"冠军"能以更少的代价获得更大的成功。

第二，人们总是愿意保持已有的东西。先入为主的另一个层面的意思就是:率先进入人们头脑的东西往往不容易被遗忘,因为人们总是倾向于保持已经拥有的东西。

第三,"冠军"往往被当做是最好的和一个行业的代名词。做"冠军",可以在人们心目中牢牢树立行业老大的地位,因为人们总是将"冠军"当做是最好的。因为消费者并不是所有产品的专家,恰恰相反,绝大多数消费者对绝大多数产品来说都是外行,消费者的购买行为也并不都那么理性,受心理、广告宣传、品牌形象、环境氛围、周围人们的意见等的影响非常大。而"冠军"往往会被消费者当做是最好的,结果就造成了"冠军"胜过"更好"的怪现象。

第四,可以节省大量宣传推广费用。做"冠军"能够在人们心目中留下深刻印象并在很长时间里很难被淡忘,所以成功要容易得多。

我们将成功的秘诀这样赤裸裸地说出来,说得这样直截了当,对一些踏踏实实埋首做事、将每一个细节都做好做到位的"诚实的劳动者"、"好人"来说或许是不公平的,有教人投机取巧之嫌,有悖传统,但生活中的现实却那么残酷地摆在那里,让人很难找到一种比较圆通的说法,证明第二第三乃至位居末位都跟冠军一样。也许有一种说法可以让人感到安慰:重在参与。但是,对一个追求杰出的卓越者而言,难道真的能满足于参与、可以不将成败放在心上?

2. 只有通过高、宽、深才可以创造冠军

全世界的冠军居于各行各业,似乎各行其是、大相径庭,其实,他们走的是同一条路:夺冠之道。他们的思维品质极其相似,夺冠的方式看似各异,本质上却没有两样。那么,何谓夺冠之道?无非是做高度、做宽度、做深度。

我们不妨以体育界为例,看看冠军是怎样炼成的。

(1) 做高度

在体育界,有两条著名口号,一条是"为了祖国"。对运动员来说,这不是唱高调,而是现实需要。如果只是为了出名,为了赚钱,为了把小日子过好一点,谁愿意付出那么多的代价、进行遥遥无期的奋斗呢?大凡

为私利考虑的人，绝不可能坚持到最后。一条是"为了金牌而战"。运动员从开始接受专业训练的第一天起，就不是为了拿第二名，更不是为了好玩，而是奔着全国冠军、世界冠军去的。唯有远大的目标，才能产生持久的动力。

在组织界，我们人同样需要为国效劳的精神和远大的目标，否则绝对不可能成为行业冠军。即使一时侥幸，率先进入某个无人竞争的行业而成为冠军，也无法坚守，很快就会被人赶下宝座，如同当了 83 天皇帝就一命呜呼的袁世凯一样。

(2) 做宽度

争夺冠军的必由是战胜他人，那么就要了解他人，"知己知彼"，方能"百战不殆"。所以，需要广泛了解同行的训练情况，快速掌握全球最新的知识和技巧，同时还要跟尽可能多的对手较量。

举个例子，美国网球名将保尔·阿纳孔曾夺得 14 项双打冠军，而他培养的"网球皇帝"桑普拉斯夺得过 8 项四大公开赛的冠军并长期高居世界排名第一。不久前，保尔·阿纳孔受雇于美国网球协会，其目标是制造更多的美国冠军。他说："实现这一目标的最佳方式是，把那些年轻的网球天才尽最大可能网罗在一起打球、训练。"可以看出，保尔·阿纳孔强调的就是做宽度，让"年轻的网球天才"尽量拓宽视野，并通过大量实战，从"战争中学习战争"。

做组织同样需要"知己知彼"，同样需要尽可能吸收竞争对手所长，而形成自己的特色。

(3) 做深度

在体育界，有一个叫得响的词：挺住。运动员的成功，起初靠天赋、靠技巧、靠聪明劲儿，但这只能带来小成就，爬到半山腰，就上不去了。大家拼到后来，比的是长期修炼的真功夫，比的是意志力。冠军不需要那么多，只有最强者能坚持到底。过程中，每个人都要经受身体、思想和心理三个层次的挑战；有些人身体上吃不消，放弃了；有些人思想上不坚定，动摇了；有些人心理上无法承受，崩溃了！这些看着容易做着难的障碍就成为了冠军和凡人的区别。

真正的冠军，一定是训练最刻苦的人，一定是意志力最坚定的人，或者说，一定是最有深度的人。以世界跳水冠军何冲为例，他的教练们很欣赏他"弹跳好，脑子灵"，但对他印象最深的却是他"拼命三郎"的劲头。有一次，他训练时伤了左腿，教练强令他停训治疗，他却偷偷坚持训练，结果再次弄伤了小腿。还有一次，何冲参加在西安举办的城运会，正准备做三米板向内翻腾两周半的动作，可刚起跳，他的头就重重砸在跳板上，瞬间头破血流。但当何冲从水中钻出来的时候，嘴角竟然挂着一丝微笑，他找队医处理了伤口，马上便准备下一跳。一个这样的"拼命三郎"，当冠军一点不奇怪，不当冠军才怪呢！

从某种意义上说，组织我们人也是运动员，随时都要经受身体、思想和心理三个层次的考验，而且常常会"受伤"。能不能坚持站到"冠军"宝座上，就看你的深度了！

总之，古往今来的成大事的人，都无一例外不是运用了做高度、做宽度、做深度三位一体的冠军要素整合技术。

二、思维模式中高、宽、深的要义

1. 高度思维研究的内容

我们知道，思维模式大框架由高度思维、宽度思维、深度思维组成，三足鼎立，结构非常稳定。那么，这个大框架由哪些"材料"构成呢？下面将详细介绍思维模式的内容。

高度思维包含如下两项内容：

一是差异。

追求差异是为了显示自我的存在性、独特性，这是生命的最根本的追求，也是推动世界的原动力。社会各行各业，均有竞争，商业竞争尤为激烈，明智的选择便需闯荡差异性竞争的捷径，实行"你无我有、你有我特、你特我优、你优我新"，标新立异，推陈出新，在"新、奇、特、怪、悬"等字上下工夫做文章。

二是升级。

升级是实现高度的总方法。为什么要升级？因为纯粹的绝对的创造是十分难的，因此，我们大多数人都只能在同类项中比来比去，如是就出现了同类项中的比高现象。为了实现差异化，我们就不得不全力以赴比高了。

境界是描述高度层次的一个级别概念。这个世界是有层次感的，山下的巨松永远高不过山顶的小草。事物的发展逻辑就是严格按层次排列的，小人眼中无君子，君子眼中有小人。层次越高，视野越广，胸怀越大。人分三六九等，无论你从事什么职业，必然存在上下品级的差距。在政界，国家我们和乡村村民之间，存在二十多个层次；在商界，虽然没有明确的层次划分，但世界首富和街头小贩之间，的确层次分明。东西方文明至少在一个地方渐趋一致：真、善、美。这是人类的至高境界。真是智力建设，体现的是对真理的追求、对自然规律的探求；善是道德建设，体现的是对完善思想品质的追求；美是心灵建设，体现的是对艺术的感知和对幸福的追求。所谓境界，是你的心灵对真、善、美感悟的程度。但境界属于一种内心体验，无法言说，如人饮水，冷暖自知。境界的高低，决定了你对世界、对人生的态度。

使命是实现高度倾向意识。使命原意为奉命出使，引申为天赋责任。每个人一出生，便承接了一份责任：追求真善美，使人类变得更美好。

方向是实现高度的初级选择。方向是指你的人生将要行进的大方向。组织我们人的大方向自然是拓展市场。

责任是实现高度的工作量化完成过程。责任即分内应做的事，如职责、岗位责任等。在其位，谋其政，每个人在人世都有一项"工作"，学生的工作是读书，家庭主妇的工作是持家，而组织我们人的工作是管理好组织。谁都应该尽职尽责。

愿景是实现高度终极美好期望。愿景是对未来的美好预期，是一个长远的目标。

目标是实现高度具体执行表达。目标还可分解为中、短期内想要达到的目的。

战略是实现高度的宏观思路。战略是在一定时期指导全局的方略。对组织而言，战略管理包括以下三个过程：战略制定——确定组织任务，认定组织的外部机会与威胁，认定组织内部优势与弱点，建立长期目标，制定供选择战略，以及选择特定的实施战略。战略实施——树立年度目标、制定政策、激励我们和配置资源，以便使制定的战略得以贯彻执行。战略评价——重新审视外部与内部因素，度量业绩，采取纠偏措施。

2. 宽度思维研究的内容

(1) 宽度思维包含如下两项内容

一是关系。

关系即事物之间相互作用、相互影响的状态，以及人和人或人和事物之间的某种性质的联系。智慧越高，越能发现人或事物之间存在的关系。

爱与道德是实现宽度的方法。道德是人们共同生活及其行为的准则和规范。"道德"一词，始见于荀子《劝学》篇："故学至乎礼而止矣，夫是之谓道德之极。"上溯老子《道德经》，亦有"道生之，德畜之"的提法。"道"是真理、自然规律，"德"是体承真理、规律的善行。西方哲人说："法律是最低的道德，道德是最高的法律。"此言极为精当。有了爱就有了人脉。人脉即经由人际关系而形成的人际脉络。

开放是发生关系的前提。开放即思想开通、解放，能够灵活、有效地接纳新事物。

二是跨界。

痛苦总的来说是因为我们无法超越。无法超越是因为我们能量资源太有限，因此，要想超越痛苦，其实质就是要超越有限，实现无限。我们的一切看起来都十分有限，时间有限，实践有限，精力有限，智力有限，一切的一切，对于作为个体的人，的确都十分有限，既然如此有限，却要强力去追求无限，当然就痛苦喽！不仅难，简直有点蠢。因此，伟大的庄子就针对这种想法的人发表过类似的见解——以有涯，殆矣！难道果真如此吗？非也。古今成大事者，都实现了从有限到无限的超越。还有许多快乐幸福的人也都实现了这种突破。他们究竟是怎样超越的呢？答案是：跨界。

"跨"有两个区间：一是打破外在的概念，如茶杯是由颜色、材料、形状、大小、图案等要素组合而成。二是打破内部的条条框框，使我们不带任何成见、不戴任何有色眼镜去观察事物、判断事物，从而使我们成为全然开放、全然敞开的人。"跨"有一个程度问题，即跨得越细越好。界是边界，界是界线，界是已有的平衡，界是现状现实的存在，界是框框架架，界是约束，界是铁链和束缚！跨界，就是小鸡破壳而出，就是蝴蝶破茧而出，就是颠覆自己，就是颠覆一切，就是打破一切界限，就是打破陈旧观念，就是打破陈规陋习。跨界，就是走出小我，就是迎接大我，就是与天地接轨，与四时互惠，与日月同辉，与万物共融！跨界，就是打破一切界限，就是解除一切束缚，就是与外界接轨，就是与万物接轨，就是再造流程，就是在方法之外找方法，就是寻找全新的阳光。

整合是实现关系的方法。整合就是把一些零散的东西通过某种方式而彼此衔接，从而实现信息系统的资源共享和协同工作。其主要的精髓在于将零散的要素组合在一起，并最终形成有价值有效率的一个整体。

跨界是整合的方法之一。跨界即跨越事物、思想、人际等各方面的边界，进行有效联结，形成新的事物或思想等。

杂交也是整合的方法之一。杂交即运用不同类别的事物进行整合创新的一种方式。

拿来是整合的方法之一。拿来即吸收其他个人或组织的资讯、资源而为己用的一种方式。

协作是整合力量的目的。协作即为了实现共同的目标、充分有效地利用组织资源，依靠双方或多方共同的力量完成某一任务、项目或事业的方式。

网络是整合的手段。网络即电脑网络以及运用网络从事思考、工作的一种能力。

视野是整合的前提。视野原意是指人的眼睛观看正前方物体时所能看得见的空间范围，引申为人的思维的宽度，即见闻、感知到的事物的范围。

(2) 学会横向思维

一般说来，人的思维方式分为垂直思维和横向思维两种方式。

按照著名思维学家德·波诺的解释是："横向"针对"纵向"而言。纵向思维主要依托逻辑，只是沿着一条固定的思路走下去，因此，这种垂直思维也叫直线思维。而横向思维则偏向多思路地进行思考，打个简单的比方说：垂直思维就像那个努力挖井的人，挖不出水只怪自己努力不够；而横向思维则是重新换一个地方。横向思维不失为一种解决问题的好办法。

垂直思维与创造性难以有缘。整体来说，垂直思维是线性思维，而线性思维明显是狭窄思维的一种表现形式。

我们头脑的构造，本来并不是直线型的，我们生活的这个时间本身也不是直线的。我们所见的东西，甚至没有一样可以称得上是直线的。也没有人规定我们看一个事物，要先从哪儿看起，最后在哪儿终结。但是，我们长久以来惯用的线条式思考方式在不知不觉间束缚了我们。

由于习惯和思维定式，有些人热衷于从一条路径去寻求答案。这就是垂直思维模式。"垂直"则意味着专心致志，不改初衷。

垂直思维总是试图判断，希望证明或建立观点或关系。垂直思维的根本原则在于每一个步骤都必须非常合理；体现一种逻辑上的傲慢。如不精确就不行，不清晰就不行，不按部就班就不行，等等。判断出什么是正确的，然后找出一个一劳永逸的令人满意的答案。

我们不否认，在垂直思维中，人们总是千方百计要寻找找到最正确的方法。但是，这种执著也有明显的缺点：僵硬缺乏弹性，解决问题只有一种方式；事情非白即黑，拒绝改变；既不容忍模糊，也不容忍有别的可能等。有时会像干涸在沙漠中的小河走入死胡同，将个人的能量扼杀在瓶颈中。虽然，有时候，人们经过千辛万苦的努力也可以找到，但是耗费的时间毕竟太长；而且一味地坚持往往会使我们放弃别的可能性，而大大局限了创造力。以至于环境发生了变化，不适应新环境，结果依旧是失败。

总之，垂直思维会束缚我们天马行空的灵感，使我们的思考受拘束。直线式思考与创造性的思考是最无缘的。而"横向思维"则不断探索其他可能性，因此也更有创造力。

"横向"意味着平行移动，另觅他途。横向思维不寻找什么是正确的，关心的是变化和变动，发现和产生观点，从一个视角到另一个视角。遇到问题时，横向思维总说"我们来看看有没有别的视角，我们来改变一下看待问题的方式吧。"横向思维不承认有任何完美的解决方案，而总是在寻找更好的解决方案，即使不连续性也依然是有用的。

跨界思维确实不是容易自然实现的。因为横向思维鼓励一种开放结局式的模糊状态，就这点而言，确实与很多传统的思维习惯相冲突。可是，我们大脑的自然趋势是创造和维持不变的模式，我们的教育也一直让人们养成找到唯一正确的途径等思维方式。但是，跨界思维也是有规律可循的，它的基本特征就是"不连续性"，跳跃思考。

"不连续性"常指一个人思维不连贯，从一个观点跳到另一个明显无关的观点。观看过下象棋的人可能都有这样的印象。所有的棋子都是中规中矩，不敢越雷池半步，可是马却除外，"马走日"这一走法就是不连续的。

这种情况看似没有连续性，事实却非如此，因为存在着一种潜藏的联系，只是观者看不到而已。在跨界思维中，能够以一种不连续的方式引入观点，新观点让人看到打破连续性是完全合理的。不连续的事件发生之后，周围因素就会慢慢发展。

在第二次世界大战期间，一艘满载军用物资的轮船，秘密地从日本港口开出。轮船上装的是从我国东北三省掠夺到的大豆，要给驻缅甸日军提供给养。当然，途中要经上海、福州、广州港口。我抗日组织得知情报后，立即作出指示将这艘货轮炸沉在大海中。我方有关人员接到指示后，想办法钻进了日本货轮。他们没费一枪一弹，就将日本货轮给"炸沉"了。原来，他们前天晚上就向货仓里的大豆灌水，让大豆膨胀。结果，这些被浸泡的大豆体积倍增，轮船超载，这些大豆变成了沉船的枪炮。

以膨胀的大豆作为沉船的武器，就是横向思维的一个巧妙运用。如果你说大豆就是枪炮，大多数人都会否定。但是，膨胀的大豆无异于枪炮，谁又能否定呢？看似大豆和枪炮之间的不连续性其实却有着连续性，也就是我们所说的联系。这也是横向思维和垂直思维的不同之处。

如果我们在工作中能多用一些横向思维，不是死守着一个方法不放，尝试从问题的另一个层面入手，所谓的难题不就更好地得到解决了吗？

工作中总会碰到许多走不通的路，在这个时候，你应当换个角度考虑问题。如果这条路的确不适合自己，就立即改换方式，重新选择另外一条路。只有善于改变自己的人才能到达成功的彼岸。

3. 深度思维研究的内容

(1) 深度思维包含的内容

一是本质。

本质是指事物本身所固有的属性、面貌和发展的根本性质。事物的本质隐含在现象之中，通过感性的直观不能理解认识，必须通过抽象方法，透过现象认识、掌握本质。本质有二义，一是规律，二是事物最根本的特质。

二是集中。

集中是挖掘本质的总方法。集中化战略又称专一化战略。集中化战略是指主攻某一特殊的客户群、或某一产品线的细分区段、某一地区市场。与成本领先战略和差异化战略不同的是，它具有为某一特殊目标客户服务的特点，组织的方针、政策、职能的制定，都首先要考虑到这样一个特点。公司业务的专一化能够以高的效率、更好的效果为某一狭窄的战略对象服务，从而超过在较广阔范围内竞争的对手们。

逻辑是挖掘深度有效方法。什么是逻辑学的对象？对于这个问题的最简单、最明了的答复是，真理就是逻辑学的对象。真理是一个高尚的名词，而它的实质尤为高尚。只要人的精神和心境是健康的，则真理的追求必会引起他心坎中高度的热忱。

信仰是挖掘出本质宏观的动力之源。信仰是贯穿在人的世界观之中的一种意识规范，是人们对于世界及人生的总看法和总方针，它是一种精神纽带，是一个组织或阶层、一个社会或国家的成员团结奋进的精神基础和精神动力，具有生活价值的定向功能、社会秩序的控制功能、社会力量的凝聚功能、行为选择的动力功能，等等。信仰有科学信仰和非科学信仰之分。非科学信仰是盲从和迷信。科学信仰来自人们对实质和理想的正确认识。对个人来说，信仰体现为对人生意义的一种假定。不同的人设定有不同的意义，没有统一的公认的普遍的人生意义。因为人的信仰不同，所以人们的道德观、道德行为也不尽相同，这是不和谐社会的根本原因。而一个追求大成者便是要确定与社会达成和谐的信仰。

意志是挖掘出本质持久的动力。意志包括感性意志与理性意志两个方面。感性意志是指人用以承受感性刺激的克制能力和兴奋能力，如抗饥饿、抗疼痛等。理性意志是指人用以承受理性刺激的克制能力和兴奋能力，如承受思维迷惑、精神压力、情绪波动等。意志既要考虑客观事物本身的运动状态与变化规律，还要考虑主体的利益需要，尤其要考虑人对于客观事物的反作用能力，它是一种非中性的而且是能动的、创造性的反映活动。意志具有自立力、决断力、坚持力三种品质。

专注挖掘出本质首要行动力。专注就是把时间、精力和智慧凝聚到所要干的事情上，从而最大限度地发挥积极性、主动性和创造性，努力实现自己的目标。

定力挖掘出本质坚定心智力。"定力"一词源自佛家，原意是禅定。本书引申为人的固着力，即正念坚固，不随物流、不为境转，光明磊落，坦荡无私，人心地清净，不被假象所迷惑，不为名利而动心。简单说，定力对外境的克制力，在任何情况下都可保持一心不动。

坚韧挖掘出本质持久的态度。坚韧即坚持某一事情或某项事业的持久力。

专业挖掘出本质能量管理。专业是指对某种学问、某种技能、某项业务、某种事业所达到的水准。专业包括两个层面，一是精神层面，即全情投入的态度，也可以叫专业精神；二是技术层面，即在某一领域深入研究的程度，也可以叫专业素质。

精细挖掘出本质的严密行动。精细就是精密细致，在细节上达到完善、细致、细腻的水准。

减法挖掘出本质精力管理。减法即对于复杂多变的事物，准确分辨出其中的关键要素，始终抓住重点、要点、关节点，而忽略所有可以忽略的方面，从而有效发挥效能、提升效力。

感动是赋予本质的情感体现。感动即通心能力。准确地说，是将通心要素凝聚在言行中，以及物质与精神产品中，使消费者产生感动的能力。

三、思维模式中高、宽、深的相互关系

1. 思维模式力量"一个都不能少"

有一天，动物园管理员们发现袋鼠从笼子里跑出来了，于是开会讨论，一致认为是笼子的高度过低。所以它们决定将笼子的高度由原来的十公尺加高到二十公尺。结果第二天他们发现袋鼠还是跑到外面来，所以他们又决定再将高度加高到三十公尺。

没想到隔天居然又看到袋鼠全跑到外面，于是管理员们大为紧张，决定一不做二不休，将笼子的高度加高到一百公尺。

一天长颈鹿和几只袋鼠们在闲聊，"你们看，这些人会不会再继续加高你们的笼子?"长颈鹿问。

"很难说。"袋鼠说，"如果他们再继续忘记关门的话!"

这个小故事的启示：其实很多人都只关注高度，却忽略了问题的宽度。人生就是如此，大多数人都不是完人，都难得同时具备高、宽、深三种能力。如果我们真正想干大事，那就得强力而为，就得全面学习这三种能力，成为一个优秀的三维人。

我们如果用高、宽、深思维模式来看一个人的话，那我们的对象就变成了三维人。

如果"我"缺失高度，就成了"平凡人"。如果"我"缺失宽度，就成了"狭窄人"。如果"我"缺失深度，就成了"肤浅人"。反之，如果"我"具备了高度，就成了"高人"。如果"我"具备了宽度，就成了"大人"。如果"我"具备了深度，就成了"智人"。

凡是高、宽、深三者兼备的人，必然是一个超凡杰出的人，一个具备了强大冠军潜力的人，一个人人为之心仪、赞叹的伟人。

三种思维力量之间，是相互影响，相互转化的。人要做到自我实现，三种思维力量缺一不可。一个人的思维力量状况与他的自我实现的关系可以用三角形形象地来表示：宽度思维、宽度思维、深度思维各为一条边，它们构成一个三角形，其面积就是自我实现的程度。

三角形的面积取决于三条边的长短。三条边越长，三角形的面积越大，一个人的思维模式越强，他的自我实现的程度就越高，他对社会的贡献也可能最大。

三角形的三条边缺一不可，缺少其中任何一条边，三角形都没有面积。我们只能够设想某人的某种思维力量很小，但很难设想他完全没有某种思维力量。

在周长相同的三角形中，等边三角形的面积最大。思维力量需要平衡发展，需要协同发挥作用。

如果一个人的思维力量构成等边三角形，他的思维可以称为"金三角"思维。

三种思维力量平衡的时候，他的潜能能够得到最大限度的发挥。

在三条边长度不同的情况下，增加最短的那条边，对三角形面积的贡献最大。

在三种思维力量不同的情况下，增强最弱的那种思维力量，对人的潜能的发挥最有好处。

一般人的思维力量状况是，对宽度思维量的相对忽视。宽度思维量那条边最短。这反映了人容易自私，难以超越自我的天性。

一般来说，三种思维力量的关系，具有如下规律：

在具体的事物中，三种思维力量之间还有一种重要关系，就是"主导"与"辅助"的关系。人能够分配注意，做到"一心二用"，甚至"一心多用"，但是，在大多数情况下，还是某一种心理过程占优势。我们可以把思维力量分为"主导思维力量"和"辅助思维力量"。所谓"主导思维力量"，是指人在某一活动或者某一阶段中需要不断强化的思维力量。或者说，强化最多的思维力量。所谓"辅助思维力量"，是指人在某一活动或者某一阶段中和主导思维力量一起发生作用的思维力量。在这一活动和阶段中，其强化的次数和程度少于主导思维力量。在心理活动中，一种思维力量作为主导思维力量发生作用，其他思维力量作为辅助思维力量发生作用。

2. 三种思维力的相互影响

三种思维力之间的相互影响、依存和转化的关系，可以简单分为"正面"和"负面"两种影响。

(1) 高度思维对深度思维的影响

高度指引方向，深度实现方向。高度明确目标，深度实现目标。高度决定深度，深度实现高度。没有高度，自然不会去追求深度。就算能坚持一阵子，由于没有强大的精神高度的能量支持，也终究无法持之以恒，无法深入进去挖掘事物的本质，创造出全新的价值。

现在假若把高度作为人的阶层或所取位置，深度看作人的思维，知识。没有深度，怎么来高度。现代社会每一个高度都是由头脑思维转换而来的。现在大家都明白一个简单的道理，就是科学技术是第一生产力。一个人生活高度，基本上决定于思维方式（当然，有深层背景的不一样）！但，没有高度，深度再怎么深，也深不到哪里。

从高度思维对深度思维的正面影响来看，站得高则看得远，往往对事物有较强的洞察力，因而在专业方面领悟更深。况且，"行大事者不近小利，有大谋者不矜小功"，有大境界、大志向的人，行事往往目标专注，不被外物扰乱，因此能在专业领域达到更高的水准。

从高度思维对深度思维的负面影响来看，一个人在弱高度思维的情况下，意志也不会坚定，常常患得患失、见异思迁，很难坚持把事情做好。

（2）高度思维对宽度思维的影响

从高度思维对宽度思维的正面影响来看，一个胸襟坦荡的人可以更具有认识事物的洞察力。高度思维强的人善于进行"换位体验"、"换位思考"，站在他人的角度来考虑问题，从而在人际关系上更具有洞察力。

从高度思维对宽度思维的负面影响来看，当一个人有私心杂念的时候，他对事物的认识往往是扭曲的。中国古代儒家讲："自诚明，谓之性；自明诚，谓之教。诚则明矣，明则诚矣。"这实际上已表明了高度思维与宽度思维之间的相互转化关系。一个人如果具有与人为善的胸怀，他就容易生出许多智慧来。

（3）宽度思维对深度思维的影响

不宽的人，也可以做出些深度，可以在一个点上做到优秀，但很难做到卓越，很难把一件事做到杰出，做到第一。许多人一生死守自己的专业，在自己的一亩三分地里辛勤耕耘，到老也没弄出什么大的名堂来。他们不是缺高度，他们非常想出人头地、衣锦还乡。那为什么？最主要的原因是缺宽度。宽度是做人成事的能量总支持系统，一个人只是躲进小楼成一统，那只会导致信息闭塞、思路阻塞、夜郎自大、自以为是。怎么做呢？一个字——开。对于不缺高度的人，就只要把门敞开，走出去迎接外界全新的信息、资源、能量，就一定能开创全新的人生。

从宽度思维对深度思维的正面影响来看，读万卷书、行万里路、交八方友的人，对世事、人情的认识往往越深刻，办事能力越强，一个人的宽度思维越强，越是能够给自己提出实事求是的目标，并周密地考虑到实现目的的可能性。

从宽度思维对深度思维的负面影响来看，缺乏宽度者由于对自己的目标和前景看不清楚，他们的意志就容易发生动摇，做事也比较浮躁，做学问不求甚解，只是跟着感觉走，成功率很小。

(4) **宽度思维对高度思维的影响**

从宽度思维对高度思维的正面影响来看，高度思维的首要前提就是明辨是非。富有宽度思维的人面临复杂的道德问题的挑战时，比一般人更能够在困境中闯出一条道路，因此能经受住考验。

从宽度思维对高度思维的负面影响来看，犯罪心理学的研究证明，智力与犯罪有明显的关联。据统计，若以犯罪人数与总人口数相比较，其比值远远小于低能者与犯罪人数相比的比值。也就是说，犯罪群体的智能横向低于正常横向。究其实，智力只是表象，究其实，许多犯罪者缺乏宽度，经常进入无路可行的状况，所以容易走上犯罪道路。在有一定高度思维的前提下，一个人做事时，他的宽度思维会使他追求事业的道路更多，往往进入不需要犯罪和厌恶犯罪的良性循环。

(5) **深度思维对宽度思维的影响**

从深度思维对宽度思维的正面影响来看，如果一个人的宽度思维较差，他可以用深度思维来弥补他宽度思维的不足。例如，梵·高除了绘画，对其他一切事务都不感兴趣；除了一两个看得上眼的人，对其他人都没有好感，但他在绘画方面功力精深，因此不妨碍他成为顶级画家，也不妨碍他向艺术的最高境界追求。他的追求不仅能扩大成就，甚至也能提高他的宽度思维素质。

从深度思维对宽度思维的负面影响来看，有不少人很专业，也能选对目标，但终其一生，无所成就，主要原因是深度思维薄弱，导致宽度思维无法真正发挥出来。普通人中有很多眼高手低的人，心很大、很宽，可惜缺乏专业技能，什么事都做不好，只能平庸地了此一生。

(6) **深度思维对高度思维的影响**

深度是实现高度的唯一有效途径。在通往高度追求的路上，你能做到多深，就决定了你有多大成就，多高高度。

从深度思维对高度思维的正面影响来看，没有深度思维就谈不上往高处走。一个深度思维强的人，往往是某一行的杰出人才，因此更容易具有上进心和富有同情心，更具有成就自己和帮助他人的可能性。《约翰·克利斯朵夫》中有这样一段话："自己的心中有阳光，才能够散布阳光。"

从深度思维对高度思维的负面影响来看，无论从消极的方面，还是积极的方面，都谈不上道德。所以，深度思维薄弱的人，常常不能抵挡压力或诱惑，去做不应该做的事，他们面对某些需要做的事，又往往"不敢越雷池一步"。

3. 思维力的表达层次

个体在社会生活中，不管有什么行为表现，三种思维力同时都在发生作用。但是，在任何具体的行为中，思维力表现的横向和层次不同。

层次划分的标准之一，是其他思维力的卷入情况，以及几种思维力发生协同作用的情况。按照这个标准，可以把思维力划分为以下四个层次：

第一层次：其他思维力介入不多或者介入不明显的层次。

举个例子：一次雷锋外出在沈阳站换车的时候，一出检票口，发现一群人围看一个背着小孩的中年妇女，原来这位妇女从山东去吉林看丈夫，车票和钱丢了。雷锋用自己的津贴费买了一张去吉林的火车票塞到大嫂手里，大嫂含着眼泪说："大兄弟，你叫什么名字，是哪个单位的？"雷锋说："我叫解放军，就住在中国。"

雷锋做好事时，主要是道德力、责任意识等高度思维在支配他的行动，没有想过他的行为会成为全国学习的标本，也没有考虑自身经济条件。这是单一思维起作用的情形。但后来有的人用复杂思维去解构他的行为，认为他是想出名，显然是"以小人之心度君子之腹"。

第二层次：其他思维力已经明显介入的层次。这是我们在日常生活中，从事一般活动时的情况。例如，勇敢青年抢救落水儿童，主要是高度思维在起作用，但很显然，他需要考虑自己的游泳技术，并且考虑如何能把落水者安全地救上来。

第三层次：其他思维力高度介入的层次。

思维力之间有明显的协同作用。在这一层次中，主体已经表现出应战机制。例如，在集体登山运动中，要求每个人都要发挥自己的深度思维。但是，这一运动不仅需要深度思维来支持，还需要动用宽度思维来克服各种各样的困难，需要发挥高度思维互相合作等。

第四层次：几种思维力已经相互融合、难分彼此的层次。

这是主体在应战过程中高横向发挥的思维力。在这个层次上表达的思维力，也就是"挫折超越力"。在这个层次上往往会产生高峰体验。全格力表达的层次性常常是由我们所要解决的问题所决定的。我们所要解决的问题越困难，我们受到的挑战越大，意味着我们越容易遭遇挫折，也就越要求我们的思维力在更高的层次上表达出来。在具有重大挑战性的活动中，常常需要我们的思维力协同发生作用，这样，两种思维力的区分也就越不明显。

例如，在艺术创作等高层次的心理活动中，就几乎融合了所有思维力。

从事这样的活动常常需要我们进行自身理想、信念、世界观等高层次的心理活动。大多数人在大多数时间，思维力都在第二层次，有时候能够进入第三层次。有的人在现实生活中之所以难以突破，往往是因为某种思维力不足，难以进入第三，特别是第四层次造成的。心理素质培训的努力方向之一就是提升思维力发挥的层次，并且协调其相互作用。使他们的思维力表达能够容易上升到第三层和第四层之间。思维力表达层次性的概念使我们能够更好地对思维力进行比较。例如，当人们评价一个人善良的时候，我们可以进一步追问是在什么层次上的善良。对乞丐施舍是善良，见义勇为也是善良，它们都表达了高度思维。但后者加入了更多的深度思维。

四、思维模式中高、宽、深的自我审查

1. 缺失高宽深的表现形式

人的思维模式决定了其行为模式，高、宽、深思维模式的任何方面有缺陷，都会在其行为中表现出来，进而对生活、事业构成影响，缺陷愈大，影响愈大。

(1) 高度缺失的特征

人一旦缺乏高度思维，如同身陷深山狭谷，既看不清社会，也看不清自己，又因没有远大志向，对未来感到很迷茫。归纳起来，主要表现如下：

一是失去意义感。不少老板起初有名利方面的强烈追求，起初事业做得比较成功，可是，一旦事业发展到一定程度，名利的欲求得到了满足，再无更高追求了，于是觉得自己"穷得只剩下钱"了。这就是缺乏高度思维的缘故。

二是陷于末节之中。缺乏高度思维的人，"只见树木，不见森林"，做什么事都缺乏整体性、结构性，从而也就缺少了应有的"大气"而陷于细枝末节的"小气"。

三是难以作决断。缺乏高度的人，对事物的前因后果看不清，对成败得失感到迷茫，难免陷入"布尼丹效应"中——传说布里丹岛上有一头驴，见到了两堆草，就想同时到两个草堆上吃草，结果就在草堆之间饿死了。

四是辛苦心也苦，杂务缠身。缺乏高度的人，不知道自己所行之事的意义所在，也不知道哪些是重要的、哪些是不重要的，不知道自己的表现是好还是不好，总是寄望于他人对自己的好评，难免承受工作与心理的双重压力。

五是低层次竞争。境界低、素质不高的人，只能在很低的层次上竞争。以华商进入葡萄牙为例，起初中国商品以其廉价，迅速在葡萄牙占得一席之地，然而，随着商品竞争的日趋激烈，中国商品在扩展市场份额时受到了巨大的阻力，在向中高档市场冲击时遇到了前所未有的困难，原因在于中国商人的低文化素质决定了中国商品的低横向市场。有人总结了华商店铺的一些特点：批发商场成儿童乐园；商店门口成餐厅一角；商场陈列像家庭仓库；工作时间玩游戏看 DVD；店面设计毫无新鲜创意。正因为这些现象的存在，中国商品给人劣质低档的印象，怎么可能参与高层竞争呢？在国内，中国组织在相当多的领域只能参与中低端市场的竞争，高档市场纷纷被外企分割，原因也跟缺少高度有绝大关系。

六是耽于享乐，低俗嗜好。没有高度的人缺乏高尚追求，往往以肉体享乐为满足，过着极其低俗的生活。

七是盲从与怯懦。盲从是没有主意，随大流，或轻信别人而忘却自己的目标。这种意志不良偏向，主要表示为无独立自主张识、无自己目的，凡事自己不愿多动脑，别人怎样我也怎样，这样做的结果是培养了平淡。21 世纪，无论是在商界还是在其他领域，平淡就意味着被淘汰。

八是情绪失控，不顾未来。缺乏高度的人，往往过于注重内心的感受，率性而为，不计后果，因此很容易使事业和生活陷入绝境。

(2) 宽度缺失的特征

缺乏宽度思维，往往有如下表现：

一是看不到事物的相互关系。唯物辩证法认为，联系是指事物之间以及事物内部各要素之间的相互影响、相互制约的关系。世界上的一切事物都处在普遍联系之中，其中没有任何一个事物孤立地存在，整个世界就是一个普遍联系的统一整体。联系具有客观性、多样性。

二是自高自大，目中无人。缺乏宽度的人，了解自己的长处，不了解别人的优点，更不清楚人我之间的关系，处处想压倒他人。如三国·韦昭《国语》集解云："求掩盖人以自高大；则其抑退而下益甚也。"老想"盖"住别人显耀自己，必然受到大家的排挤。

三是孤陋寡闻，井底之蛙。缺乏宽度的人，信息来源少，对他人和外面的世界都所知有限，非常缺乏常识，因此认知横向很低。

四是固步自封，圈子死亡。"固步自封"原义为故步自封，即按老路子走。缺乏宽度的人，没有创新精神，也没有创新能力，把自己封闭在一个狭小的圈子里，每天接受的都是一些陈旧的信息，思考的都是一些陈旧的问题，事业和生活永无起色。

五是一棵树上吊死。缺乏宽度的人，往往强调"专业对口"，对于新的工作、新的机会缺乏兴趣，也缺乏信心，结果却被自己的专业限死了。

六是朋友稀少，举步维艰。缺乏宽度的人，沉浸在自我的小世界里，不注意跟朋友交流和交往，例如时下许多年轻人，过的是所谓网络生活，电脑是唯一的亲人，网络是唯一的朋友，无论娱乐、购物，都在网上进行，不跟其他人发生联系，久之，一个知心朋友也没有，一个可以助力的朋友都没有。

七是个人英雄主义，不重视团队。所谓"个人英雄主义"，即以个人主义为原则，不了解个人与集体、个人与历史的关系。夸大或不适当地强调个人在社会生活和历史活动中的作用，否认群体的力量和智慧。表现为好图虚名，自以为是，居功自傲，轻视团队，往往与所在团队格格不入。

(3) 深度缺失的特征

静不下，坐不住。缺乏深度的人，往往浮躁、浅薄，做任何事都难以深入。尤其在当今中国市场经济的大背景下，许多人难以按耐住自己一颗驿动的心，难以守住自己可贵的孤独与寂寞，而变得越发盲目、急躁，和相当程度上的急功近利。其结果做任何事都是浅尝辄止，怎能有可喜的收获？

没有专业特长。任何成功者都是某一方面的"专家"，必有独到之处和过人之处，而缺乏深度的人，看似多才多艺，但没有一项拿手的绝活，因此在任何领域的竞争中都难以成为胜者。

目标分散，不专注。缺乏深度的人，不愿意在任何事情上投放太多时间、精力，总想以很少的投入获得最大回报，因此往往平均分散精力于多个目标，结果只能是多方受挫。

没有意志力，难以坚持。高端的较量，成败往往体现在意志上。拳击界曾有过一个至今让人回味无穷的例子：拳王阿里33岁那年与挑战者弗雷泽进行第三次较量。在进行到第十四回合时，阿里已筋疲力尽，几乎再无丝毫力气迎战第十五回合了。然而他拼命坚持着，因为他心里知道，对方肯定和自己一样，如果在精神上压倒对方，就有胜出的可能，于是他竭力保持坚毅的表情和永不低头的气势，双目如电，令弗雷泽不寒而栗，以为阿里还存有旺盛的体力。阿里的教练发现弗雷泽已有放弃的念头，便使眼色暗示阿里。阿里精神一振，更加顽强地坚持着，果然在关键时刻，对手认输了。卫冕成功的阿里还未走到擂台中央，便眼前一黑，双腿无力地跪倒在地上。弗雷泽见此情景如遭雷击，并为此抱憾终生。人的一生会遇的到许多事许多坎，往往"坚持就是胜利"，放弃便是失败。客观上说，弗雷泽也是一个意志力非常强的人，他的不幸遇到了意志力更强的阿里，不得不痛尝败果。而对许多人来说，意志力相当薄弱，往往一触即溃，那么离成功就非常遥远了。

见解幼稚，只看表面。缺乏深度的人，凡事满足于有限知见，缺乏深入了解的兴趣，研究能力也非常薄弱，缺乏透过现象看本质的能力，因此只能凭感觉看待事物，看到的自然是表面现象。

粗枝大叶，办事不认真。缺乏深度的人，之所以缺乏深度，往往是凡事不认真的习惯造成的。又因缺乏深度而固化了不认真的习惯，于是形成了恶性循环，稍有难度的事便做不好，只能做一些极简单的工作，致富的唯一正当途径大约只买彩票，那就要看运气了！

盲目扩张，只做加法。缺乏深度的人，也有可能对各种知识及新生事物感兴趣，但只停留于表面，而且无论对知识还是事业机会，都一味贪多而不求好，只做加法不做减法，那么，知识和机会都会成为包袱，最终被压垮。

当然，以上归纳的仅是缺乏高、宽、深思维模式之一的一些常见现

象，还有许多现象，遍布于工作和生活中，限于篇幅，这里就不一一列
举了。

2. 缺失高宽深的结果

前面谈到，人人具有思维模式，只是层次不同。如果思维模式的综合
横向处于较低的层次，可以视为缺失高宽深。这会带来什么后果呢？我经
过长期研究，总结出了高宽深综合横向缺失者的六条特点：

(1) 割裂——否定整体关联

割裂，即把不应当分割的东西分割开。世界上的人和事，都处于一个
"天网"中，被不同的关系所联系着，构成一个整体。其中既有纵向联系，
也有横向联系，也就是说，联系不仅贯穿于当下，也贯穿于事物的发展和
变化之中。任何事物的发展变化都不是独立存在的，必然和其他的事物的
发展变化有着密不可分的相互联系。这种联系是事物发展变化的必然联
系，是不以人的意志为转移和变化的。在复杂的联系中，有些是我们能够
认识的，也有一些是我们现在还无法认识的。没有联系的事物是不存在
的，所以应该用联系的眼光看待事物。

看待事物的正确方式有四：

一是看问题，不但要"横向"看，还要"纵向"看，还要联系地看、
发展地看，要从尽可能多的方面去看。我们也许无法真正看到问题的全
貌，但是我们可以尽最大的努力从尽可能多的方面去看问题，这样我们就
可以看得更客观、更清楚、更准确。

二是用远近视角看事物，把一年看成是一秒，或者是把一秒看成是一
年。我们可以看到，一切事物的发展变化是多么的美妙，是多么的神奇。
比如一小时，我们把它像弹簧一样拉长一百倍，会发现一切事物的发展变
化都变慢了一百倍。用现在的眼光来看，事物的变化太慢了，慢的使我们
看不明白，一切就像是停止了，什么也不会动了，是一个"静止"的世
界。反过来，把它压缩成百分之一，会发现事物变化的太快了，快的什么
也看不清，什么也看不明白，整个世界都变的飞快，一切事物都在以一百
倍的速度发展变化着。

三是用大小视角看事物。把大的物体看成"小"的，学会全局思维；或者把小的看成大的，学会"解剖麻雀"。我们可以像佛祖一样，"视大千界如一诃子"，也可以像科学家一样，把一颗果子放大一万倍甚至一亿倍，进行观察和研究，以了解其内部结构和变化规律。

四是看到事物之间的差别。世界上没有完全相同的两片树叶。随着人们对事物发展变化的认识能力的不断提高，会逐步认识到：没有"完全相同"的两个事物。不在同一空间位置上，不在同一时间上，它们都在发展变化着，从外部形态到内部结构都有所不同。

但是，缺乏高宽深思维的人，否定事物整体的关联性，常常以割裂的眼光看问题，那么，看到的只是部分真相，甚至只是下一个巨大的假象。

(2) 简单——否定复杂多样

高宽深思维处于低层次的人，往往头脑简单，思维还停留在看童话的时代，对世间人和事都很懵懂，看不到事物的复杂多样。

举一个例子：一个年轻人在国企当电工时，表现很积极，经常主动打扫外面的场地，因此受到我们的好评。不料公司不景气，倒闭了，他跳槽到一家外企当电工。他还像以前一样，主动打扫外面的场地。有一次，经理看见他在打扫，便问："你是做什么工作的？"他说："我是电工。"经理顿时沉下脸，问："那你为什么做打扫工作呢？"年轻人很纳闷：我搞义务劳动，没有占用工作时间，有何不妥？经理说："你做了打扫工作，意味着清洁工没有尽到自己的职责。我们宁可要两个尽职尽责的我们，而不是一个特别尽责的我们和一个失职的我们。"

在头脑简单的人看来，这个年轻人搞义务劳动确实没有什么不妥，但简单问题不简单，一件事必然对其他事构成影响，也许是好的影响，也许是不好的影响，但头脑简单的人，根本不知道自己做的事究竟有何影响，也就不知道怎样把事情做对了。

(3) 静止——否定运动变化

按照辩证唯物主义的观点：运动是物质的固有性质和存在方式，是物质所固有的根本属性，没有不运动的物质，也没有离开物质的运动。运动具有守恒性，即运动既不能被创造又不能被消灭，其具体形式则是多样的并且互相转化，在转化中运动总量不变。辩证唯物主义主张从运动和静止的辩证关系中理解运动，既承认运动具有绝对性又承认事物具有相对静止的状态。也可以换一种方式说：运动是绝对的，一切皆流，静止只是假设的状态。

许多人以静止的眼光看事物，活在假设之中，女人问男人：你会不会爱我一辈子？实际上是假设爱情可以停留在今天。成功人士自鸣得意、放松追求，实际上是把"成功"二字作为标签贴在自己身上，不知道失败可能很快就会到来。以静止的眼光看事物，那么就会永远活在昨天，而且跟今天渐行渐远，日益成为落伍者，更谈不上抓住明天。

（4）绝对——否定对比转化

高宽深思维模式层次很低的人的思维模式有一特点：从相对化到绝对化。打个比方，事情没有开始的时候，没有任何标志衡量它该做或不该做，因此往往意见纷纭，想法多多，由此及彼，毫无准则。一旦事情开始了，形成意见了，便开始走上绝对化了。对自己的意见，固执地坚持，对我们的说法，不敢反抗。结果出来后，仍然是以绝对化的眼光来看问题，结果好一切都好，哪怕只是侥幸成功，做错了很多，那些错的仍然被视为成功经验；结果不好，一切都糟，做得好的地方也要受到指责。而事实上，侥幸成功的经验很快会变成失败教训，失败的经验也可能带来未来的成功。

（5）封闭——否定开放运动

高宽深思维模式层次很低的人，往往在封闭的通道中运行，遇到问题顺习惯走，按经验办，好处是轻车熟路，缺乏创造性思维，失去了许多就在其背后或旁边的新思路、新机会，从而踏入思维陷阱。

生活中情形往往是经验越丰富，越容易掉入思维陷阱，而思维开放的人更具有创造力。例如，一位父亲给其小孩出了一道智力题，说水的表面张力可以使一根针浮在水面上，问小孩如何放这根针？按常人思维习惯，一定是用细铁丝钩或镊子等类似工具，将针尽可能轻轻放在水面上。当然也有人会说用手指轻轻托着针并将手指沉入水面，等针接触水面并浮定后手指轻轻抽去，等等。但令这位父亲没有料到的是孩子的奇特思维，即将水冻成冰后，将针置于其上，等冰融化后针便会浮在水面上。一个改进的想法是找一小块冰，将针放在其上，然后将冰块和针放入水中，等冰块逐渐融化后，针即可漂浮在水面上。我们没有证明这种做法的真实性，但仅就其思路来讲是超常和新奇的，脱离了日常经验积累的许多羁绊。之所以能产生此类想法，可能与孩子少有经验约束和思维框框有关。要生活和工作得更聪明、更理智、更富有成就，就要设法摆脱思维陷阱，一个办法是从思维习惯和思维定势中走出来。

还有一个办法是集思广益，多听听他人的不同意见。20世纪初，流传着美国通用汽车公司总经理斯隆的一则故事：一次高层决策会议结束时他说："诸位，看来关于这次决策大家有完全一致的看法。"众与会者皆频频点头。斯隆接着说："那好，现在休会，我们下次会议再议此事。我希望下次会议上能听到相反或不同意见，这样可能会使我们的决策更正确。"这才是具有高层次思维模式的人的做法。打开心灵的门户，倾听更多的意见，尤其是反对意见，你会更富于创造性！

(6) 求全——否定次优选择

在现实生活中是不存在最佳选择的。最佳、最优是相对于标准而言的。印度大诗人泰戈尔讲过一个有关价值标准的故事，很有哲理：一个老者携孙子去集市卖驴。路上，开始时孙子骑驴，爷爷在地上走，有人指责孙子不孝；爷孙二人立刻调换了位置，结果又有人指责老头虐待孩子；于是二人都骑上了驴，一位老太太看到后又为驴鸣不平，说他们不顾驴的死活；最后爷孙二人都下了驴，徒步跟驴走，不久又听到有人讥笑：看！一定是两个傻瓜，不然为什么放着现成的驴不骑呢？爷爷听罢，叹口气说：还有一种选择就是咱俩抬着驴走，可这样一来，岂不更让人笑掉大牙？

所以说没有价值标准，就无从判断和选择，也就没有了是与非。组织卓越者在决策的时候，都是在限制中进行选择，创新思维是有限制条件的。资源、权力、时间等等都有限制。在这种限制中如何去选择呢？这就取决于选择者的标准，是侧重历史、现实，还是未来？是依规章制度、依理，还是依情？是采取悲观策略、乐观策略，还是最小遗憾策略？针对的问题不同，选择的标准和依据就不同。不过，无论是怎样的选择，都不会是最佳、最优的选择。

而高宽深思维层次较低的组织卓越者在决策和用人时总希望最优、最佳，实际上是走进了一个认识误区。最优是一轮水中月，是决策的敌人。正确决策和用人最重要的原则是给出满意的标准并排序。邓小平在同撒切尔夫人谈香港问题的时候说，收回香港是主权问题，是不能谈判的，其他都可以谈。这就是在实践"一国两制"上的标准排序。在现代组织竞争中，不是大鱼吃小鱼，而是快鱼吃慢鱼，是聪明鱼吃笨鱼。组织我们用人也不能用十全十美的人才标准去衡量，急需的那一类人才是要优先考虑的，而且要按照满意的标准马上选用。这才是真正的高层选择！

五、思维模式造冠军的策略

在具体实行冠军要素组合技术之前，要对高宽深三维进行洞察。三维洞察，即三维内部分析，三维对手分析，三维市场分析，三维产品分析，三维品牌分析等，凡是我们要涉及的人与事都可以用三维分析法来剖析利弊。洞察的目的是比较优劣，得知进退，选择最适合自己的战略类型：战略一：这一类是"重点突破式"，主要针对能力不足者；战略二：这一类是"三点并进式"，主要针对势力较强者；战略三：这一类是"三维共进式"，主要针对势力极强力。

战略选择后，不是就任弱点继续存在，而是要实行三维突破，即从三个角度来增进自己的核心竞争力。与他人比较，发现不足而后增加之。当然，三维突破还可细分，因为物有本末、事有始终，如果你能量有限或时间精力有限，那么也可以考虑次优突破，即：一维慢进，另二维快进；二维慢进，另一维快进；三维慢进。

具体如何把自己修炼成冠军，有如下三种方法：

1. 策略一：内补修炼

所谓内补修炼，是指自己给自己补课，补不足，完全不依靠借助他人的优势来发展自己，来把自己打造成三优高宽深的冠军。内补法对你过去要求并不高，你一无所有也是可以起步。

当然，这里的"补"是指在审视自己思维模式中的高宽深中的不足的前提下的补。一个人一般来说，有一项优势就算不错，许多人是一无是处，毫无特长，但我这章里是要求你将自己打造成中国甚至世界级大师，因此，你毫无优势，或者仅有一点点优势显然是远远不够的，你必须将自己不足的部分补上来。补的模块如下：

高宽深都没有的——全要补上；

已有高度的——补宽度和深度；

已有宽度的——补高度和深度；

已有深度的——补高度和宽度；

已有高度和深度的——补宽度；

已有宽度和深度的——补高度；

已有深度和宽度的——补高度。

内补首先强调的是自我审查力。一个不能正确评估自己优劣的人，是谈不上进步的。

当然，仅有内省和自查也不一定就会立即进步，要知道冠军是要有十分过硬的功夫的，而这种功夫只有通过实修才能得到，而实修却是一个十分艰辛的过程。

我们所讲的全才，就是对高宽深进行过实修的人。这样的人，其魅力和影响力是只有一项或两项能力的人无法比拟的。凡是个人英雄都属于这种人。

李阳，疯狂英语的李阳，大家都知道，这是一个奇迹。他本人绝对在英语传播方面是一个全才，是具备高宽深的人，不然，他是不可能成为中国英语学习教学第一人的。当然，李阳也是自我补课的高人。他首先并不是天生的英语天才，他的技能是十年自我补课的结果。

自我补课是通向大师、专家、学者的唯一途径。

补课可以随时开始，它不要求学历、基础、条件，任何人只要有心，都完全可以将自己打造成单项高宽深全能冠军。

内补修炼者最大的要求——你要有意志力。

记住，如果你只想成为个人英雄，那这种方法最适合你。

当然，这种人自然也还能成为团队的标杆人物。

另外，关于组织补短板还有一个定律——水桶效应——有必要交代一下：

水桶效应是指一只水桶想盛满水，必须每块木板都一样平齐且无破损，如果这只桶的木板中有一块不齐或者某块木板下面有破洞，这只桶就无法盛满水。是说一只水桶能盛多少水，并不取决于最长的那块木板，而是取决于最短的那块木板。也可称为短板效应。一个水桶无论有多高，它盛水的高度取决于其中最低的那块木板。

一个组织要想成为一个结实耐用的水桶，首先要想方设法提高所有板子的长度。只有让所有的板子都维持"足够高"的高度，才能充分体现团队精神，完全发挥团队作用。在这个充满竞争的年代，越来越多的管理者意识到，只要组织里有一个我们的能力很弱，就足以影响整个组织达成预期的目标。而要想提高每一个我们的竞争力，并将他们的力量有效地凝聚起来，最好的办法就是对我们进行教育和培训。组织培训是一项有意义而又实实在在的工作，许多著名组织都很重视对我们的培训。

根据权威的 IDC 公司预计，在美国，到 2005 年组织花在人培训的费用总额将达到 114 亿美元，而被誉为美国最佳管理者的 GE 公司总裁麦克尼尔宣称，GE 每年的我们培训费用就达 5 亿美元，并且将成倍增长。惠普公司内部有一项关于管理规范的教育项目，仅仅是这一个培训项目，研究经费每年就高达数百万美元。他们不仅研究教育内容，而且还研究哪一种教育方式更易于被人们所接受。

我们培训实质上就是通过培训来增大这一个个水桶的容量，增强组织的总体实力。而要想提升组织的整体绩效，除了对所有我们进行培训外，更要注重对短木板——非明星我们的开发。

在实际工作中，管理者往往更注重对明星我们的利用，而忽视对一般我们的利用和开发。如果组织将过多的精力关注于明星我们，而忽略了占公司多数的一般我们，会打击团队士气，从而使明星我们的才能与团队合作两者间失去平衡。而且实践证明，超级明星很难服从团队的决定。明星之所以是明星，是因为他们觉得自己和其他人的起点不同，他们需要的是不断提高标准，挑战自己。所以，虽然明星我们的光芒很容易看见，但占公司人数绝大多数的非明星我们也需要鼓励。三个臭皮匠，顶个诸葛亮。对非明星我们激励得好，效果可以大大胜过对明星我们的激励。

有一个华讯员工，由于与主管的关系不太好，工作时的一些想法不能被肯定，从而忧心忡忡、兴致不高。刚巧，摩托罗拉公司需要从华讯借调一名技术人员去协助他们搞市场服务。于是，华讯的总经理在经过深思熟虑后，决定派这位我们去。这位我们很高兴，觉得有了一个施展自己拳脚的机会。去之前，总经理只对那位我们简单交待了几句："出去工作，既代表公司，也代表我们个人。怎样做，不用我教。如果觉得顶不住了，打个电话回来。"

一个月后，摩托罗拉公司打来电话："你派出的兵还真棒！""我还有更好的呢！"华讯的总经理在不忘推销公司的同时，着实松了一口气。这位我们回来后，部门主管也对他另眼相看，他自己也增添了自信。后来，这位我们对华讯的发展作出了不小的贡献。

华讯的例子表明，注意对短木板的激励，可以使短木板慢慢变长，从而提高组织的总体实力。人力资源管理不能局限于个体的能力和横向，更应把所有的人融合在团队里，科学配置，好钢才能够用在刀刃上。木板的高低与否有时候不是个人问题，是组织的问题。

在家电的舞台上，百家争雄，然而海尔却一步一个脚印地跑在最前列。为什么？海尔的资本不是比别人厚，引进的国际人才也并不比别人多，人才素质不比别人高。一句话，海尔的高木板并不多，但人家有一个好的团队，其整体绩效不比任何高木板差。

所以，在加强水桶盛水能力的过程中，不能够把高木板和低木板简单地对立起来。每一个人都有自己的高木板，与其不分青红皂白地赶他出局，不如发挥他的长处，把他放在适合他的位置上。

2. 策略二：外拼修炼

这里的拼是针对高宽深做拼盘，是做组装，是做整合。

如果在高宽深三项中，你已有一项出类拔萃，而你又不想补上另外的不足，你就可以退而求其次，采取外拼法，即从外界组合出高宽深中你欠缺的另两种单项冠军来。一旦你能完成高宽深的完美组合，那么你就离顶级冠军很近了。

如果你在高宽深中没有一项突出，你要成为某项冠军，自然也可以用外拼冠军法组合成冠军团队，那你也会很快成为行业领军人物。

如今市场风云组织，风云人物，80%以上都是采取外聘冠军发而使自己成为行业冠军的。

凡是想成为集体英雄主义的人，都可采用此方法轻易使自己的团队成为冠军团队。

美国 NBA 职业篮球联赛，自然是最佳外拼冠军法的典型案例。团队的每一个成员一定有某项绝技或者优势，一定是某项世界级单项冠军。这个由冠军成员组成的团队，自然更能成为世界级的冠军。

当然，各行各业都可以用此办法来实现自己的冠军梦。

刘备一个打草鞋出身的人，他除了拥有野心之外，几乎没有什么过人的优势。他知道自己的不足，他还知道，要成功，就得请冠军打工。于是他用感情组合到了张飞、关羽，还用尊严组合到了诸葛亮，三顾茅庐给足了诸葛亮的面子。他刘备很快组合出一个高宽深的完美团队，很快使团队中的关键人物几乎都成为了单项冠军。

历代许多大人物都是这样成就了他们的功名的。

具体分析一下中国历史上最佳团队组合——唐僧团队！

唐僧，我们人，看似平庸，实际上目标清楚，意志坚强，百折不挠，无论在女色或者金钱利诱面前不会擅自改变公司发展方向，只有他一个人他都会一往无前，他很会我们，知人善任，知道什么时候要念紧箍咒，知道什么时候要鼓励沙和尚，他知道什么时候要约束猪八戒，因此，他们最终取得胜利。

孙悟空，绝对能干的人，本领突出缺点也非常突出，能够力挽狂澜，能够在大是大非面前独当一面，能够为公司的前进提供绝对胜利的保障，他也是遭受磨难和非议最多的人，干事多就必然犯事也多，经常被我们误会，经常受不了打击半途而废，但是，他是一个对团队很忠诚的人，心中的目标非常清楚，经过多次磨难和曲折，最后能够坚定信心，战胜千难万险，取得真经。但是，就是要一个公司全部都是这样的人，公司的人员和工作分工一定要和谐配合，只有精明能干的孙悟空没有懒惰但风趣幽默的猪八戒，没有按部就班的沙和尚，公司的目标也是不能完成的。

猪八戒，面目丑陋，但风趣幽默，很好色，体现一群人的基本特征，对女人很好，见到女人就走不动路，听人评价，他是最理想的做丈夫的人选。在公司里面，猪八戒的角色就是代表随大流角色的我们，他有一定的能力，但是没有人监督就会偷懒，有很多毛病，好吃懒做，经常推卸责任，见到好处就往上窜，见到问题就往后躲，在有鼓励的时候，也能够冲锋陷阵，经常扇阴风点鬼火，没有他的中和，就不好控制孙悟空，没有他的替代和补充，孙悟空的本领就不能全部发挥出来，就会导致在处理危险时刻的顾此失彼，这样的人放在孙悟空身边也是个监督，他永远不会被孙悟空收买。偶尔有时候也有闹情绪要离开团队，但总体上还能够与团队合作。

沙和尚，按部就班的人，代表着公司绝大多数我们的稳定心态，早上八点钟上班，中午准点下班，晚上要加班要付加班费，由于本领很小，对团队的依赖较大，从没有想过要离开团队，对公司忠诚，不能创新求变，只能被动地执行，在一个公司内部，这样的人站绝大多数，也是公司最稳定的层面。他有非常优良的品质，忠厚老实，不嫉贤妒能，能够顾全大局，尊重权威（孙悟空），心态平和，忠于公司，工作能够全力以赴，兢兢业业，任劳任怨。

唐僧团队也是如此。唐僧为了取经，首先是单枪匹马上路，后来由于路途充满风险，他不得不采取新的制胜策略——外拼法——来成就他的西天取经梦。有人说孙悟空、猪八戒、沙和尚并不是最厉害的冠军，其实不是这样，他们三个加上白龙马，相对于人间来说，已是顶级冠军了。当相对于天地大世界来说，虽算不上冠军，但孙悟空能组合到观音菩萨，甚至西方如来佛祖也支持他，所以说，唐僧的几位手下确实也能算是冠军了。

外拼修炼最难得要求——胸怀。没有胸怀，事难成。

3.　方法三：八方延伸修炼

如果在高宽深中你拥有其中某一点，就可以采用单项延伸策略实现你的冠军梦。

高度可采用上下延伸策略。上下延伸是什么意思呢？

是指你如果只拥有高、宽、深三度中的某个点，你审查自己，确认做高宽深的内部外拼都很困难，那么，你可以采取纵向取势，从已有的点出发，向上下两个极限使劲。

高度的向上延伸，是进一步向上攀登，百尺竿头，更进一步，追求峰巅境界，使你环顾四周，无人能及。如各类课题的持续攻关，填补市场空白；打破各级纪录；产品升级换代等等。高度的向下延伸，是取高山填平地，让更多人利用你的高度。如技术成果转让、普及；文化思想成果的发布、推广；高端产品的传播等等。北京大学主办各种培训班，就是文化和思想向下延伸的经典案例。

宽度可采用左右延伸策略。左右延伸是什么意思呢？是向四周拓展你的网络，确立归并、隶属、挂靠关系，如麦当劳开加盟店就是宽度延伸。

深度可采用向下延伸，进一步提纯各要素，使产品向精细、精致、极致方向发展。使原理、原则等规律作更简洁的提炼、归纳。

如果在高宽深中你拥有其中某一点，还可以采用在高宽深三者的逻辑上下关系上进行延伸的策略实现你的冠军梦。

在高宽深三者的逻辑上下关系上进行延伸是指你如果只拥有高度，而你又想成为全能冠军，那么你只得从你目前已有的高度出发，向下延伸，去组合或内补宽度，再去内补或组合深度。这条线的逻辑方向就是下行，即向下延伸。

同样，你如果只拥有深度一个点，那么，你的以此为基础，向上延伸，去组合或内补宽度，再向上去，组合或内补高度，这条线的逻辑方向是上行，即向上延伸。

还有一种是，你有宽度，在这种情况下，你必须分别向上向下延伸，即向上组合或内补高度，向下组合或内补深度，这就是上下延伸。

在此，我把这种完善高宽深的造冠军的方法总称之为"上下延伸法"。历史上不乏典型案例。

苏秦就是一个，他经过一段时间对自己封闭式管理，于是拥有了一个"深度点"——合纵法，于是他开始向上组合高度，得到秦始皇的认同，而秦始皇又完成了宽度，很快苏秦就成为了当时天下第一外交家。

记住：你拥有的任何绝对优势资源都是可以转化的。在高宽深三者之中，你只要拥有一项冠军，你就可以迅速将它扩大化，将自己打造成同时具有高宽深的顶级冠军。

六、思维模式造冠军的方法

1. 冠军要素整合论

先看一个"奢侈并快乐着"的冠军要素整合生活方式：

从早上看着百达翡翠手表起床，穿着登喜路服装，喝上一杯牙买加蓝山咖啡，用都彭打火机点上一支库阿巴雪茄，喷上一点阿玛尼香水，坐着奔驰车去自己的国际酒店会见客人，从路易威登皮包里掏出万宝龙钢笔签下合同。

所谓冠军要素整合，对人来说，就是请冠军打工，就是与冠军合作做品牌。对事来说，就是组合最佳要素办事。这里的整合也与一般的要素整合有程度上的不同，此处强调的不是一般的做人成事的要素，而是做大人成大事的冠军要素。

这里的整合与前面做宽度的整合也是不同的，做宽度的整合主要是指做横向整合，而此处的整合是指按高、宽、深三要素的思维模式进行系统整合，进行结构性优化。前者的思考是平面的、一维的，后者的思考是立体的、空间的、三维的。前者是造单项冠军，而后者是造行业整体冠军。

要深入理解冠军要素整合，还得先从最基础的信息重组讲起。

现在我们来正式理解什么是信息重组？

如果说变是宇宙的总特征，那么，信息重组就是创造宇宙变化总法则。一切存在的事物，都是从无到有，再到无的演进过程，这个过程就是信息重组的结果。

大家都知道一本书是汉字组成，但中国每年要出近十万新书，这些书大都是由三千个常用字组成，但组成后表达的意思就各不相同了。

服装店里的成千上万的服装，其大都是棉料、化纤等不超过十种的材料组成，而后通过服装设计师的不同排列组合，自然制成了不同款式的服装，而且因款式品牌不同，价格从几十元到几万元差距不等。

同样是一盒积木块，小孩子可以搭成房子，也可搭成宝塔，呈现出两种形态和功能不同的系统。

这中间唯变化是什么？作为物质实体的积木块没有任何变化，两者能耗的差别也可以忽略不计，变的只是木块的相对位置、关系、作用等，即信息。孩子脑里有房子信息，他就搭成房子，有宝塔信息，他就搭成了宝塔。孩子将积木复原，那两个信息就不存在了，而积木块却依然如故，这就是信息的神奇之处。

不同组合产生不同整体涌现的来源和奥秘正在于信息可能可灭这种不

确定不守恒性。

一个团队的人没有变，但组织结构一旦发生变化，激励机制一旦发生变化，结果立即就会发生巨大的变化。一个人是如此，一个国家也是如此。

宇宙中的物质、能量虽然没有生灭增减，但整合、组织、转换、利用它们的方式改变了，其结果就会立即出现变化。

1+1 的结果有三种形式，即 1+1>2；1+1=2；1+1<2 等。为什么会这样？主要是在种的诸种因之种，存在着不同的排列组合形式，一种组合形式一旦变化，其结果就迅速变化。在今天的信息时代，物质和能量都不变的前提下，我们要想改变命运，那就得重视信息的结合理论了，什么是最佳组合，什么是冠军组合，什么是最低耗能组合，等等，我们就得认真考虑了，因为虽然种了相同的因，而因为诸因的排列组合不同而会导致成功或失败。

下面我就信息整合造冠军的四大步骤逐个介绍给大家，希望大家能吃透造冠军的本质。这是本书的重点，因为它推出了一种全新的思维框架。

第一步：圈内找流程点；

第二步：圈外找最优点；

第三步：错位虚构；

第四步：择优录取。

几乎所有质变跨界都包逐着这四个步骤。下面我们就一个一个步骤地详细讲解。

(1) 第一步：圈内找流程点

一切的改变都是从点开始，也只可能从点开始。当然，一个产品的流程之中，有太多太多的点，如自行车的流程点有自行车的设计、自行车的生产，自行车的营销，而且每一个大点又可细分为无数个点，如自行车的设计，又可分为形状设计点，色彩设计点，男女式不同设计点，结构设计点，名称设计点，等等。

可用图式表示：

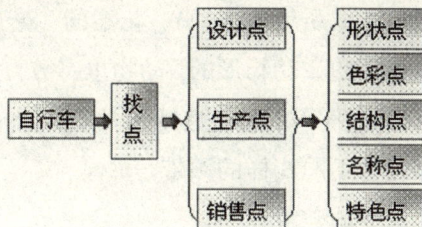

自行车分级找点图

　　这种圈内流程找点是一种自省自识的必要过程，若没有这一过程，我们就不会准确知道产品的环节流程，不会知道在流程各环节中哪个环节点最薄弱，最需要立即进行质变跨界。

　　跨界的第一步是破解。因此，为了训练我们对圈内找点的速度和认识度，不妨作一些对圈内跨界的基础训练。如对水果刀的跨界。

　　水果刀，在我们的固有观念中是用来削水果的。其实它的用途又何止削水果呢？可用来刮鱼鳞。可用来裁纸张。可用来开启瓶盖。可用来开启螺帽。可用来修指甲。可用来杀鸡。可用来画线。可用来垫桌子腿。任何对象的破都有两条思路：一是像上面三个例子一样更改定义、更改单一的概念。

　　二是分解对象的客观结构。如水果刀，可分解分为颜色、造型、外表、材料、尺寸、价值、温度、结构等等。且颜色又可分为赤、橙、黄、绿、青、蓝、紫，而且由三原色还可以调配出无穷种深浅不一的颜色来；各种颜色再与刀的其他特性结合，又何止造出千万种刀呢？

　　再如破解领带的功用。

　　方法一：更改定义。

　　领带的背面，可当手帕用。可以被太太当狗拉，被女儿当马骑。可以用来提东西。可以用来擦皮鞋。可以用来牵动物。可以用来校正身体。可以用来观察风向。求婚不成，可以用来殉情。可以用来塞洞。可以用来揩汗、揩水等。

　　方法二：更改特性。

　　材料跨界：绵纱的、丝绸的、进纸的、树皮的、尼龙的、综合材料的等等。

图案跨界：条纹的 (横条或竖条纹)、花案的 (花有数万种)、格状的、圆形的、菱形的、碎花形的、动物形的 (动物也有数万种) 等等。

还有结构跨界、长短跨界、宽窄跨界等因素，如果将这些再按组合原理组合，就会造出上万种不同式样的领带。

再如对鞋子是用来穿的破解。

方法一：更改原有定义。

鞋子可以吃。但不是用嘴吃，而是用脚吸收。在鞋内加一些特种药物，通过脚的吸收便可治疗脚汗、脚臭、鸡眼，甚至治高血压、关节炎、胃溃疡等疾病；沿着此思路可以开发出一系列防病、治病、健身、保健等功能的鞋子。

鞋子会说话。一是可根据压力制造有声鞋、灯光鞋、音乐鞋等；此鞋更利于儿童穿，这样孩子既爱穿，父母又容易知道孩子的位置。当然还能进一步开发出儿歌鞋、动物鸣叫鞋等等。

鞋子可指示方向。只要在鞋上装上指南针，调准所选择的方向，当方向偏离时，鞋就会自动报警。这对野外考察探险的人来说很有用处。

鞋子会扫地。设计一种带静电的鞋，走到哪里就把哪里的灰尘吸走；在朋友聚会及办公室里穿上这种鞋，不但不扬尘，反而使环境越来越干净。

鞋子只穿一次。设计出一次性鞋，价格便宜，可以常更换式样和颜色。这对宾馆和家庭来说，需求量是很大的，而且卫生，一定大受欢迎。当然，温州人用三百六十克铜版纸造的纸皮鞋除外。

还可以制造出计程鞋、测重鞋等等。

方法二：分解特性。

可用颜色无穷种。可用造形无穷种。可用材料数百种。可用厚薄数十种。可用大小数十种。可用价格数千种。依此再相互组合，新鞋子将永远穿不完。

还如对缺钱是经济问题的破解。

通常我们都认为缺钱是纯粹的经济问题，果真如此吗？

　　政治家说，缺钱只要出台一个征收法即可。宗教学家说，缺钱只要迅速组织一群崇拜奉献的愚民即可。社会学家说，缺钱是供求不流畅。法学家说，缺钱是制度没有落实到位。心灵学家说，缺钱是欲在动，息欲则不缺钱。教育家说，缺钱是智力低下的表现。成功学家说，缺钱是手段问题，道德只是成功的一个方面。心理学家说，缺钱是心理调适机构出了毛病。农民说，缺钱是因为你太懒惰。妻子说，缺钱是你不会精打细算。赵菊春说，缺钱是因为你的人味还不浓。叶舟说，缺钱是因为我提着个破袋子，破洞比进大。翟鸿生说，缺钱是因为你不懂得开发别人的双脚。学生说，缺钱是你不会狮子大开。情人说，缺钱是因为商场、餐厅、娱乐场所太黑心。病人说，缺钱是因为医院手术刀太锋利。卖肉的说，缺钱是因为最近病猪太少。禅师说，缺钱是因为你悟性太低。做假酒的说，缺钱是因为你没有接近湖区 (掺水)。杀人越货的说，缺钱是因为你胆小怕事。驾车的说，缺钱是因为你速度太慢。乞丐说，缺钱是因为人们越来越失去同情心。总之，缺钱绝不只是纯粹的经济问题，它可以说是一切问题。

　　最后如对他因为太固执而失败的破解。

　　这是一个很武断的定义。一个人失败的原因有很多种，固执绝对只是他失败的原因之一。迄今为止，我们对一个人以及对一个组织失败的研究已得出了一百六十多条教训。

　　如果你认为你给他下的固执的定义正确，那么在改变固执之后，他就会成功吗？并不见得。这正如一个组织，随便都可以举出几条：

　　无法宽容别人，无法接受不同意见。环境不利于发展。进取的热情不够。动机不强烈。目标未细化，未更新。力量不够，资源不足。专业技术不够。

　　下面我们就开始进入质变跨界的第二步——圈外找最优点。

　　(2) 第二步：圈外找最优点。

　　产品或服务的最大价值是可分解的，是可以用量化方式来理解的。通常是佳方式就是卖点分解法。任何一个产品都可以通过环节卖点分析法，来解剖其卖点的大小、品质与持久度等。如一本顶级畅销书，其卖点可分解为选题卖点、封面设计卖点、目录序言卖点、内容卖点、版式卖点、包装卖点、渠道卖点、宣传卖点，等等上十个环节。

也就是说，你目前的产品不行或服务不行，唯一有效的办法不是作内容量变跨界，而是要作外部卖点连接质变跨界。你靠开发自己仅有的优点是远远不够的，如今都在拼每一个环节上的卖点，都在拼整体流程，所以，此时你最要做的就是向外找卖点，向圈子外找卖点。

比如你不能成功，与你自己其中的一个点——意志力有关，但靠你自己关上门加深理解意志力是有难度的，你得打开门看看世界上其他卓越人士的意志力是怎样磨炼出来的。

这就是关于意志力的质主跨界。

下面我们还是以自行车为例来说明圈外找卖点的过程。

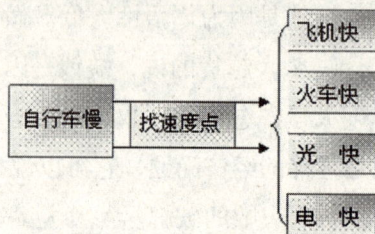

只要你以世界的各个行业、各种存在之中去找快的卖点，你很快就能找到几十个，甚至上百个。当然，一般我们只要找到三五个最佳卖点就行。

第二步是质量跨界的必要性一步，因为，你自身的卖点太少，而在你圈子外去存在着无数的一流的卖点。

你只要在确定一下需要更新的点之后，就一定能从外界找到许多最佳卖点。

在第一步中，随便抽出哪个环节上的点，我们就一定能从外界找到一系列的相关最佳卖点。

再举一个做畅销书的例子吧！我选择了怎样畅销这个点。

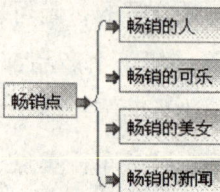

你只要找，就一定能从外界找到无数畅销的东西及畅销的原因。

当然，除了"圈外找最佳卖点法"之外，还有种最为普通的圈外找点法——任何外界的点都可以一试。我在本书中不能重点讲解，不过我还是举一些例子，让大家了解一下，以便能使大家能在更广阔的时空物中找到更优的办法。

下面我开始给你讲"圈外找卖点法"的四大方法。

第一种方法最简单，就像这面墙上的图案一样，是一个点与另一个点的连接。如：如果你缺少营养，请你与营养连接。如果你缺少体力，请你与运动连接。如果你缺少自信，请你与正面暗示连接。如果你缺少深度，请你与哲人连接。如果你缺少快乐，请你与《心理解脱师》连接。

我不妨先举些例子给你听听。如：

空调+房子=空调房；空调+太阳=太阳能空调；空调+风=风能空调；摇控+门=摇控门；消声器+鼻子=打鼾消声器；消声器+三角短裤=放屁消声裤；消声器+墙壁=隔音墙；消声器+嘴巴=吃饭消声器；驱蚊香+香糖=情侣防干扰香糖；驱蚊香+钢笔=驱蚊钢笔；经济问题+大脑=方法问题；经济问题+他人=人际关系问题；经济问题十典当品=讨价还价的问题；经济问题+品质=道德问题；教育+谩骂=敌视型子女；教育+严管=冷酷型子女；教育+不管=放荡型子女；教育十正面引导=积极型子女；教育+爱心=孝顺型子女；教育+分析=理解型子女；痛苦+叹气者=更加痛苦；痛苦+犯罪者=自毁；痛苦+乐观者=开朗；痛苦+狡诈者=险恶；痛苦+爱心者=重生；痛苦+回避者=冷漠；嘴巴+废话=啰嗦；嘴巴+蜜糖=软骨散；嘴巴+爱心=天下无敌；嘴巴+谩骂=孤家寡人；嘴巴+骨头=铁骨铮铮；嘴巴+控制术=杰出我们。

总之，宇宙间最为普通的现象就是单线连接。连接是一种必然的存在，孤立的事物是不能存在的。

当然作为人来说，一方面是在寻求某一个具体点与外界的联系，另一方面则是要打破旧序，创造新序。如：一个女人与一只可爱的小狗之间，一定找得到连接点。一个女人与一个优秀的男人之间，一定找得到连接点。一个女人与一栋豪华的洋楼之间，一定找得到连接点。一个女人与远古的历史之间，一定找得到连接点。一个女人与淡淡的月光之间，一定找得到连接点。一个女人与一切存在之间，一定找得到连接点。又如：一公斤铁+废品店=1元钱；一公斤铁+铁锤=10元钱；一公斤铁+镙丝=100元钱；一公斤铁+医用针=1000元钱；一公斤铁+名表上的薄片=10000元钱；一公斤铁+杀死暴君之剑=无价之宝。

当然在此我必须重点强调一点，要想能自由地与外界进行连接，你必须做到三点：

一是你的心必须全然敞开，没有任何心墙；二是你必须平等对待外界的一切，不带任何成见；三是你必须主动与一切存在去主动连接，仔细寻找与其的连接点。

第二种连接的方法，就是墙上的图案方法。

世界不只是单向的一一组合，世界上任何一个点都可能与外界一百种、一千种、一万种，乃至无穷种事物相关。反过来也成立，外界一切事物也都一定找得到与你与某一点的连接。如：珍珠是什么？

在诗人眼里，珍珠是大海的眼睛。在贵妇人眼里，珍珠是身份的象征之一。在化学家眼里，珍珠是磷酸盐和磷酸钙的混合物。在生物学家眼里，珍珠是带有病态贝壳类动物的分泌物。在古代东方人眼里，珍珠是一滴固化的露水。在情人的眼里，珍珠是永恒的爱。

对造新序而言，整个世界的任何元素、任何物质、任何结构、任何时空都能成为我们自由联想、自由连接的基本材料。

构想千万种玩具：

一是向动物方向射出连接线，龙、鸟、虎、狗、猫……鸟又分为红鸟、海鸥、麻雀、喜鹊、燕子……等等无穷种。

二是向武器方向射出连接线，枪、炮、刀、叉、飞机、坦壳、导弹、地雷……刀又分为长刀、短刀、匕首、双刃刀、单刃刀、管形刀、三面刀等等无穷种。

三是向人物方面射出连接线，孙悟空、猪八戒、沙和尚、布什、孔子、和尚……而和尚又有苦脸和尚、笑脸和尚、单足和尚、露脐和尚、大肚和尚、半身像和尚……等等无穷种。

四是向材料方向射出连接线，有木头、石头、塑料、纤维、橡皮……而木头又可分为红木、松木、樱桃木、沉香木、茶树木……等等无穷种。

五是向运动方向发出连接线，有电动的、手动的、静止的、跑的、跳的……跑还可分为前进的、后退的、能遇到障碍后自动退缩的，跑又分为长跑、短跑、中长跑、万米跑、马拉松跑……等无穷种。

若时间允许，我完全可以以玩具为基点向四面八方发出无数条射线——连接线。如此一来，又何止造出一千种、一万种、百万种儿童玩具呢？

又怎样利用"圈找外界卖点法"，找到豆腐的许多新卖点呢？

第一条线与花连接：桃花豆腐、荷花豆腐、金菊花豆腐、梅花豆腐……

第二条线与小菜连接：竹笋豆腐、蒜苗豆腐、香菜豆腐

第三条线与肉禽连接：猪肉豆腐、鱼片豆腐、鸳鸯豆腐、鸡丁豆腐……

第四条线与地区连接：湖南豆腐、广东豆腐、宁波豆腐、日本豆腐……

单就每一条线都有100种以上的品种，如果再加上双线排列组合，三线排列组合，四线的各点排列组合，大概一亿多种类型的豆腐都没问题的！

谁都知道大豆含有丰富的营养。俗语云：青菜豆腐保平安。如果能将豆腐的全部优点写在大广告牌上，再简单地将门面修饰一下，再将卫生及笑容到位，我想不要半年，你这个店就会被食客挤破的。

一旦需要扩大门面时，最好将旁边几家门面都租下来，并增加新品种——汤、粥、羹、汁。这是我跨界的汤与粥的例子，以便你半年后参考。

汤：

第一条线与蔬菜连接：冬瓜汤、萝卜汤、黄瓜汤、木耳汤、土豆汤、白菜汤、丝瓜汤、苋菜汤、空心菜汤……

第二条线与禽肉蛋连接：猪肚汤、炖鸡汤、鸡蛋汤、二鲜汤、乌鸡白凤汤、牛杂汤、排骨汤……

第三条线与山珍海味连接：燕窝汤、海参汤、竹笋响螺汤、干贝汤、墨鱼汤……

还有第四条线，第五条线……

粥：

第一条线与粮食连接：豆米粥、青豆粥、高粱粥、糯米粥、黑米粥、夜山豆粥……

第二条线与畜禽连接：鸡汁粥、猪蹄粥、东安鸡粥……

又怎样利用"圈外找卖点法"，找到许多茶的许多新卖点呢？

第一条线是与已有的茶品种连接：银针、毛尖、菊花、龙井、花茶、珠茶、云雾茶、乌龙茶、碎茶、熏茶、七心茶……等数十种。

第二条线是与药材连接：人参茶、灵芝茶、首乌茶、当归茶、人参龙井茶、川贝银毫……等数千种。

第三条线是与微量元素连接：锗绿茶、锗红茶、磷龙井、锶碎花、硒银毫……等无数种。

第四条线是与补品连接：鳖精龙井、鳖精毛尖、鳗红茶……等无数种。

第五条线是与果品连接：芒果茶、山楂茶、苹果茶、甜瓜茶、水蜜桃茶、梨汁茶……等无数种。

第六条线是与蔬菜类连接：冬瓜茶、菜花茶、丝瓜茶……等无数种。

第七条线是与禽蛋连接：鸡蛋茶、鸭蛋茶、鸟蛋茶、鳖蛋茶、蛇蛋茶……等无数种。

如果再将以上各线各点分别按排列组合连接，我想个把亿的品种也是小意思。

再又怎样利用"圈外找卖点法"，找到香烟的许多新卖点呢？

例如：烟+驱蚊香=驱蚊香；香烟+薄荷+香精=鼻通香烟；烟+健胃药=健胃香烟；烟+洁齿素=洁齿香烟；烟+香=香味香烟；烟+厌恶香=戒烟香烟；烟+润肺药物：滋润香烟烟+咖啡：提神香烟烟+镇静或催眠药二催眠香烟烟+痛散灵：祛痛香烟烟+抗尼古丁素=无毒香烟……

这样讲下去，恐怕讲三天三夜也讲不完。

最后再利用"圈外找卖点法"，对生产各种自行车的跨界进行广泛连接。

第一条线是与材料连接：钢、塑料、木材、复合材料、陶瓷……

第二条线是与造型连接：仿生、高速流线、仿古、迷彩、幻彩……

第三条线是与功能连接：轻骑、载重、速度、安全、健身、杂技……

第四条线是与环境连接：城市、农村、水上、水下、陆地、山地……

第五条线是与能源连接：风、水、火、电、太阳能、人力、油、机械……

第六条线是与零部件连接：声音、坐垫、轮胎……

第七条线是与智能化连接：自控、网络、计算机、防盗

第八条线是与尺寸连接：长短、高低、大小……

那么，我们再将分解后的信息进行重组，初步估计能产生的新组合为1亿种以上。再进行择优筛选，择优原则是实用、美观。

这种"圈外找卖点法"，其形式还只是第二级别的连接，只是收敛型和发散型的。它和下面的"多功能枕头"产品一样，没什么本质区别。例如：

音乐+枕头=催眠枕头；播放单词+枕头=助学枕头；升降温+枕头=保温枕头；弹性+枕头=弹性枕头；草药或磁石+枕头=医疗枕头；按摩器+枕头=按摩枕头；枕头+石头=石枕；枕头+竹子=篾枕；枕头+水=液态枕；枕头+橡皮=橡胶枕；枕头+气体=气枕；枕头+木=木枕；枕头+草=草枕；枕头+香味=香味枕头；枕头+驱蚊药=驱蚊枕头；枕头+人次=双人枕头。

虽然信息杂交有四个层次，但在现实生活中只要能熟练地掌握好第二和第三层次的对外连接，就基本上可以应付工作、生活中的一切问题和压力了。尤其是对第二层次的连接——收敛和发散的技巧要运用得相当熟练。

连就是信息重组。连就是多角度的连接。连就是从广度和深度上连。连就是向相关和无关的事物上连。

在此顺便还说一个问题：创与连的缺陷是难以艺术地表达非理性的事物。

所有的创造都是在创造新秩序。而世界的另一部分是不以秩序来描述的。所以，创造也不是万能的。西湖是美的。如苏轼笔下的西湖：

水光潋滟晴方好，山色空蒙雨亦奇。

若把西湖比西子，浓妆淡抹总相宜。

创造能描述尺寸美、造形美、大小美、规律美、新旧美等，但很难描述出朦胧美、模糊美。我们对精确性的创造，对制造刻板的产品很有技术，但对制造动态的产品，制造能表达混沌的产品就有难度了。而真实世界恰恰是清晰与模糊感觉的结合，是动态多变的。你可以在一年之内再造一个西湖，但你并不一定在一年之内写出一首像苏轼这样描写西湖的诗。这就是艺术。艺术创作不是造一座标准化楼房，不是制定一个制度，它是需要对生活、对艺术、对美的高度领悟和提炼。艺术描述的是一个动态过程。在创造领域中，艺术跨界是难度最大的一个领域。

所谓"圈外找卖点法"，就是指无处不在的信息重组。我们知道，无论这个世界多么千奇百怪，多么五彩缤纷，都只不过是由一些最基本的化学元素、基本粒子组成。小到多种粒子构成原子，大到由各种星体和暗物质等构成宇宙。

重组是创造世界的一条纽带和桥梁。楼房是重组起来的，钢笔是重组起来的，电脑是重组起来的，汽车是重组起来的，失去重组，世界就将会失去许多光彩。

我们生活在一张张关系网上，每天都要面对各种关系，处理各种关系，大到生产关系、社会关系、国际关系、公共关系、政企关系，小到上下级关系、情人关系、亲戚关系、夫妻关系、师生关系、邻居关系、业务关系。

关系把物与物联系起来，把事与物，把事与事，把物质与精神、文化联系起来，形成了各种各样的重组。

重组不一定就是创造，但创造必定要进行信息重组。世界上的许多事物都在组合之中，旧的组合消失了，新的重组又诞生了。重组创造着神奇的力量和巨大的潜力，多少过时的事物经过重组跨界焕然一新；几个不起眼的小玩意儿被组合成了不起的跨界；优势在重组中形成；弱者在重组中升华；认识在重组中提高；思路在重组中拓宽；智慧在重组中闪光……

当你完成第一步，第二步后，你就将进入质变跨界的第三步。

(3) 第三步错位连接虚构

第一步，你已找到了自身的薄弱点；第二步，你从外界也找到了相关顶级卖点。那么，第三步就是完成内外信息的交合了，就是让内外信息结婚，产出个最优的下一代来。当然，并不一定一次交合就能产出最优下一代，这就得你要有不断地交合能力了。我把这种能力称为——错位连接虚构。

人类的进步必须依靠第三步才能完成，人类的一切新价值都得靠第三步才能完成。这是一种特殊的能力，这种伟大的力量就是"无中生有"的能力，就是"虚构力"，就是"想象力"。人最有存在价值的能力，就是这种虚构的想象能力。

在此，依然以自行车来为例：怎样改变自行车的慢的问题？

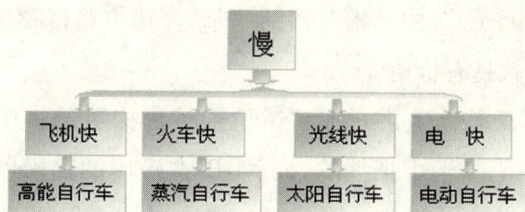

```
                        慢
        ┌──────┬──────┴──────┬──────┐
      飞机快    火车快        光线快    电 快
     高能自行车  蒸汽自行车    太阳自行车 电动自行车
```

在内部信息和外部信息交合时，你可以天马行空地虚构，人爱怎么想就怎么想，越离奇越好，越古怪越好，那样就能产生出新、奇、特、怪、悬、叛的全新产品或服务。

虚构力，是人类最伟大的力量。凡是我们人类的文明，都是凭虚构力来完成的。美国哈佛大学校长说：我们在 21 世纪仍然要保持世界一流大学的名誉。一流的大学当然要造就出一流的人才，那什么才是一流的人才呢？他自问自答道：只有拥有神奇虚构力的人才才能称得上一流人才。虚构力是我国人才培养的薄弱点。我们大多数人都是只会做那些按部就班的事，只会做出体力的事，这是显然不适应 21 世纪新市场经济的需要的。你打开报纸，有一个游戏学院经常打广告，他们招到生活培训什么内容？核心内容就是培养他们的虚构力。作家、艺术家是最古老的虚构大师，如今，绝大多数时尚的行业，能创造暴利的行业，都少不了虚构力。

这种方法中还提到了"错位"两个字，在此，我作点解释。在刚才由旧自行车到外界新卖点的连接，我把这种落差相当大，表面上几乎搭不上界的两件事物硬扯到一起叫错位。

错位在我们生活中无处不在。

小品、相声为何好听，就是因为这些喜剧大师运用了错位术。将大人说的错位为小孩说的，将男人说的错位为女人说的，等等。如一小孩要他妈妈洗苹果，小孩说："洗洗更健康！"如赵本山在电视广告上说："地球人，都知道！"如用外国人学中国话唱着求爱："爱你爱得我心痛！"总之，只要掌握了错位技术，你就随时能搞笑，随时能化解人际冲突，你就把握了喜剧的本质。

我老婆一次对我说："我们离婚算了！"我当场就运用错位术搞得她笑了起来，我是这么说的：离婚，我正要离开一段时间荤菜，不然肚子太大了，走路像个鸭子。"由"婚"错到"荤"。错位错得越厉害，产出的产品、语言、服务就越有价值。

现在，我再从整体上讲一下"错位连接虚构"的具体操作过程，这个错位虚构力并不是不可把握的，其实田本松田的松田创造法，就很有效地加强了"错位虚构"能力的训练：这位大师将"错位虚构力"分为十二方面分别训练。它们分别是加—加，减—减，扩—扩，缩—缩，变—变，改—改，联—联，学—学，代—代，反—反，定—定，合—合等十二个方面。

而营销大师科特勒觉得每一次都要从十二个方面来虚构，那未免太烦琐了，于是他又合并一下，最后变为六个基本虚构替代、反转、组合、夸张、去除、换序。

我想，这也无不可以。方法多的是，只要你找，关键是训练出真正的错位虚构力来。我还是以骑自行车为例来分别训练一下我们的错位虚构力。

一是替代错位虚构：坐公汽、坐私家车、走路。

二是反转错位虚构：人背自行车。

三是组织错位虚构：自行车带人，自行车带两个小轮子。

四是夸张错位虚构：最大的自行车，最高的自行车，最小的自行车。

五是去除错位虚构：不用自行车。

六是换序错位虚构：自行车想我。

其中第一种技法都可以继续展开。

最后，再运用替代错位虚构法虚构一下"1"像什么。

"1"像竹杆，像钢笔，像圆珠笔，像一竖，像电杆，像伞柄，像木条，像芝麻杆，像电线，像重发，像钢筋，像筷子，像桌子腿，像天线，像标签，像牙签，像挖耳勺，像毛线，像长萝卜，像手指头，像长杯，像秤杆，像绳子，像黄瓜，像豆角，像灯管，像面条，像甘蔗，像苦瓜，像长茄子，像麦杆，像树干，像长青虫，像直蛇，像蚯蚓、像毛毛虫，像鳝鱼，像鱼刺，像杖拐，像教竿，像条尺，像粉笔，像鞋带，像拉面，像米线，像牙刷，像拉竿，像警棒，像捶衣棒，像擀面杖，像针 (长、短)，像针头，像钢轴，像笔芯，像香烟，像光影 (虚线)，像破折号，像独木桥，像芝麻糖，像车上的扶手竿……

只要你换一个角度，或者将词典、字典一个一个地字、词连接下去，我保证你还可以虚构出一千个、一万个类似"1"的存在物。

因此，我们得进入"质变跨界"的第四步，只有它才能让我们找到最佳的跨界方案。

(4) 冠军要素整合的第四步择优录取

前面我已深入学习了创新的第一步"破解"、第二步"连接"，第三步"虚构"，那么，当我们完成了前三步之后，紧接着还有最后一步，就是"选择"了。

所谓选，就是当你在破解、连接、虚构之后，必然会同时产生一系列的方案，或三五个，或数百个不等，面对这些新信息重组系统，你要作出重新选择。

当然，我们要从中选出最优秀的信息重组方案。只是怎样才能选出最优秀的方案呢？这就得有个标准。

在一个旧环节上，此时，我们已引爆出好些方案，怎么办？当然是优中选优，是择优录取喽！标准，没有标准就无法择优。那质变跨界的标准又是什么呢？

我想无非是依从如下七大选择原则：

一是实际；二是实用；三是低成本；四是高效；五是美的尺度；六是

有差异；七是暴利。以上七条，才是我们择优新的信息组合的主要标准，这七条才是判别式。

先说实际。比如：你要想在十八岁之前写出一本文学性很高的畅销书。你没有基本的文字功力，你没有新奇的构想力，你没有积累任何生活素材，你没有，什么也没有，你能做到么？现在书市上隆重推出了几位初中生、高中生的优秀作品。作品也许描述了某段时期的生活，但其文学性、艺术性、对世事的洞察性并非达到炉火纯青、登峰造极的地步呀！又如：你想造一台永动机。你了解了基本的物理定律，你有良好的机件加工室，你有许多人帮助你，你有充足的时间和钱财，你能实现么？这根本违背了物理中能量递减规律。再如：你想在半年内成为中国首富。你一没有人力，二没有财力，三没有智力，你能实现么？总之，一切的创造第一步都要建立在实际的基础之上，如果一种产品设计方案你自己或其他厂家都生产不出来，那么结果只能是徒劳无益。

再说实用。如生产出一台三吨重的高效洗衣机或十斤重的筷子，我想是不会卖出的；又如生产了一台一百万元的家用电器，我想在中国也难有市场。

再说高效。高效是指单位时间内能生产出最多的产品，再就是别人使用时信息含量多，功能多。

低成本就更不用说了。

最后，我们重点谈一谈美。哪里有产品，哪里就应该有美的踪迹。无论是物质产品，还是精神产品，都离不开美的旋律。美是人类文明的最初尺度，也是最后的尺度。美感，是人们追求的重要元素之一。爱美之心，人皆有之。产品不美，就缺乏对消费者的吸引。怎样才能按照美的规律来制造产品？人对产品的审美趣味，是随着物质文明的发展变化而变化的，同时，人们对美感的体验又是各个感官彼此相互联系、相互交叉、相互渗透、相互烘托的。美是针对人的美，狗不会觉得女人露一点是性感的。美只是针对人的感觉而言，而且这种感觉通常不是很重深层次的理性的。美通常没有一定的衡量标准，但我们大都能感觉到它的存在。美是理性和非理性的统一。大凡美的产品，能使顾客多看上几眼，多尝上几口，多品上几回，多抚摸几下。实际上"选"的五条准则，可以归结为一条准则：

就是选"美"。美是对任何产品，无论是物质产品还是精神产品，都是唯一的判别式。美不仅包括了产品的实际性、实用性、高效性、低成本性，而且还包括地域性、时空性、动态性等多种因素。美是清晰的，但它又是模糊的。美是确定性的，但又是混沌的。美的形式多种多样，它反映了物质世界蕴藏的动态的辩证法。美是各种矛盾的统一。一件产品若能同时反映出更多的矛盾统一，那么这个产品是美的。美与产品统一矛盾对数的多少成正比。

这才是唯一的对美的判别与标准。

例如：一部电影揭示了男女主人公的真爱，这是美的。若还揭示了当时社会的黑暗与丑陋，这是更美的。若又反映了人性中的正义与邪恶，这是美上加美的。若再反映了整个社会的前进与落后的必然性，这是超美的了。人生三大事，追求快乐、创造和智力穿透。

因此，从快乐的角度出发，我们应该不时地娱乐娱乐。当然，从健康的角度出发，娱乐更是有必要。没有娱乐，我们在工作中、生活中吸入的精神垃圾就无法被适时地清理掉。让身体兴奋起来，运动起来，这是放弃灰尘和垃圾头脑的最直接的方式。信息时代，不只是一句话和故意提出的生硬名词，它的确与我们每天的日常生活、工作、发展息息相关，于公于私我们都少不了信息交流的。当然，这种交流是带有一定正题的交流，因此，在交流中就应回避谈那些小道消息或无关痛痒的话题。如果一个人肉体动得多，那么相对而言，头脑就会动得太少；相反肉体动得较少，头脑就会自然动得多。恰好，这是一个已将头脑提升至开发的时代，所以，我们不妨给自己的心灵找一片静土，来种植我们的思想和灵魂。因此，我们有时不妨发发呆。人们只有在休息中才会放松，在放松中才会有开放式的创造。禁锢的头脑、紧张的头脑是死板的头脑、僵化的头脑，是对真正头脑的侮辱，是头脑的赝品而已！

六是坚持新类别原则。

学习这种跨界技术的目的，决不只是做些小动作的人，而是培养的顶级创造性人才和暴利的产品，否则，就没必要学这一技术的必要了。所以说，我们在选择新方案时，一定要大胆选择那些新类别的方案。因为一个新类别就是一片全新空间，就是还没人占领没有人烟的空间，正如哥伦布发现了美洲那样才叫真有价值与意义。凡是没产生新类别的方案，我们在第一轮选择时可以直接淘汰掉。

七是坚持暴利原则。

我们找质变突破的最直接目的就是要能找到最大的利润点，找到全新的奶酪，而不是那些零碎的散银子，那些别人剩下的小奶酪。

下面我们一起来看看，分粥制度是怎样运用择优录取的。

权力的制约一直是某公司卓越者感到头痛的问题。为了彻底解决这一问题，该公司不得不策动了一次较深层次的讨论。公司我们提出了问题：

假设有一个由工人组成的小团队，其成员想用非暴力的方式，通过制定制度来解决每天吃饭的问题：分食一锅粥，但没有称量用具，也没有刻度容器。辅助条件是，小组中人平凡且平等，没有凶险祸害之心，但却不免有些自私自利。

于是开始了跨界讨论，终于得出解题结果。

方案一：指定一个人负责分粥。

方案二：大家轮流主持分粥，每人一天。

方案三：大家选举一个信得过的人主持分粥。

方案四：选举一个分粥委员会和一个监督委员会，形成监督和制约。

方案五：每个人轮流值日分粥，但分粥者需最后一个分到粥。

方案出来后，便是评价和筛选。评价如下：

对于方案一，大家发现，负责分粥的人为自己分的粥最多。换一个，结果依然如故。于是成员们得出结论：权力会导致腐败，绝对的权力会导致绝对的腐败。

方案二实际上承认了每个人都有给自己多分粥的权利，同时又给予了每个人为自己多分粥的机会。表面上看起来很平等，但是每个人在一周中只有一天吃得饱且有剩余，其余6天都吃不饱，甚至挨饿。大家一致认为，此方案造成资源浪费。

对于方案三，开始这位受信任的品德上乘的人还能公平分粥，但不久他开始为他自己和对他溜须拍马的人多分。有人觉得，这会导致堕落和风气败坏。

方案四基本上能实现公平，但是由于监督委员会常常提出各种方案，分粥委员会又据理力争，等粥分完时，粥早已凉了。此方案保证了公平、公正，但效果不佳，而且浪费了许多精力。

方案五虽然简单，但却产生了令人惊奇的效果，七只碗里的粥每次一样多，就像用仪器量过一样。其秘密在于：每个分粥者都知道，如果不公平，他自己得到的将是最少的一碗。当然，通过对以上分粥方案的分析，通过这场跨界的策动，公司我们们对权力制约又有了进一步的了解。

我们再来看看，采用什么择优录取方法阻止"隔壁家的鸡"进入菜园的。

A喜欢摆弄菜园，隔壁的B则喜欢养鸡。不幸的是，B一家非常自私，很少理会自家的鸡对别人的损害。他从不圈鸡，一任鸡多次地啄A家的小菜。A常提醒B要注意这个问题，但B却无动于衷。

那么，A将采取什么方式更适合些呢？砌一道围墙；设一道栅栏；设一道塑料墙；买一条狗；在园子里播放录音机，把鸡吓跑；撒上浸过辣椒酱的谷物；撒上浸过辣椒酱的菜叶。在B能够看到的情形下，A家的一个人在查看园子时寻找并拿走一个鸡蛋，并在几天内"如法炮制"两三次。结果不言而喻。

2. 实现从量变到质变的创造

冠军要素整合四步创造模式的本质是促成人、事、物的质变和飞跃。量变不是冠军要素整合的目的。因此，本节主要讲如何全面理解从量变到质变的创造。

（1）量变的成功最易做到

改变谁都想，完全不变也是不对的，变有渐变与速变，有量变与质变之分。在此，我重点强调，平时我们的变化都在只是在作量的变化，只是在旧有的基础上略为调整了一下，或调整一点点，这是远远不够的。

市场永远只最需要差异化产品，谁能做出最大差异化的产品，谁就走俏。物以稀为贵。张瑞敏说：当别人不变时，我们变则赢；当别人渐变时，我们快变，我们又赢；当别人也快变时，我们变出新花样，我们还是赢；当别人也变出新花样时，我们却变产品了，此时我们依然赢。

其实，这就市场法则，一招鲜，吃遍天。如今，创新在每个组织都提得很多，谁都知道创新重要，已不再是强调创新重不重要的时候，而是强调怎样才能创出新来的时候了。这里就已不是态度问题，而是方法问题。许多人没有系统地学习过创新方法，只凭偶尔的经验在摆弄创新，这是远远不够的。那不仅不能真创出新，而且也不能持续创新。

首先，让我们来分析一下目前市场上的最普通、最常规的创新吧！

先说人，再说事，后说产品。马上又要过年了，我有时就问一些老板和朋友们，明年有什么打算？大多数都说，能有什么打算，把目标加大一点点喽！

这种回答最多。这个世界有野心的人的确太少，一般的人几乎都是安于现状的，都是没有大思路的，都是只想作"微调"的人。这种人当然不会有多大的发扬。人的价值是由目标决定的，你有多大目标，就会创造多少成就。你有多大胸怀，就能容纳多少朋友。眼界决定目标，目标决定人生。

再说事。许多人在新的一年时，都有个大致计划，利润在一个亿的组织，在来年大都定个1.5个亿，最多定两个亿了不得。这就是大多数人的做事风格，他们从没考虑过放个卫星，来个最大的挑战。而且在做事的具体过程中，他们也只是在作微调，如有五个销售部，在新的一年里，我们决定作出变革，将五个销售扩大到七个，每个部门再增加五人左右，其中某某调到总部来。

这就是通常的改革。这样的改革几乎人人都会，也几乎人人都在做。

形式决定内容。你的形式只是在作微调，那么，你组织的利润也只是在作摇摆。形式的量变，也只可能导致结果的量变。

最后重点说产品生产的量变。关于这一点，大师科特勒说得很明白，他是这样说的：

组织新产品的目前跨界主要表现在如下六种形式之中。

其一是基于调整的跨界。主要是指改变特定产品或服务的一项或几项基本特征，或强化，或弱化。如洗衣粉：更强的漂白效果，更好的去污力等。

其二是基于规格的跨界。主要是指改变旧产品的容积、数量、频率等。如薯条：50克袋装，100克袋装，250克袋装，500克袋装等等。

其三是基于包装的跨界。主要是指改变旧产品的包装、容器与外观环境。当然包装的变化经往和规格相伴相生。如啤酒，有听装的、有软袋装的、有瓶装的、有桶装的等等。

其四是基于"配料"的跨界。是指在旧产品或服务中添加补充物或增加额外服务。如食用油，有黄豆的、有籽麻的、有高粱的、有鱼油等等。

其五是基于"减少投入"的跨界。是指在旧产品中，减少次要元素而达到降低成本，价钱来扩大客户的方法。如大宝化妆品，减少了高档化妆品的次要内涵，达到低价而被大众喜好。

当然，科特勒讲了六点，还有一点是关于"设计"的跨界，其实这点是重复的，以上五点也是都要设计的。所以我不再多说。

所有这些跨界，其实都只是量的跨界，虽然能达到扩大市场和带来利润，但在这个速度为王的时代，你的利润速度太慢，从横向竞争力来说，就是在倒退呀！

因此，要想真正创造最大业绩，要想做一个卓越的人士，那么，就不要把主要精力放在量变跨界上，而应把精力投入到质变跨界之中去。

人们常说，正确地做事和做正确的事是有天壤之别的。

（2）质变的卓越最难做到

市场摆在那里，就那么大，你强了，他就弱了。

张瑞敏为什么第一个七年一定要将海尔冰箱打造成国内第一品牌？为什么在第两个发展阶段要兼并18家组织？目的只有一个，就是要想尽千方百计促成质变，促成飞跃。

据全球市场分析，市场大都依循"八二法则"的格局，即80%利润被20%组织分割折，而在20%分割利润的组织之中，又依"八二法则"可再次细分，分到最后，一个行业或一个类别的产品，全球最大获利者就只剩下一到三家不等的霸主组织了。如百事可乐与可口可乐就占据了全球碳酸饮料巨额利润，还有类似的组织，如麦当劳与肯德鸡，蒙牛与伊利，等等。

说这么多，只说一句话，就是追求质变者，才能生存得好。

那么，怎样才能有质变的跨界能力呢？

这是本书重点要与大家分享的内容。我先举一个例子：

我有一个亲戚，到广东去打工，他首先进了一家十几人的小包装厂，在那里干了三年，没得到什么经济回报，只是学了一点包装技术。三年后厂子垮了。他依然一个人，一个手提袋。他打电话给我。

我给他提了个建议，一是要进广东最大的两家包装厂之一，坚决想办法进去，二是进去后要在半年内将技术学到前三名。半年后，再给我打电话，没有生活费学习资料费我先借给你2000元。半年后，他果然给我打电话了。他被厂里评为最负责任的员工，还被评为技术标兵。他说他已是第一车间部主任了，月工资8000元，另有奖金。

什么是质变，这就是一个人的质变。一切质变都是自己促成的。

更令人惊喜的还在后头。我们欣赏他的能力和责任，一年后，就委任他为第六分厂的厂长，厂里200多我们被他管理。他的年薪达到了30万，还有利润分成。再后来，这个台商老板年事已高，要回老家去了，他将其中我那亲戚主管的厂子以股份制形式转给了他独立经营，每年只交很少的利润给台商。八年在广东，他已是身份千万元的老板了。这就是人生的质变。他由一个高中生奋斗到这个样子已不容易了。

不过，质变无止境。千把万块钱，这在刘永好的眼里又算得了什么，在李嘉诚眼里又算得了什么。所以，我偶尔收到广东亲戚的电话，我总是依旧鼓励他，野心还要大，还要大。

上帝是公平的，你向他要多少，他就跟你给多少，从不多给，也不少给。每个人都可以要许多次，都有权力要。我想，与其少要也是要，倒不如来个狮子大开口，来点让人吃惊的。那你的人生一定能改观，而且会迅速改观。

下面我再讲一个产品质变带来经济效益的例子。

2004 年，"好记星"的崛起令沉寂了许久的掌上电脑市场风云突变。2005 年的销售目标是 25 个亿。"好记星"所书写的神话在世界掀起了轩然大波。那么，那凭什么能突然做得风生水起呢？凭质变的跨界能力。以前关于掌上电脑大都是比词汇量多，比查得快。而"好记星"不跟它们比查得快和容量，它比怎样记住更多单词。这个点可是困扰了 2.55 亿英语学习者的老大难问题。

它博采众长，仅在取名时就将品牌命名"好记星"，分别取好译通的"好"，记易宝的"记"，文曲星的"星"。在功能上更是包容了所有同类产品的主要卖点，而且最关键的是它开发出了一整套全新的能快速记住单词的方法，这是真正的核心竞争力，这才是质变跨界之所在。

其一是开发了"王维立体记忆法"：通过词库选定所学内容，经过朗读、速记、测试三道程序，可实现对单词的看、听、读、写、译，能充分调动眼、耳、口、手、脑五个器官，使视觉记忆、听觉记忆、动觉记忆、次序记忆、思维记忆结合运用，使人在最短时间达到最快记住单词之目的。

其二是词库与教材同步。而且还能通过"在线下载"不断升级更新词库和软件。

"好记星"的成功完全是质变跨界的成功。它在品牌功能定位及载体上一开始就建立了市场区隔。董事总经理杜国楹说："从一开始，我就告诉消费者，好记星不是复读机，不是电子辞典，也不是 PDA，而是一个全新的英语学习工具，目前被称之为"英语掌电脑"。"好记星的全面跨界成功，完全颠覆了英语电子学习工具的市场格局，当市场不断压价时，"好记星"以 1000 元的高价策略开辟了全新的高端市场。

几年下来，"好记星"完全有可能成为这个领域的真正老大，自然也能创造惊人的暴利。

这就是为什么有人"吃肉"，有人"喝汤"的区别之所在。

跨界谁都想，关键是你要学会"质变的跨界"。

(3) 无处不在的质变

"听君一席话，胜读十年书"。这是质变跨界。佛家的"当头棒喝"这是质变跨界。"张三集团昨日破产了"。这是质变跨界。"某某女子昨天结婚了"这是人生质变跨界。……

人生跨界的事在我们身边发生的还是蛮多的。

我们再来看看产品质变跨界的一些例子，以便加深对质变跨界的理解和重视。以前的量变跨界都是在圈子内跨界，而质变跨界多半是从圈子外找全新的信息跨界。质变跨界它产生的多半是新的类别，而不是同一类别中的局部改变花样。类别一变，自然就能开拓出全新的市场空间，它是目前拯救市场过度细分，同质产品过度饱和的良方。

我们不妨来看看下列这些创造新类型的质变跨界。

自行车与电这个信息交合，产生电动自行车，电动自行车在如今市场上的走俏，将有在三五年全部替代脚踏自行车的趋势。这对脚踏自行车是毁灭性的打击。所以，旧有自行车的整体功能都会被电动自行车改观。旧自行车可能只是用来健身和作为体育运动使用，而不是作为代步工具用。

可见，质变跨界的威力。

保姆与机器人这个信息交合，产生机器人保姆。如今，保姆都是真人在做。假如机器人保姆上市后，将全面升级保姆的品质，它能唱、能说故事、说新闻、能提醒你，而且日夜可值班，又没有性骚扰、没有偷窃行为，又不用发工资奖金，等等，真是好处太多太多，是如今保姆永远比不上的。

这就是变类别，而不是简单地量变，不是让保姆学几句英语之类的级别。

这就是质变跨界的威力。

钓鱼和电子搜寻系统信息交合，产生电子钓鱼机。

以前是用钓竿钓鱼，好久还钓不到一条。如今是你坐在河边小型电脑上，一按键，想钓几斤几两的鱼，一会儿就能不多不少地钓上来，只要那河中有你要的那个重量的鱼。当然你也可以只钓雄鱼或鲫鱼，或王八，等等。这就是钓鱼史上的新类别。它不是去与往日的几百个钓竿品种竞争。

卖淫女与性服务器这个信息交合，产生"世界美女性服务仪器人"，

　　这些人造人无论大小、质感和逼真方面如今的科技方面，几乎都做到了。这项发明将取代目前市场上的卖淫女郎，也能减少多种疾病和凶杀案件。要是再与机器人这一信息交合，产生出略有语言功能和情感功能的性机器人，那么，将有可能引发人类史上的全新革命。

　　这就是质变跨界的经典案例。

　　旅游与高敏度传感器结合，产生坐在家畅游天下任何一处的风景名胜的软件。在家中只要戴上高级传感手套或穿上全身传感衬衣，一上电脑，就能真切感受到风景名胜的真实性。还可以多人同时享用与交流。

　　这个产品如果产出来，不卖疯才怪呢！

　　衬衣与空调这个信息交合，产生出空调衬衣，冬天就不需穿没有身材的厚棉袄了，赵本山在电视里就算喊破了喉咙，别人也可能不给面子了。

　　其实，在我们周围有太多的质变的跨界产品，在此我就不一一列举了，你只要到超市去逛一圈就知道。

　　只要想质变，任何人都变得出来的。如什么"人体宴"，什么男人卖内衣，什么女人在脱衣后试内衣，你敢脱你就穿回家，什么奇特的招数都有人想得出。当然，并不是任何招数都能用，这还得顾忌伦理、道德、法律等等。

　　说了这么多，例子也举了一些，现在我们知道，没有质变的跨界力，在困境中你就无力突破；在追赶中你就无法超过对手；在市场饱和情况下，你就无法获得赢利；在追求卓越者脑中，没有质变跨界，你就难以卓越！

3.　团队协作造冠军

　　人类论飞翔不如鸟，论跳跃不如蛙，论攀援不如猴，论奔跑不如马，论游泳不如鱼，总之若仅仅依靠自身肢体所具备的能力，难以与其他动物相比拟。人优越于动物之处在于能够不断地在思维上进行自我超越。而人和人之间的差距，也体现在思维的自我超越上，自我超越横向越高的人，越能不断为创造自己真心追求的生命成果而扩展自己的能力，从而获得强大的竞争力。

修炼思维模式，是一生的工作，事实上极少有人达到思维模式高度完善的圣人境界。那么，如何获得超级竞争力而成为"冠军选手"呢？团队协作、优势互补是最好的办法。团队合作是一种为达到既定目标所显现出来的自愿合作和协同努力的精神。它可以调动团队成员的所有资源和才智，并且会自动地驱除所有不和谐和不公正现象，同时会给予那些诚心、大公无私的奉献者适当的回报。如果团队合作是出于自觉自愿时，它必将会产生一股强大而且持久的力量。

思维模式互补的优秀个案：

在历史上，通过团队合作使高度思维、宽度思维、深度思维达到完美组合的团队很多，下面试举比较著名的例子：

完美团队：刘邦—萧何—韩信、张良组合。

刘邦有高度——统一天下的大愿景；舍生忘死的大勇气；经济第一、政治第二、军事第三的大策略；先公后私的大境界；凝聚众智的大度量。

萧何有宽度——举凡政治、经济、军事以及人事等方面的大事小情，无不一一办理到位，是一个杰出的辅佐之才。

张良、韩信有深度。张良"运筹帷幄之中，决胜千里之外"；韩信"连百万之众"，战无不胜、攻无不取，一文一武，都是顶级人才。

一切的竞争都是思维模式的竞争。不同的人、不同的条件、不同的时机可以选择不同的模式。总的来说，在任何竞争之前，我们一定要进行思维模式策略分析。

结束语：
从今天起，就要用新思维模式看世界

新思维模式最大的特点是扩大了分析与解决问题的背景，扩大了分析和解决问题的高度、宽度和深度，它能解除不同观点之间在小区间内的对立，不是非此即彼，而是彼此互融。它将使你的目光能迅速捕捉到那些不明显的但至关重要的因素，将狭隘因果关系拓展到广义因果关系之中去，以便在有限中感知无限的魅力。

新思维模式，重构了我们分析问题、处理问题的框架，它能纠正一切偏执的观念，它能使你工作事半功倍，它能帮助我们彻底摆脱定性思维，它能为我们看透世界提供最新的工具，它能授人以渔。

具体来说，大格局思维模式观察世界有如下四个主要方法：

一是由高看低——看差异；

二是由外看内——看关联；

三是由深看浅——看本质；

四是由大看小——看整体。

1. 新思维模式要由高看低

事物的发展都是由低级向高级发展的，这是事物发展的普遍规律。如果我们观察事物能从这个角度出发，我们就能理解自然界、人类社会、心理的诸多不平等的现象。下面我们来看看白居易游黄山写的诗《大林寺桃花》：

人间四月芳菲尽，山寺桃花始盛开。

长恨春归无觅处，不知转入此中来。

白居易的 "人间四月芳菲尽，山寺桃花始盛开"，道出了山地气候与平原气候的差异。白居易的这首诗形象地反映了气温随海拔高度增加而递减，在山区物候的垂直差异。通常海拔高度每升高 100 米气温下降 0.6℃。庐山大林寺海拔高度在 1100~1200 米间。它比 "人间" （九江市的平地，平均海拔 32 米）气温要低 6℃左右，因此，桃花开放的时间要落后 20~30 天，所以山上的物候比山下的物候推迟了一个月左右的时间。

时值暮春，江南芳华菲尽。黄山的春天姗姗来迟，平均每垂直升高 100 米入春期就推迟约两天。据气象部门介绍，黄山一般在 4 月中旬以后入春。此时，山麓春花业已凋谢，而黄山诸高峰却正是春意盎然，繁花似锦。从山腰到山顶，山桃花、杜鹃、樱花、月季、茶花等相继盛开，再加上泉溪叮咚，百鸟齐鸣，游人置身其中，犹如置身一幅幅天然美丽的画卷中。

自然界有高低层级，人与人对事物的认识境界也是有不同层级的。我们再看看冯友兰谈人生的几层境界：

哲学的任务是什么？冯友兰曾提出，按照中国哲学的传统，它的任务不是增加关于实际的积极的知识，而是提高人的精神境界。

冯友兰在《新原人》一书中曾说，人与其他动物的不同，在于人做某事时，他了解他在做什么，并且自觉地在做。正是这种觉解，使他正在做的事对于他有了意义。他做各种事，有各种意义，各种意义合成一个整体，就构成他的人生境界。如此构成各人的人生境界。不同的人可能做相同的事，但是各人的觉解程度不同，所做的事对于他们也就各有不同的意义。每个人各有自己的人生境界，与其他任何个人的都不完全相同。若是不管这些个人的差异，我们可以把各种不同的人生境界划分为四个等级。从最低的说起，它们是：

自然境界;

功利境界;

道德境界;

天地境界。

一个人做事,可能只是顺着他的本能或其社会的风俗习惯。就像小孩和原始人那样,他做他所做的事,然而并无觉解,或不甚觉解。这样,他所做的事,对于他就没有意义,或很少意义。他的人生境界,就是所谓的自然境界。

一个人可能意识到他自己,为自己而做各种事。这并不意味着他必然是不道德的人。他可以做些事,其后果有利于他人,其动机则是利己的。所以他所做的各种事,对于他,有功利的意义。他的人生境界,就是所谓的功利境界。

还有的人,可能了解到社会的存在,他是社会的一员。这个社会是一个整体,他是这个整体的一部分。有这种觉解,他就为社会的利益做各种事,或如儒家所说,他做事是为了"正其义不谋其利"。他真正是有道德的人,他所做的都是符合严格的道德意义的道德行为。他所做的各种事都有道德的意义。所以他的人生境界,是所谓的道德境界。

最后,一个人可能了解到超乎社会整体之上,还有一个更大的整体,即宇宙。他不仅是社会的一员,同时还是宇宙的一员。他是社会组织的公民,同时还是孟子所说的天民。有这种觉解,他就为宇宙的利益而做各种事。他了解他所做的事的意义,自觉他正在做他所做的事。这种觉解为他构成了最高的人生境界,就是所谓的天地境界。

在这四种人生境界之中,自然境界、功利境界的人,是人现在就是的人;道德境界、天地境界的人,是人应该成为的人。前两者是自然的产物,后两者是精神的创造。自然境界最低,往上是功利境界,再往上是道德境界,最后是天地境界。它们之所以如此,是由于自然境界,几乎不需要觉解;功利境界、道德境界,需要较多的觉解;天地境界则需要最多的觉解。道德境界有道德价值,天地境界有超道德价值。

按照中国哲学的传统,哲学的任务是帮助人达到道德境界和天地境界，特别是达到天地境界。天地境界又可以叫做哲学境界，因为只有通过哲学，获得对宇宙的某些了解，才能达到天地境界。但是道德境界，也是哲学的产物。道德行为并不单纯是遵循道德律的行为；有道德的人也不单纯是养成某些道德习惯的人。他行动和生活，都必须觉解其中的道德原理，哲学的任务正是给予他这种觉解。

生活于道德境界的人是贤人，生活于天地境界的人是圣人。哲学教人以怎样成为圣人的方法。成为圣人就是达到人作为人的最高成就。这是哲学的崇高任务。

在《理想国》中，柏拉图说，哲学家必须从感觉世界的"洞穴"上升到理智世界。哲学家到了理智世界，也就是到了天地境界。可是天地境界的人，其最高成就，是自己与宇宙同一，而在这个同一中，他也就超越了理智。

中国哲学总是倾向于强调为了成为圣人，并不需要做不同于平常的事。他不可能表演奇迹，也不需要表演奇迹。他做的都只是平常人所做的事，但是由于有高度的觉解，他所做的事对于他就有不同的意义。换句话说，他是在觉悟状态做他所做的事，别人是在无明状态做他们所做的事。禅宗有人说，觉字乃万妙之源。由觉产生的意义，构成了他的最高的人生境界。

所以中国的圣人是既入世而又出世的，中国的哲学也是既入世而又出世的。随着未来的科学进步，我相信，宗教及其教条和迷信，必将让位于科学；可是人的对于超越人世的渴望，必将由未来的哲学来满足。未来的哲学很可能是既入世而又出世的。在这方面，中国哲学可能有所贡献。

由高看低其实是一个相对的概念，是一个动态概念，是一个先后概念。今天的高并不代表明天依然会高。例如，本省最高端的产品，跟人家外省的一比，就成了低端产品；本公司最好的服务，跟人家一比，就变得很普通甚至很糟糕。又如，过去我们都把冰箱看成一个高科技的产品，附加值很高，而现在冰箱行业的利润整体下滑，其实这是十分正常的，为什么呢？因为经过十几年的技术引进与消化，冰箱生产技术已经不是高科技而是低科技了,这一产品的附加值很低,利润也就随之降低。我们讲高科技、低科技,不是一个静态的概念,而是一个动态的概念。其他方面也一样,高或低,要用动态的眼光来看。

由高看低的总目的是重视差异、制造差异。

就是由排斥差异转变到现代思维叫重视差异,对待差异有四种态度。

第一种态度就是排斥差异,我对你错、我好你坏、总是唯我独尊,比如有的城里人动不动就把农村来的当成乡下人,歧视农民工,这是一种素质低的表现。

第二,就是容忍差异,比如说对待同性恋这样一个敏感的话题,最早人们把同性恋当成是流氓,后来当成是病态,再后来前两年当成是障碍,2002年卫生部召开有关专家开会,最终顺应潮流决定把同性恋人群从精神障碍当中排除出去,据中国科学院社会科学院一个有名的专家认真地调查,同性恋人群在年终考核的时候92%以上工作合格,我说这个例子是想说现代的管理要容忍差异化,善待差异化。

第三境界就是重视差异。素质最低的排斥差异,只能落伍淘汰;素质高一点容忍差异,善待差异,可以在公司里面当我们;第三境界重视差异,可以在组织里当经理、部门经理。

这里特别要说第四境界,就是有意识地制造和利用差异,制造差异、利用差异是一种真正的领导艺术。

有个概念叫鲶鱼效应,沙丁鱼非常娇嫩,长途运输运到城市就死掉了,可是有一个船老大打的鱼个个活蹦乱跳,运到城市卖个好价钱,原来他在沙丁鱼里面放了几条鲶鱼,鲶鱼是沙丁鱼的天敌,这些沙丁鱼一看到鲶鱼就跑啊逃啊动啊,到了岸上还充满活力。这些沙丁鱼它要的是活命,而船老大、领导者、经理要的是活鱼,正好当经理的要跟我们一致,制造差异就有了动力,有了活力。我们共产党有三大法宝,武装斗争、党的领导、统一战线,统一战线实际上就是制造差异、利用差异,你是延安的我是西安的,你家地主资本家我家穷光蛋,你大学二年级我书一年没念完,我们有很大的差异,不管这些差异只要你拥护抗日,大家一起来救亡,共产党以它博大的胸怀,把中华民族各种各样差异的优秀的儿女都集中在自己的旗帜下，所以共产党从无到有、从弱到强，一步步走向胜利。这一点就告诉我们，谁能够容忍、重视差异，一个组织就兴旺发达。所以今天每一位经理、领导都应该知道，这是个规律，江泽民同志说得好，我们讲领导艺术、领导科学、领导力是什么，要研究领导工作的特点，这就是特点和规律，对待差异一定要重视它、容忍它，还要利用它，所以鲶鱼效应也好，三大法宝统一战线也好，都是一个规律性的东西。原来只有国有组织，没有差异没有活力，邓小平改革开放，有了乡镇组织、民营组织，再后来加入WTO，有了外企，这样国企、民企、外企有了明显的差异，等于我们在制造差异，就有了活力和动力。

所以我们说对待差异有四种境界，排斥差异最落伍，容忍差异当我们，重视差异当经理，而制造差异和利用差异当领导、当高层管理者，所以我们说要做到第二个转换，由排斥差异转到重视差异。

总之，由高看低，我们就能看出不同，看出差异，看出事物各自存在的不同条件及不同环境。我们就能做到心中有数，就能理解参差不齐、高低错落，就能高屋建瓴、洞察趋势。

2. 新思维模式要用宽看窄

《庄子》秋水篇上有这么一段故事说：

秋水到来的时候，所有的小川都流注到黄河里去，河流因而阔大，而岸隔着辽阔的河水，远到看不清对岸的牛。河神喜欢得很，以为自己是全世界最壮美的了。他沿着河流向东走，一直来到了北海。他向东眺望，连水的边际也看不见。于是他望着海神感叹地说："俗语说，饱学了知识就以为也不如自己的，就是我了。过去我不敢相信，竟然会有人小看仲尼和轻视伯夷的高义；今天，看到你的广大无垠，我才相信此话不虚。唉！要不是来到你这里，那我就危险了。我一定会被智者所鄙笑了。"

海神说："井里的鱼是不可能和他谈大海的事，因为受了地域的限制；夏天的虫子不可能和他谈冬天冰冻的事，因为受了时间的障碍；偏狭的读书人不可能跟他讨论大道理，因为受了观念的限制。现在你摆脱了河岸的限制，看见了大海，就知道自己识浅，这样就可以和你谈谈大道了。"

海神和河神的对话内容，无非是要放下自我中心的心态，放下自以为是的偏见，放下自己比别人好的观念。这样，心理生活空间豁然开阔，那就有了性灵的自由，有了开朗的胸襟，有了谦虚好学的精神，有了不被物欲所动的如如之心。

因此，人类最忌讳的就是自我中心所衍生的心机和偏狭的成见，那就是禅者所谓的烦恼和无明。

庄子很了不起，他把人类的宽度局限分成了三类：一是空间的宽度局限；二是时间的宽度局限；三是人性的宽度局限。

(1) 先说空间的宽度局限

我们每个人几乎都有空间的局限。一是与出生地有关，古代由于交通工具局限，一个人一生都只在几百公里的圈子内转，今天虽然交通工具发达了，但依然还有许多人因工作、生活牵制不得不生活在狭窄的圈子里。人一旦长期生活在狭窄的空间里，看问题就很难用宽看窄，因为他心中就没有宽的概念，就没有比较的概念，自然对待任何事情的评判就没有参照，就会出现单一的评判标准，就会导致自以为是、固步自封、夜郎自大、以偏赅全的失真的错误结论。下面我们来看看这个故事：

古时候，在一个叫南岐的山谷中，那里的居民很少与山外的人交往。南岐的水很甜，但是缺碘，常年饮用这种水就会得大脖子病。南岐的居民，没有一个脖子不大的。有一天，从山外来了一个人，这就使南岐轰动起来了。居民们扶老携幼都来围观。他们看着看着，就对外地人的脖子议论起来了，言语里充满了嘲讽："嘿，你看那个人的脖子!""可不是，真怪呀。他的脖子怎么那么细那么长，真是难看死了!""多细的脖子啊，走到大街上该多丢丑!怎么也不用块围巾裹起来呢!""他的脖子干干巴巴的，准是得了什么病!"外地人听了众人的话，就笑着说："你们的脖子才有病呢!叫大脖子病。你们自己有病不说，反而来讥笑我的脖子，岂不是太令人感到可笑了!"南岐人说："我们全村人都是这样的脖子，这样肥肥胖胖的，多好看啊!你掏钱请我们去治，我们都不愿意呢!"

在现实生活中，也有不少人如同南岐人一样，由于受空间的局限，总是喜欢孤芳自赏，自以为是。一般来说，这主要可以分为两种类型：第一种是自命清高，我行我素。这种类型的人觉得别人的行为习惯都是庸俗浅薄、低级无聊的，不值得与其接近，有点傲视一切的味道。即使有时想"迁就一下"，"屈驾俯就"他人，也显得极为不自然，别人也不愿意接受这种俯就，因此他就变得更独来独往了。另一种是跌倒在自己的优势上。许多时候，我们不是跌倒在自己的缺陷上，而是跌倒在自己的优势上，因为缺陷常常给我们以提醒，而优势却常常使我们忘乎所以。做人难不仅难在要能认清别人，更难在能清楚自己。怎样才能做到既不盲目骄傲又不妄自菲薄呢？这就需要我们进行广泛的社会交往，人也和其他任何事物一样，是在相互的比较中获得对自己的正确认识的。

由此观之，我们既要理解井底之蛙的局限，不要过于责怪他人、高标准要求他人，又要自己清楚自己的空间局限，要知道自己的狭窄与不足，在具体的工作中尽量扩大自己的视野，拓展自己的空间，尽可能真实地看清事物的本质，发现彼此的区别与关联。人类智慧的启蒙就来源于比较，没有比较，人就会一无所知。

其实，用宽看窄不仅仅只是比较和参照的价值，最关键的是事物都是关联的，我们追求卓越仅靠自己那点能量是远远不够的，今天，我们不可能关上门来搞发展，我们必须打开门，走出去，去嫁接他人的能量，才能实现自我的追求。

(2) 再说时间宽度局限

由于时间是线性的，那么时间的宽度我们在此就借用刘峰教授说的"用长看短"来说明这种现象。用长看短，这个"长"是长远的目标，"短"就是眼前利益，大格局思维是一个动态的概念。下面用一个具体的例子来说明：

距今1000年前，开封一场大火，北宋皇城毁于一旦。宋真宗任命大臣丁渭主持重建宫室殿宇。当时，皇城都是砖木结构的，建筑材料必须从远地通过汴水运进。因此就有三难：取土之难，运输之难，清场之难。丁渭深思熟虑，规划并实施了一个至今令人拍案叫绝的施工方案：将宫前大街开挖成河，取土烧砖，引汴水入宫。丁渭修复皇宫的方案集中反映了公元

11 世纪初中国管理思想的先进横向，更是思维系统性的上佳表现。他挖河的时候就想到了填河，把短期利益和长远目标结合起来，那么这一点给我们的启发是动态的：短期行为一定要跟长远目标联系起来。如果做到了用长看短，就不至于目前许多城市的马路像装了拉链一样，今天刚刚修好合上明天又打开了。

(3) 最后说人性的局限

目前的人类，智力依然相当有局限的。这种局限很大一部分原因出在人性上。人性的狭窄是有目共睹的。人性干扰宽度思维最重要的表现就是由正看负。

任何事情的决定、决策，它都可能存在正的一面，有利的一面，也存在负的一面，不利的一面。怎么办？这就要求我们的决策者要有宽度思维，必须在决策时制定对策，既要正的效益，又要尽量地减少负面影响。

任何人在作决策、作选择时，一定要有宽度思维，最重要的就是要进行正负两方面的分析。正大于负，利大于弊，就可以拍板、决策；正负相抵，就不能拍板了；负作用更大，就根本不能考虑。

当然，人性的局限不只带来正负思维的局限，它常常还会由于事物与事物之间在运动中发生的关联度不够，不明显，因而不太敏感的我们还看不到两者或多种事物之间的关系应该如何有效处理，因此还会存在模糊与清晰的局限。总之，人性给我们带来的局限是非常多的。具体说来有如下四种表现形式：

一是点式局限：以自我、事件、观点等为中心的一种狭窄思维模式。

二是线性局限：以目标、追求等来制造单线前进人生的狭窄思维模式。

三是面式局限：以在两面中选择或正或负的狭窄思维模式。

四是球形局限：以画地为牢的小圈子为活动范围的狭窄思维模式。

总之，由宽看窄就是要由单向思维转到多向思维，传统的思维就是死的，现在我们要创新思维，要打开空间、要多向，条条大路通罗马，到底哪一条路好，我们再加以选择。我们现在的党中央、国务院决策的思路有了新的发展、新的提高，最近我们在学习中央新的发展观、政绩观、人才观，其中重要的一条，我们现在强调多向思维，不仅要发展沿海，西部也要发展，中部要崛起，东北要攻坚，所以温家宝总理说得好，"西部要开发，东北要攻坚，东部要保持，东西连动，带动中部"。

今天我们研究成功卓越，一定要把思维方式转到多向的、全面的思维方式上来，要重视人的需求人的尊严。假奶粉事件死了这么多人，就是我们只追求利润、效益，而把社会的责任、信誉、人民生命财产的安全等等更重要的东西丢掉了，所以要想提高新能力，要多向思维。

3. 新思维模式要用深看浅
用深看浅就是透过现象看本质。

北京有一所小学给学生加了营养餐，每天第二节课下课后就安排孩子们喝豆浆，吃点东西。这对于孩子的健康成长来说，的确是一件好事。因为许多孩子早餐吃得不是太好，再说上了两节课也饿了，豆浆一来，孩子们高兴地嚷嚷着："喝豆浆喽！"都往那儿跑。

北京的孩子爱喝豆浆，屋里乱哄哄的。负责分发豆浆的老师皱着眉头，但是很快发现有一个小女孩从来不去抢豆浆，总是在座位上安心地看书，静静地等着一点都不着急。

老师想这个孩子是想到雷锋了？还是想到英雄少年赖宁了？先人后己！老师感动之下就想来表扬这个女生，先了解一下她是怎么想的。这个小女孩非常诚实，说："老师，这个豆浆其实不必去抢。因为豆浆是上面的稀，底下的稠，剩下的喝着更有味道。老师一听，惊讶得一时说不出话来，她怎么也没想到孩子是这样想的。"

我有时候把这个故事说给一些老师们、父母们，和他们一起谈论起这些问题，请他们一定要注意，其实有时候你亲眼看到的现象未必都是真实的，因为你只看到了表面，没有看到真实的动机。我还要为那些所谓调皮捣蛋的孩子辩护。对这样的孩子特别要透过现象看本质，千万不要去冤枉他。

4. 新思维模式要用大看小

用大看小,这个"大"就是整体,就是与事物直接或间接相关的系统,"小"就是局部,就是要素。我们之所以要具备用大看小的能力,主要是因为前面讲的三种观察法——更高法只偏重事物发展之间的差异性,更宽法只偏重事物发展之间的关联性,更深法只偏重事物发展之间的逻辑、本质、规律性等都依然存在不足,因此,有必要将这三者统一起来,进行整体观察和整体思考。只重视任何一方面都是偏颇的,都不利于我们正确观察事物,不利于我们创造卓越。

另外,我们推出的大格局思维模式的初级目的虽然是创造或高或宽或深的单项冠军,但终极目的造行业、地区、国家的总冠军才是我们的真实意图。因此,要想造冠军,就得首先在整体上把握大格局思维模式的三个具体方面,其次把握好三者之间的关系与整体目的。

正因为如此,今天我们就得认真学好用大看小的总观察法。

以大看小的思维模式在古代就有,如,"天—地—人"思维模式。我们的祖先可能凭直观视觉,确认天比地大,天像穹庐抱大地。在天、地、人三者之中,古人对天的认识最早,对人的认识最晚。科学史表明,古人最先是根据天时的运行来考察大地的变化的。古人对天、地、人的认识次序显示了从"整"到"局",以大观小的思维特征。

由外看内,就是由外部环境看系统,由变化的市场看组织看得更清楚。具体来说,就是用全球的观点看中国、看单位、看自己。过去我们站在天安门眼望全世界,可是越看越不明白,因为在那个年代,尤其是"左"的思想影响人们头脑的时候,由内看外是看不清楚的。但如果转化一下思维的角度,由外看内,就能看出我们自己的优势与不足、动力与目标。所以我们要加深这方面的认识,思维系统化,应对全球化趋势。

旧的思维模式大都是用小看大。这是西方的经典观察、思维模式。用小看大有许多缺点,它是一种基于分割式的思维模式,例如为了研究一个苹果的成分,我们往往会先用刀把苹果一分为二,然后再切分成分子、原子、原子核、质子、夸克,越切越小,以便于分析和认识。原子搞清楚了，认为分子也就搞清楚了；分子搞清楚了，就认为物质的性质也搞清楚了。所以传统的思维模式习惯于抓典型，解剖麻雀，抓主要矛盾，抓主要矛盾的主要方面等。

中国文化对人类最大的贡献可以用一个"大"字概括。这是一个十分了不起的发现发明，他为人类走向统一、和谐、幸福提供了最基本的思维模式。西方国家今天发现环境问题、资源危机、人口问题、冲突危机等尖锐问题都迫在眉睫时才开始肯定中国文化中的大格局思维模式的伟大。于是，他们自 20 世纪 90 年代以来，也开始了对"大格局思维模式"的全面、系统研究。于是一门新的科学——复杂科学正在西方兴起，它使西方人对社会系统有了新的认识，即社会系统是一个有思维能力的人介入其中的复杂系统，具有自组织性、自适应性、动态性。当然，系统思维有他独特之处，但与中国的整体思维依然存在有较长的距离。

遗憾的是，中国有如此顶级的思维模式，却只被精英阶层接受、理解和使用，而不被许多普通人使用。总之，说这么多，就是要强调我们看问题就应该用大看小，采用整体思维、系统思维的方法来分析和解决问题。

关于这个问题的研究，《新领导力》中这么说的：

由传统的用小看大转变到用大看小，传统思维方式是站到自己的角度、自己的本行来看一切市场、看一切决策问题，用小看大，看不大，就如同你我小的时候认为地球就是中心，你在的那个地方就是中心，上学后知道原来地球要围绕着太阳转，再后来我们知道太阳也只不过是银河系里的一个普通星球，我们的知识越丰富，我们的眼界越开阔，这就是给诸位提醒一点，提升自己的决断力，要有眼光、要有远见。我特别推崇邓小平同志说的用大看小，要有一种要更广大地开源的思路，邓小平实际上是把中国这个小放在世界这个大、大系统、大背景当中一看，中国不改革开放死路一条，所以邓小平的决断力是一流的、是正确的。我们在组织里一个中层经理把自己的那个部门放在全公司的大系统中一看，才能够明确领导的意图，才能够更加把握组织的发展战略，一个部门的决策更果断、更正确，更能够受到老总的理解支持。所以用大看小，小不了，用大看小是相对的。

　　所以我们一定打开空间，我们要想真正地创造卓越要做到四个转换：由过去的用低看高转变为用高看低（排斥差异转变到重视差异甚至制造差异）；由窄看宽思维转变由宽看窄思维；由浅看深思维转变为由深看浅思维；由过去的用小看大转到今天的用大看小。

　　一个人有了这种思维模式，就能知道比较、知道差距、知道不足、知道谦虚、知道努力。我们在全球化的新形势下，一定要有全球的眼光，才能看准你特色，正确认识你的不足，如果我们老是用小看大，就会越看越满足，越看越欢喜，我们就不可能得到又好又快的发展。